KLAUS SCHLÖSSER

UKW-Funkzeugnisse SRC und UBI

Delius Klasing Verlag

Dank an alle, die zum Inhalt dieses Buches beigetragen haben – insbesondere meine Familie. Besonders hervorheben möchte ich die fachliche Unterstützung durch die Deutsche Gesellschaft zur Rettung Schiffbrüchiger (DGzRS).

Bibliografische Information der Deutschen Nationalbibliothek
Die Deutsche Nationalbibliothek verzeichnet diese Publikation in der Deutschen Nationalbibliografie; detaillierte bibliografische Daten sind im Internet über http://dnb.dnb.de abrufbar.

9., überarbeitete Auflage
ISBN 978-3-667-11509-6

Titelillustration: Marco Stolle, David Zacharias
Comics/Iconzeichnungen: Anja Schnaars (www.as-reizen.de)
Grafiken/Illustrationen: Katja Philipsenburg, Klaus Schlösser
Fotonachweis: Seiten 12, 38, 41, 42, 71, 85, 89, 98, 100, 101: IC-soft, Delius Klasing Verlag; Seite 14: ITU; Seite 16: BNetzA; Seite 24: DGzRS; Seiten 28, 29, 30, 60: BSH; Seite 32: DP07 Seefunk; Seiten 39, 43: Raymarine; Seite 44: ACR; Seiten 47, 48: JOTRON; Seiten 49, 52: FURUNO; Seite 102: WSV

Lektorat: Felix Wagner
Gesamtherstellung: Kunst- und Werbedruck, Bad Oeynhausen
Printed in Germany 2019

FSC
MIX
Papier
FSC® C011291

Delius Klasing Verlag, Siekerwall 21, D-33602 Bielefeld
Tel.: 0521/559-0, Fax: 0521/559-115
E-Mail: info@delius-klasing.de
www.delius-klasing.de

Inhalt

Einleitung

Am Ende eines jeden Kapitels gibt es eine Zusammenfassung mit dem notwendigen theoretischen Prüfungswissen. Die Zahlen in blauer Schrift (SRC) beziehen sich auf die Fragennummer im Fragenkatalog für das »Beschränkt Gültige Funkbetriebszeugnis« (ab Seite 120), während sich die Zahlen in roter Schrift (UBI) auf den Fragenkatalog für das »UKW-Sprechfunkzeugnis für den Binnenschifffahrtsfunk« (ab Seite 142) beziehen.

Legende

Wichtige Hinweise sind in einem blauen Kasten aufgeführt.

Wichtiger Hinweis

Wertvolles Praxiswissen ist kursiv dargestellt.

Praxistipp

Weiterführende Informationen im Internet finden Sie hier.

WWW: schlagwort

Hinweise im Internet

Weiterführende Informationen im Internet sind zur Einfachheit und Linkpflege nicht mit der vollständigen Internetadresse aufgeführt. Die einheitliche Internetadresse für dieses Buch lautet:

www.delius-klasing.de/funkinfo

Über die entsprechenden im Buch angegebenen Schlagworte (Tags) kann dann die korrespondierende Website aufgerufen werden.

QR-Code für Smartphones

Theorie

GMDSS

Im Jahre 1896 begann das Zeitalter der kabellosen Kommunikation. Pioniere wie Guglielmo Marconi und Alexander Stepanowitsch Popow experimentierten erfolgreich mit der Übertragung von Morsesignalen. Aufgrund der schnell fortschreitenden Entwicklung konnten schon bald Schiffe mit Funkanlagen ausgestattet werden. Dadurch ergab sich zum Beispiel der Vorteil, die Schiffsankunft vorab telegrafisch zu melden.

Bereits zehn Jahre später, auf der ersten internationalen Funkkonferenz in Berlin, wurden rechtliche Absprachen für Funkanlagen und Funkzeugnisse getroffen. Das Notzeichen SOS (safe our ships, später: safe our souls) wurde beschlossen. Von neu entstandenen Küstenfunkstellen wurden Mitteilungen über den Atlantik gemorst und unter anderem Linienschiffe mit Nachrichten für die Bordzeitung versorgt.

Bis 1912 – Untergang der TITANIC – gab es weder eine Funkausrüstungspflicht noch eine Hörbereitschaft. Als Folge der Katastrophe wurde das Netz der Küstenfunkstellen ausgebaut, deren Aufgabe unter anderem das Abhören der Notfrequenzen war und bis heute ist.

Den Anstoß für das Weltweite Seenot- und Sicherheitssystem (Global Maritime Distress and Safety System – GMDSS) gab unter anderem der Untergang der MÜNCHEN im Jahre 1978. Obwohl die Funkausrüstung der MÜNCHEN über dem üblichen Standard lag, versagte sie teilweise. Die Empfehlung des Seeamtes lautete nach der Katastrophe, das bestehende Seenotalarmsystem dem neuesten Stand der Technik anzupassen und dabei ein automatisches, satellitengestütztes Seenotsystem in Betracht zu ziehen.

Was ist GMDSS?

Das Global Maritime Distress and Safety System (GMDSS) besteht aus technischen Einrichtungen, Dienststellen und Regeln für Notfälle und für die Sicherheit auf See. Es wurden das Sprechfunk- und das Kurzwelle-Fernschreibverfahren aus der bisherigen Praxis übernommen und durch ein digitales Alarmierungs- und Anrufverfahren ergänzt. Zudem wurden das bereits vorhandene NAVTEX-Funkfernschreibverfahren und der Inmarsat-Satellitenseefunk sowie das COSPAS-SARSAT-System in das neue Funksystem integriert.

> Zwei wichtige Grundsätze des GMDSS sind eine Alarmierung durch mindestens zwei voneinander unabhängige Systeme im Seenotfall sowie die automatisierte, digitale Alarmierung und Hörbereitschaft.

Ein ausrüstungspflichtiges Schiff muss mindestens ausgestattet sein mit:

- einer Seenotfunkbake (EPIRB), die von jedem Ort der Welt im Notfall ein Notsignal an ein Satellitensystem übermittelt;
- einem UKW-Sprechfunkgerät mit DSC-Controller (Digitalem Selektivruf) mit automatischer Hörbereitschaft.

Distresstaste am DSC-Controller

Auch bei nicht ausrüstungspflichtigen Sportbooten wird das Prinzip der redundanten Alarmierung empfohlen.
Alle wichtigen Informationen, die Funker früher zu verschiedenen Zeiten auf verschiedenen Frequenzen abhören und aufschreiben mussten, werden heute im Fall der digitalen schriftlichen Kommunikation automatisch an Bord gespeichert und stehen bei Bedarf zur Verfügung.

Einteilung in Seegebiete

Im GMDSS wird die vorgeschriebene Funkausrüstung durch das Einsatzgebiet des Fahrzeuges bestimmt. Die Seegebiete werden nach der an den jeweiligen Küsten vorhandenen Funkversorgung eingeteilt. Es sind vier Seegebiete festgelegt:

Seegebiet A1

Ein Gebiet innerhalb der Sprechfunkreichweite mindestens einer UKW-Küstenfunkstelle, die ununterbrochen für DSC-Alarmierungen zur Verfügung steht.

Seegebiet A2

Ein Gebiet (ausgenommen Seegebiet A1) innerhalb der Sprechfunkreichweite mindestens einer Grenzwelle-Küstenfunkstelle, die ununterbrochen für DSC-Alarmierungen zur Verfügung steht.

Seegebiet A3

Ein Gebiet (ausgenommen Seegebiete A1 und A2) innerhalb der Überdeckung geostationärer Inmarsat-Satelliten (70° N bis 70° S), die ununterbrochen für Alarmierungen zur Verfügung stehen.

Seegebiet A4

Das Gebiet außerhalb der Seegebiete A1, A2 und A3 (die Polkappen).

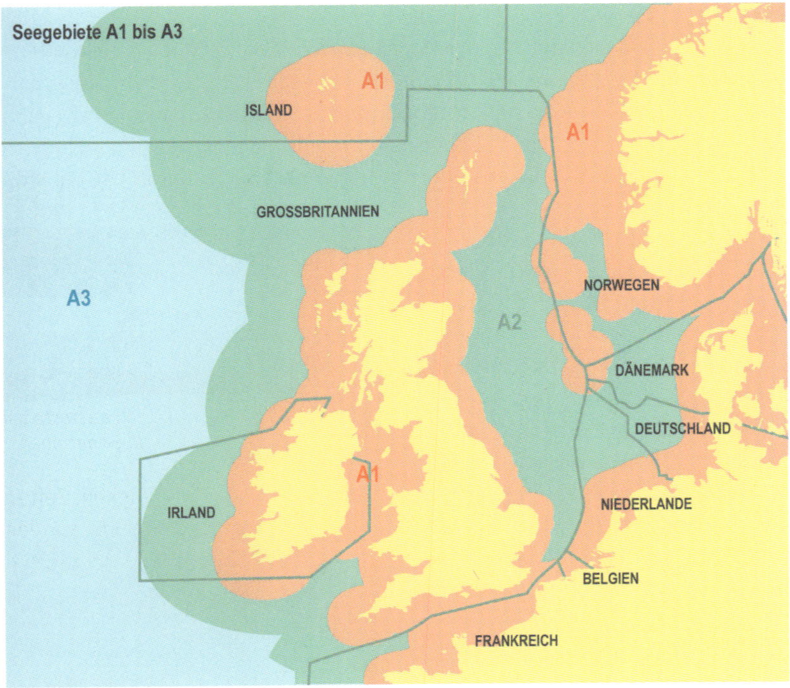

Darstellung der Seegebiete A1 bis A3 (mit UKW-Relaisstationen auf Bohrinseln)

Zusammenfassung

SRC: 2, 3, 12, 13–15

Das Global Maritime Distress and Safety System (**GMDSS**) besteht aus technischen Einrichtungen, Dienststellen und Regeln zur weltweiten **Hilfe bei Seenotfällen und zur Sicherung der Schifffahrt.** Eine Besonderheit ist die **schnelle, automatisierte Alarmierung im Not-, Dringlichkeits- und Sicherheitsfall.**

Der Umfang der technischen Einrichtung (auf einem ausrüstungspflichtigen Schiff) wird unter anderem durch die **GMDSS-Seegebiete (engl. sea areas)** geregelt. Das **Seegebiet A1** liegt innerhalb der **Sprechfunkreichweite einer UKW-Küstenfunkstelle**, die **ununterbrochen für DSC-Alarmierungen** zur Verfügung steht.

Die **satellitengestützten Alarmierungssysteme** im GMDSS sind das **COSPAS-SARSAT**- und das **Inmarsat**-System.

Rechtliches

Damit die Funkkommunikation auf der ganzen Welt möglichst reibungslos und störungsfrei abgewickelt werden kann, bedarf es internationaler Übereinkommen und Regelungen. Da sich Funkwellen grenzenlos ausbreiten, muss dafür gesorgt werden, dass Telefongespräche mit dem Handy keinen Flugverkehr lahmlegen oder das Garagentor des Nachbarn nicht durch ein Babyfon geöffnet wird.

Für die technischen Aspekte der Telekommunikation und Verfahrensvorschriften ist die International Telecommunication Union (ITU) zuständig. Alle drei bis vier Jahre wird eine Weltfunkkonferenz (WRC) abgehalten. Das Ergebnis dieser Konferenz ist in der jeweils aktuellen Ausgabe der Radio Regulations (RR) nachzulesen. Alle Vertragsstaaten sind verpflichtet, diese Änderungen in nationales Recht fortzuschreiben. In Deutschland erfolgt dies auf Grundlage des Telekommunikationsgesetzes (TKG). Die Radio Regulations heißen in Deutschland »Vollzugsordnung für den Funkdienst« oder kurz VO Funk.

Manual for Use by the Maritime Mobile and Maritime Mobile-Satellite Services (Maritime Manual) 2016, herausgegeben durch die ITU

Ausrüstungsvorschriften werden auf internationaler Ebene von der International Maritime Organization (IMO) beschlossen. Die IMO ist unter anderem zuständig für die Ausweichregeln auf See, die Umweltschutzbedingungen (MARPOL) oder das Internationale Übereinkommen zum Schutz des menschlichen Lebens auf See – SOLAS (Safety of Live at Sea), das unter anderem die (Funk-)Ausrüstungspflicht regelt.

In Deutschland sind zwei Behörden für die Belange des UKW-Seefunks zuständig.

- Die Bundesnetzagentur für Elektrizität, Gas, Telekommunikation, Post und Eisenbahnen, kurz BNetzA, ist für die Genehmigung zum Betreiben einer Seefunkanlage zuständig. Auf Antrag wird eine Nummernzuteilung ausgestellt. Die rechtlichen Voraussetzungen leiten sich aus den Radio Regulations ab.

- Das Bundesamt für Seeschifffahrt und Hydrographie (BSH) ist für die Abnahme von Seefunkanlagen auf ausrüstungspflichtigen Schiffen und die Abnahme von Funkprüfungen für Seeleute zuständig. Die Grundlage für diese Tätigkeit leitet sich aus SOLAS ab. Das BSH hat die Abnahme von Prüfungen für Funkzeugnisse der Sportschifffahrt den Wassersportverbänden übertragen.

Neben dem BSH gibt es eine Reihe anderer Prüfstellen für die erforderliche technische Zulassung von Seefunkanlagen. In der Sportschifffahrt sind üblicherweise Funkanlagen mit CE-Kennzeichen im Einsatz. Ausrüstungspflichtige Schiffe benötigen für elektronische Anlagen das Zulassungszeichen mit dem Steuerradsymbol (Wheelmark).

Beim Erwerb von Funkanlagen im Ausland oder über Internetauktionsseiten ist auf eine korrekte Kennzeichnung zu achten. Neben der fehlenden Zulassung kann es auch eine Abweichung der Kanalbelegung geben, was den nationalen Funkverkehr stören könnte.

Zuteilungsurkunde

Eine Seefunk- beziehungsweise Schiffsfunkanlage darf nicht ohne Zuteilungsurkunde (Ship Station Licence) betrieben werden. Die Urkunde wird von der Bundesnetzagentur, Außenstelle Hamburg ausgestellt. Für den Antrag ist es nicht erforderlich, ein Funkzeugnis zu haben. Die Urkunde muss auf dem Schiff im Original mitgeführt werden.
Der Wechsel des Eigentümers sowie Namens- oder Gerätewechsel müssen schriftlich angezeigt werden. Dies gilt auch, wenn man die alte Anlage in ein anderes Schiff einbaut (und das Rufzeichen behalten möchte).
Die Bundesnetzagentur ist zur Sicherstellung der Frequenznutzung befugt, die Funkanlage an Bord zu überprüfen und bei Verstößen gegen das TKG den Betrieb einzuschränken oder die Außerbetriebnahme anzuordnen.

Beim Ausfüllen des Antrags auf Nummernzuteilung ist besonders das sorgfältige Ausfüllen der »Angaben zur Kontaktperson für Rückfragen des MRCC oder der ITU in Notfällen« wichtig. In den Antrag gehört die eigene Handynummer. Es empfiehlt sich aber vor allem, Angaben zu Personen zu machen, die normalerweise über den eigenen Törnverlauf informiert sind (Stegnachbarn, Familienangehörige etc.). Die Angaben können formlos erweitert werden und auch nachträglich noch eingereicht und regelmäßig aktualisiert werden.

Der Antrag auf Nummernzuteilung ist im Internet verfügbar.
WWW: Zuteilungsurkunde

Bundesrepublik Deutschland

Bundesnetzagentur
für Elektrizität, Gas, Telekommunikation, Post und Eisenbahnen

ZUTEILUNGSURKUNDE
SHIP STATION LICENCE
LICENCE DE STATION DE NAVIRE
LICENCIA DE ESTACIÓN DE BARCO

gültig ab: **16.06.2010**
valid from

Zuteilungsnummer: **31 80 244837**
assignment number

Frequenzzuteilung zur Nutzung zum Betreiben der nachfolgend gekennzeichneten Seefunkstelle aufgrund des § 55 des Telekommunikationsgesetzes (TKG) vom 22. Juni 2004 (BGBl. I S. 1190). Die Frequenzzuteilung entspricht einer Genehmigung zum Errichten und Betreiben der Seefunkstelle in Übereinstimmung mit Artikel 18 der Radio Regulations.
Frequency assignment for the operation of the below mentioned ship's radio station pursuant to § 55 of the Telecommunications Act (TKG) published on 22nd of June 2004 (Federal Law Gazette I p. 1190). The frequency assignment is equivalent to the licence according to Article 18 of the Radio Regulations.

Name des Schiffes *name of ship*: **MUSTERSCHIFF** — Rufzeichen *call sign*: **DG2333**

MMSI *Maritime Mobile Service Id.*: **211493990**

Selektivruf (SSFC) *selective call* (DSC): **211493990**

ATIS-Kennung *ATIS code*: **9211072333**

Funktelex *radiotelex*

EPIRB-Kennung(en) *EPIRB identification(s)*

Inhaber *holder of licence*:
Martin Mustermann
Sachsenstr. 12
20097 Hamburg

Dienststunden: **HX** *hours of service*

Art des Verkehrs: *nature of service (terrestrical)* **CP**

Abrechnungskennung: *AAIC (terrestrical)* **DP07** *AAIC (Inmarsat)*

Amtliche Eintragungen: **Keine (none)**
Official remarks

Seite 1 von 2
page 1 of 2

Nummernzuteilungsurkunde der Bundesnetzagentur

Identifikationsmerkmale

Die Bundesnetzagentur, Außenstelle Hamburg vergibt an die Antragsteller der Nummernzuteilungsurkunde ein Rufzeichen und die MMSI. Zusätzlich wird eine ATIS-Nummer an Fahrzeuge vergeben, die am Binnenschifffahrtsfunk teilnehmen.

In der sogenannten »List of Ship Stations« der ITU sind alle Seefunkstellen verzeichnet und nach Name, Rufzeichen oder MMSI sortiert. Diese Daten sind auch im Internet verfügbar.

WWW: mars

Rufzeichen

Ein Rufzeichen (englisch: call sign) besteht aus einer Kombination von Buchstaben und Zahlen. Die ersten beiden Zeichen weisen auf die Nationalität der Funkstelle hin. DA bis DR kennzeichnet ein Fahrzeug unter deutscher Flagge. Rufzeichen werden grundsätzlich unter Zuhilfenahme des internationalen Buchstabieralphabets (s. Seite 62) gesprochen.

Fahrzeuge, die ins Schiffsregister eingetragen sind, erhalten als Identifikationsmerkmal ein Unterscheidungssignal. Es dient gleichzeitig als Rufzeichen im Seefunkdienst. Für Fahrzeuge unter deutscher Flagge baut sich das Unterscheidungssignal aus vier Buchstaben (von DAAA bis DRZZ) auf. Für Fahrzeuge bis 15 Meter ist der Eintrag ins Schiffsregister freiwillig.

Fahrzeuge, die nicht im Schiffsregister eingetragen sind, oder Binnenschiffe erhalten ein Rufzeichen bestehend aus zwei Buchstaben und vier Zahlen (von DA2001 bis (zurzeit) DK9999).

	Seeschiffe[1]	**Binnenschiffe oder Sportboote bis 15 m**[2]
Rufzeichen	**DACQ1** (vier Buchstaben oder vier Buchstaben und eine Ziffer)	**DA1234** (zwei Buchstaben, vier Ziffern)
Aussteller	Schiffsregister des Heimatortes	Bundesnetzagentur, Außenstelle Hamburg
Zuteilung	bei Kiellegung	auf Antrag

[1] Fahrzeug mit Eintrag im Schiffsregister
[2] Fahrzeug ohne Eintrag im Schiffsregister

MMSI – Rufnummer im Seefunkdienst

Schiffe mit DSC-Controller, einer Seenotfunkbake oder AIS-Transponder erhalten zusätzlich eine 9-stellige Rufnummer. Die MMSI (Maritime Mobile Service Identity) wird in die Funkanlage, die EPIRB oder das AIS fest einprogrammiert. Die ersten drei Stellen der MMSI – vergleichbar mit der Landesvorwahl einer Telefonnummer – stellen die Seefunkkennzahl (MID – Maritime Identification Digit) dar. Diese ist für Fahrzeuge unter deutscher Flagge die 211 oder die 218.

Fahrzeuge können zusätzlich eine Gruppennummer führen. Dies kommt beispielsweise für Fahrzeuge einer Reederei oder Behördenfahrzeuge in Betracht. Mit dieser Gruppennummer können alle zugehörigen Fahrzeuge gleichzeitig gerufen werden. Der Seefunkkennzahl wird eine Null vorangestellt, zum Beispiel 021145670.

Küstenfunkstellen haben ebenfalls eine MMSI. Hier werden der Seefunkkennzahl zwei Nullen vorangestellt. Beispielsweise hat die Küstenfunkstelle Bremen Rescue Radio die MMSI 002111240.

	Muster	Beispiel
Schiff	211XXXXX0	211456780
Gruppe	0211XXXX0	021145670
KüFuSt	00211XXX0	002111240

ATIS-NUMMER

Fahrzeuge, die am Binnenschifffahrtsfunk teilnehmen, müssen eine sogenannte Kombianlage (oder eine zusätzliche Anlage) haben, die mit einer ATIS-Nummer programmiert ist (s. Seite 103).

Der Betreiber einer Kombianlage, in die eine ATIS-Nummer einprogrammiert ist, muss sowohl ein See- als auch ein Binnenfunkzeugnis haben, auch wenn er sich nur im Seebereich aufhält.

Funkzeugnis

Ein Schiffsführer eines Sportfahrzeugs oder Traditionsschiffs, der eine Seefunkanlage betreiben möchte, benötigt ein entsprechendes Seefunkzeugnis. Das Beschränkt Gültige Funkbetriebszeugnis (SRC – Short Range Certificate) ist auf den Frequenzbereich UKW und auf entsprechende Anlagen an Bord beschränkt. Zur Teilnahme am Funkverkehr via Grenz- und Kurzwelle oder Satellitenfunk (Inmarsat) wird das Allgemeine Funkbetriebszeugnis (LRC – Long Range Certificate) verlangt. Für die Berufsschifffahrt gibt es andere Funkzeugnisse.
Alle vor 2003 ausgestellten Funkzeugnisse sind weiterhin gültig. Das UKW-Betriebszeugnis I oder II (mit Zusatzprüfung) oder das Allgemeine Betriebszeugnis sind gleichzusetzen mit dem SRC bzw. LRC. Inhaber dieser Zeugnisse dürfen auch am Binnenfunk teilnehmen. Alle älteren Funkzeugnisse beinhalten nicht die Bestandteile des GMDSS. Die Bedienung einer UKW-Funkanlage ist mit diesen Zeugnissen nur zulässig, wenn kein DSC-Controller eingebaut ist. Für reine Empfänger (NAVTEX) oder geschlossene Systeme im GMDSS (EPIRB, SART, AIS) wird kein Funkzeugnis benötigt.

PRAXISWISSEN

Schiffsführer müssen ein der Anlage an Bord entsprechendes Funkzeugnis haben, auch wenn sie diese nicht benutzen. Bedienen darf die Anlage allerdings jedes Crewmitglied mit Einwilligung und unter der Anleitung des Schiffsführers.

Fernmeldegeheimnis

Der Funkverkehr unterliegt dem Telekommunikationsgeheimnis. Neben dem Betreiber der Funkstelle sind alle an Bord befindlichen Personen verpflichtet, das Fernmeldegeheimnis zu wahren.
Nachrichten, die nicht an die eigene Funkstelle gerichtet sind, dürfen weder abgehört noch an Dritte weitergegeben werden. Sind Nachrichten allerdings »an alle Funkstellen« gerichtet, dürfen diese auch empfangen werden.

Ausrüstungspflicht

Privat genutzte Sportboote unterliegen keiner Ausrüstungspflicht. Anders sieht es bei Charterschiffen, Traditionsschiffen oder Fahrzeugen für Ausbildungszwecke aus. Charterschiffe mit einer Länge von mehr als zwölf Meter benötigen für ihre Funkausrüstung ein Funksicherheitszeugnis der BG Verkehr, Dienststelle Schiffssicherheit. Das Gleiche gilt für gewerbsmäßig genutzte Sportboote ab einer Schiffslänge von acht Meter (z. B. Ausbildungsschiffe einer Segelschule). Details zur Ausrüstungspflicht für gewerbsmäßig genutzte Sportboote finden sich auch in der See-Sportbootverordnung.

INTERNET

WWW: sportbootverordnung, gshw (Traditionsschifffahrt)

Zusammenfassung

SRC: 1, 25–36, 38–45, 59–67, 70
UBI: 13, 18–21, 28, 31–35, 37

Mobiler Seefunkdienst (kurz: Seefunk) bezeichnet den Funkdienst zwischen Seefunkstellen untereinander bzw. zwischen Seefunkstellen und Küstenfunkstellen.
Schiffsführer eines Sportbootes mit einer Funkanlage müssen eine Zuteilungsurkunde (ausgestellt durch die **BNetzA**, **Außenstelle Hamburg**) mit den Identifikationsmerkmalen (z. B. **Schiffsname**, **Rufzeichen**, **MMSI**) und das **Funkzeugnis** (z. B. **SRC** oder **LRC**) im Original an Bord mitführen.
Die Anlage muss **zugelassen** oder **ordnungsgemäß in den Verkehr gebracht** sein (**CE-Zeichen**). Bei **gewerbsmäßig genutzten Sportbooten** besteht eine **Ausrüstungspflicht.** Es wird ein **Funksicherheitszeugnis** (ausgestellt durch die Dienststelle Schiffssicherheit der BG Verkehr) benötigt. Neben der BNetzA ist auch das **BSH** berechtigt, die **Funktionsfähigkeit** von Funkstellen zu überprüfen. Bei **Austausch der Funkanlage** oder **Schiffsnamensänderung** muss dies der BNetzA **schriftlich mitgeteilt werden.**
Im **TKG** ist das Abhören von Nachrichten, die für die eigene Funkstelle nicht bestimmt sind (**Abhörverbot**), geregelt. Alle Personen, die Kenntnis über öffentlichen Nachrichtenaustausch erlangt haben, sind zur Wahrung des **Fernmeldegeheimnisses** verpflichtet. Nachrichten »**an alle Funkstellen**« dürfen abgehört und weiterverbreitet werden.
Rufzeichen von Schiffen unter **deutscher Flagge** beginnen mit **DA** bis **DR** und bestehen aus vier Buchstaben (= **Unterscheidungssignal** von Fahrzeugen im **Schiffsregister**) oder zwei Buchstaben und vier Ziffern. Die **Rufzeichen** werden von der **BNetzA in Hamburg vergeben.** Die **MMSI** ist die **Rufnummer** im Seefunkdienst und besteht aus **neun Ziffern.** Die **Seefunkkennzahl** (MID) kennzeichnet die **Nationalität** (**211** oder **218** für Deutschland) der Seefunkstelle. Bei der MMSI von **Küstenfunkstellen** werden der Seefunkkennzahl zwei Nullen vorangestellt (Beispiel: 00 211 1240).

Küstenfunkstellen

Küstenfunkstellen (KüFuSt) werden danach unterschieden, ob sie für den öffentlichen oder den nichtöffentlichen Funkverkehr tätig sind.

Öffentlicher Verkehr

Küstenfunkstellen des öffentlichen Verkehrs vermitteln für die Öffentlichkeit zugänglich Telefongespräche oder Telegramme zwischen Schiff und Land. Die Kennzeichnung der KüFuSt erfolgt durch den geografischen Ort gefolgt von dem Wort »Radio«. Beispiele: »Bremen Radio« oder »Kiel Radio«. Bei »Radio Bremen« handelt es sich daher nicht um eine Küstenfunkstelle, sondern um einen Hörfunksender im Norden Deutschlands.
Um am öffentlichen Funkverkehr teilnehmen zu können, benötigen Betreiber einer Seefunkstelle einen Vertrag mit einer Abrechnungsgesellschaft (Accounting Authority Identification Code – AAIC). Darüber können Nachrichten, die von See nach Land vermittelt wurden, abgerechnet werden. Vergleichbar mit der Handy-Nutzung im Ausland werden die anfallenden Kosten an die Gesellschaft übermittelt, mit der man den Vertrag geschlossen hat. Eine in Deutschland weit verbreitete Abrechnungsgesellschaft ist DP07 (gesprochen Delta Papa Null Sieben) (s. Seite 31).

Nichtöffentlicher Verkehr

Der nichtöffentliche Funkverkehr umfasst sowohl den Revierfunk-, den Hafenfunk- und Schiffslenkungsdienst als auch den Funkverkehr der Schiffe untereinander zum Zwecke der Sicherheit und Leichtigkeit des Verkehrs.
Die Kennzeichnung der Küstenfunkstellen erfolgt durch den geografischen Ort gefolgt von dem Dienst, den sie verrichten, sowie dem Wort »Radio« (das im Alltag weggelassen wird).

… Traffic Radio	Verkehrszentrale (Bsp. Jade Traffic)
… Port Radio	Hafen (Bsp. Bremerhaven Port)
… Radar Radio	Radarberatung (Bsp. Neuwerk Radar)
… Lock Radio	Schleuse (Bsp. Papenburg Lock)
… Bridge Radio	Brücke (Bsp. Hunte Bridge)
… Kanal Radio	Verkehrsabwicklung NOK (Bsp. Kiel Kanal 2)
… Pilot Radio	Lotse (Bsp. Elbe Pilot)
Bremen Rescue Radio	Seenotleitstelle (mit Sitz in Bremen)

Im Ausland können auch andere Dienstbezeichnungen wie »Control« oder »Marina« (für Häfen) oder »VTS« (für Verkehrssicherungssysteme) verwendet werden.

Verkehrszentralen

Viele Länder haben in stark befahreneren Gebieten Verkehrssicherungssysteme (Vessel Traffic Services – VTS) eingerichtet, die von Seehäfen oder Verkehrsbehörden betrieben und mit der Flugsicherung in der Luftfahrt vergleichbar sind. Sie bestehen technisch im Wesentlichen aus Radar- und Videoüberwachungsanlagen, UKW-Funk und dem Automatischen Schiffsidentifizierungssystem (AIS). Sie dienen sowohl der Navigation als auch dem reibungslosen Ablauf der Schifffahrt.

Die Aufgaben der Verkehrssicherungssysteme sind:

- Registrierung der Schiffs-, Personenzahl- und Ladungsdaten
- Versorgung der Schifffahrt mit nautischen Informationen wie Wetterwarnungen, Tidenverhältnissen, Bauarbeiten oder Veränderungen des Fahrwassers sowie Schiffsbewegungen (Lagemeldungen)
- der Schiffslenkungsdienst – die Verkehrsreglung in besonderen Situationen.

Schiffe einer bestimmten Größe, Tonnage oder Gefahrgutschiffe haben eine Meldepflicht.

Sportboote haben keine Meldepflicht, sind aber zur Hörbereitschaft auf den Arbeitskanälen der Verkehrszentralen verpflichtet, sofern sie mit einem Funkgerät ausgerüstet sind. Dieses ist ausdrücklich in der Seeschifffahrtsstraßenordung für Fahrzeuge aller Art geregelt. Im Bereich des Großen Belts (Dänemark) sind auch Segelfahrzeuge (mit einer Masthöhe von mehr als 15 Meter) meldepflichtig.

Radarberatung

Auf stark befahrenen Küstengewässern erfolgt bei verminderter Sicht eine Radarberatung durch die Verkehrszentralen. Dieser Service kann auch von Sportbooten (ohne Radar) in Anspruch genommen werden und ist kostenlos.

Zusammenfassung

SRC: 7–11, 87–92

Küstenfunkstellen sind Funkstellen des **mobilen Seefunkdienstes.** Über KüFuSt wird **nichtöffentlicher Verkehr** (Revierfunk-, Hafenfunk- und **Schiffslenkungsdienst**) und **öffentlicher Verkehr** (zum Austausch von Nachrichten) betrieben. Der Revier- und Hafenfunkdienst dient der Übermittlung von Nachrichten, die das **Führen, die Fahrt und die Sicherheit von Schiffen** betreffen. Für die Teilnahme am öffentlichen Funkverkehr benötigt man einen **Vertrag mit einer Abrechnungsgesellschaft.** Liegen Nachrichten für einen vor, dann erfährt man das über eine **individuelle Benachrichtigung oder Sammelanrufe.**

Die **Kennzeichnung der Küstenfunkstellen** des nichtöffentlichen Revier- und Hafenfunkdienstes erfolgt durch den **geografischen Ort** gefolgt von dem **Dienst**, den sie verrichten, sowie dem nicht gesprochenen Wort »**Radio**«. Beispiel: **Warnemünde Traffic Radio** (KüFuSt des **Revierfunkdienstes**).

SAR

Die SOLAS-Vertragsstaaten sind verpflichtet, in ihren Küstengewässern einen Such- und Rettungsdienst (Search and Rescue – SAR) zu unterhalten. In Deutschland wird diese Aufgabe von der Deutschen Gesellschaft zur Rettung Schiffbrüchiger (DGzRS) mit Sitz in Bremen übernommen.

Arbeitsplatz von Bremen Rescue Radio: Hörbereitschaft auf UKW-Kanal 16 und 70

Die DGzRS betreibt zum einen die Küstenfunkstelle Bremen Rescue Radio und zum anderen das MRCC (Maritime Rescue Coordination Center), die Seenotleitung.

Bremen Rescue Radio

Die Hauptaufgaben von Bremen Rescue Radio sind die kontinuierliche Überwachung der UKW-Kanäle 16 und 70 über die abgesetzten Stationen an der gesamten deutschen Nord- und Ostseeküste, die Durchführung des Notverkehrs im Seenotfall und die Aussendung vitaler Sicherheitsmeldungen.

Seenotleitung (MRCC)

Das MRCC koordiniert im Seenotfall die Such- und Rettungsmaßnahmen. Das MRCC Bremen arbeitet dabei eng mit der SAR-Leitstelle Glücksburg (aeronautischer SAR-Dienst) zusammen.

Im Notfall wird neben der Seenotleitung eine Funkstelle vor Ort benötigt, die die Maßnahmen und die Kommunikation koordiniert. Die »On-Scene Communication« übernimmt in der Regel die Funkstelle, die technisch und personell am besten dafür geeignet ist. Der On-Scene Coordinator (OSC) dient der Seenotleitung als Auge und Ohr vor Ort. Die Kommunikation zwischen den Havaristen, dem OSC und anderen Funkstellen, die Hilfe leisten (können), wird als Funkverkehr vor Ort bezeichnet.

Nationale Datenbank

Die Seenotleitung hat Zugriff auf die Datenbank mit den Nummernzuteilungen der Bundesnetzagentur und kann im Notfall die dort bei der Antragstellung angegebenen Kontaktdaten einsehen. Hierbei sind sowohl die Mobilfunknummer des Schiffsführers als auch die Kontaktdaten von Menschen, die über den geplanten Reiseverlauf informiert sind, wichtig.

Entsprechende Daten können formlos bei der Bundesnetzagentur aktualisiert, geändert oder hinzugefügt werden. Im eigenen Interesse sollte die dort hinterlegte Information immer aktuell sein.

Nationale DB DJ1234 [Search] ☐MMSI ☐Callsign ☐Ship Name ☐Owner

MMSI	**211987650**	IMO-Nr	
Name	**TOPAS**	Rufzeichen	**DJ1234**
Name_Ex		Name_Datum	
Antriebsart	Segelschiff	Besatzung	8
Schiffsart	Vergnügungsfahrzeug	Rettungsboote	
Schiffstyp	Segelschiff	BRZ	9,5
SchiffsNr		BRT	
SSFC-Nr		Länge	11,50
Heimathafen	Bremen	Breite	3,40
GMDSS		Epirbs	B(121,5MHz) E(406MHz)
24h-Kontakt			
Person	Malte Nachbar: +491711234567, Jonas Vereinskollege: +491721234567	Fax	
Tel 1		Tel 2	
Zuteilungsinhaber		**Empfänger Schriftverkehr**	
Name	Bruno Mustermann	Name	Bruno Mustermann
Straße	Seefahrerweg 3	Straße	Seefahrerweg 3
Ort	28199 Bremen	Ort	28199 Bremen
Tel1	+49 421 498 9795	Tel1	+49 421 498 9795
Tel2	+49 173 123 4567	Tel2	
Fax		Fax	
Land	DE, Deutschland	Land	DE, Deutschland
Erfassung	01.09.2010 07:05		

Angaben zur Seefunkstelle aus dem Einsatzleitsystem »Viadux«, mit dem das MRCC Bremen arbeitet

Alarmierung per Mobilfunktelefon

Auch wenn die Seenotleitung telefonisch 24 Stunden am Tag erreichbar ist, so ist die Kontaktaufnahme per Seefunk der telefonischen vorzuziehen. Die Vorteile sind:

- schnelle und sichere Alarmierungsmöglichkeit (über DSC)
- bessere Netzabdeckung (gegenüber Mobilfunktelefonen) und Erreichbarkeit auf See
- Ortungsmöglichkeiten durch Anpeilen des UKW-Funksignals
- Erreichbarkeit aller in Funkreichweite befindlichen Seefunkstellen
- üblicherweise längere und sicherere Stromversorgung

Notfall-Kontaktdaten der DGzRS

UKW:	**Kanal 16 (Ruf: Bremen Rescue), Kanal 70 (DSC)**
MMSI:	**00 211 1240**
Telefon:	**+49 (0) 421 53 68 7-0**
Telefax:	**+49 (0) 421 53 68 7-14**
Inmarsat-C:	**492 521 021**
Mobilfunk:	**124 124** (Alarmierung ausschließlich über Mobiltelefon innerhalb des Abdeckungsbereichs des deutschen Mobilfunknetzes ausschließlich an der deutschen Nord- und Ostseeküste)

Diese Kontaktinformationen dürfen nur im Ernstfall und auf keinen Fall zu Testzwecken verwendet werden.

Für andere Angelegenheiten erreichen Sie die DGzRS telefonisch unter 0421 / 53 70 70 oder im Internet unter www.dgzrs.de.

Ein Mobiltelefon ist im Notfall als zusätzliches Alarmierungsmittel sinnvoll. Dabei sollte die Festnetznummer (statt der Mobilnummer) der Seenotleitung eingespeichert werden, damit eine Erreichbarkeit auch aus dem benachbarten Ausland gewährleistet ist. Auch die Crew sollte mit dem Bordhandy vertraut sein, um dieses im Notfall schnell benutzen zu können.

Mobiltelefone sind bei der Netzabdeckung auf See vermehrt auf der Suche nach geeigneten Funkmasten, was zum schnelleren Entladen führt. Es ist daher ratsam, das Telefon nur gezielt zum Gebrauch einzuschalten, um den Ladezustand zu erhalten.

Funkärztlicher Beratungsdienst

In einigen Ländern wird funkärztliche Beratung über Sprechfunk angeboten. Der Medico-Dienst in Deutschland wird durch das Krankenhaus in Cuxhaven abgedeckt. Es kann durch die Vermittlung einer Küstenfunkstelle auch aus dem Ausland erreicht werden. In Deutschland ist die Vermittlung kostenlos. Um dem Funkarzt die Diagnose zu erleichtern (und um Rückfragen und Zeit zu sparen), ist es zweckmäßig, vor Gesprächsbeginn einen standardisierten Meldebogen für Notfallbehandlungen auszufüllen.

Medico-Dienst in Cuxhaven

Telefon:	**+49 (0) 4721 78-0 (Zentrale)**
	+49 (0) 4721 78-5 (Notfall)
Fax:	**+49 (0) 4721 78-1520**
E-Mail:	**medico@tmas-germany.de**

WWW: medico

Zusammenfassung

SRC: 23, 125–130, 147, 175–177

Im **SAR**-Fall (**Suche und Rettung**) koordiniert das **RCC/MRCC** ([Maritime] Rescue Coordination Center) die zur Verfügung stehenden Kräfte, wickelt den Notverkehr ab und **informiert über SAR-Maßnahmen**. Der **On-Scene Coordinator (OSC)** übernimmt den **Funkverkehr vor Ort** (On-Scene Communication).

Die Vorteile einer UKW-Seefunkanlage gegenüber einem Mobiltelefon sind die **sichere Alarmierung**, die **Erreichbarkeit aller in Funkreichweite befindlichen Fahrzeuge** und die Verfügbarkeit der **Informationen für alle Beteiligten**.

Ein funkärztliches Beratungsgespräch wird als **Medico-Gespräch** bezeichnet.

Dienstbehelfe

Dienstbehelfe sind Unterlagen für die Abwicklung des Funkverkehrs an Bord. Dort findet man Angaben über die entsprechenden Funkkanäle sowie Prozeduren und Anrufverfahren. Für nicht ausrüstungspflichtige Seefunkstellen wie Sportboote sind nautische Veröffentlichungen nicht vorgeschrieben. Empfehlenswert ist allerdings, mindestens den Funkdienst für die Klein- und Sportschifffahrt bzw. für andere Fahrgebiete ein vergleichbares Werk an Bord mitzuführen.

Funkdienst für die Klein- und Sportschifffahrt

Der Funkdienst für die Klein- und Sportschifffahrt ist für Sportfahrzeuge im Fahrgebiet Nordsee, Ostsee und Englischer Kanal bestimmt. Er erscheint jährlich und wird vom Bundesamt für Seeschifffahrt und Hydrographie herausgegeben. Inhalt sind unter anderem Sendezeiten und Frequenzen von Wetter- und Warndiensten, Such- und Rettungsdiensten, Telekommunikationsdiensten und Revierfunkdiensten. Eine Liste meteorologischer Ausdrücke in unterschiedlichen Sprachen ist ebenfalls abgedruckt.
Die Angaben sind aus den für die Berufsschifffahrt vorgesehenen Seebüchern »Nautischer Funkdienst« und »Revierfunkdienst Nordsee und Englischer Kanal« bzw. »Revierfunkdienst Ostsee« entnommen.

Funkdienst für die Klein- und Sportschifffahrt des BSH

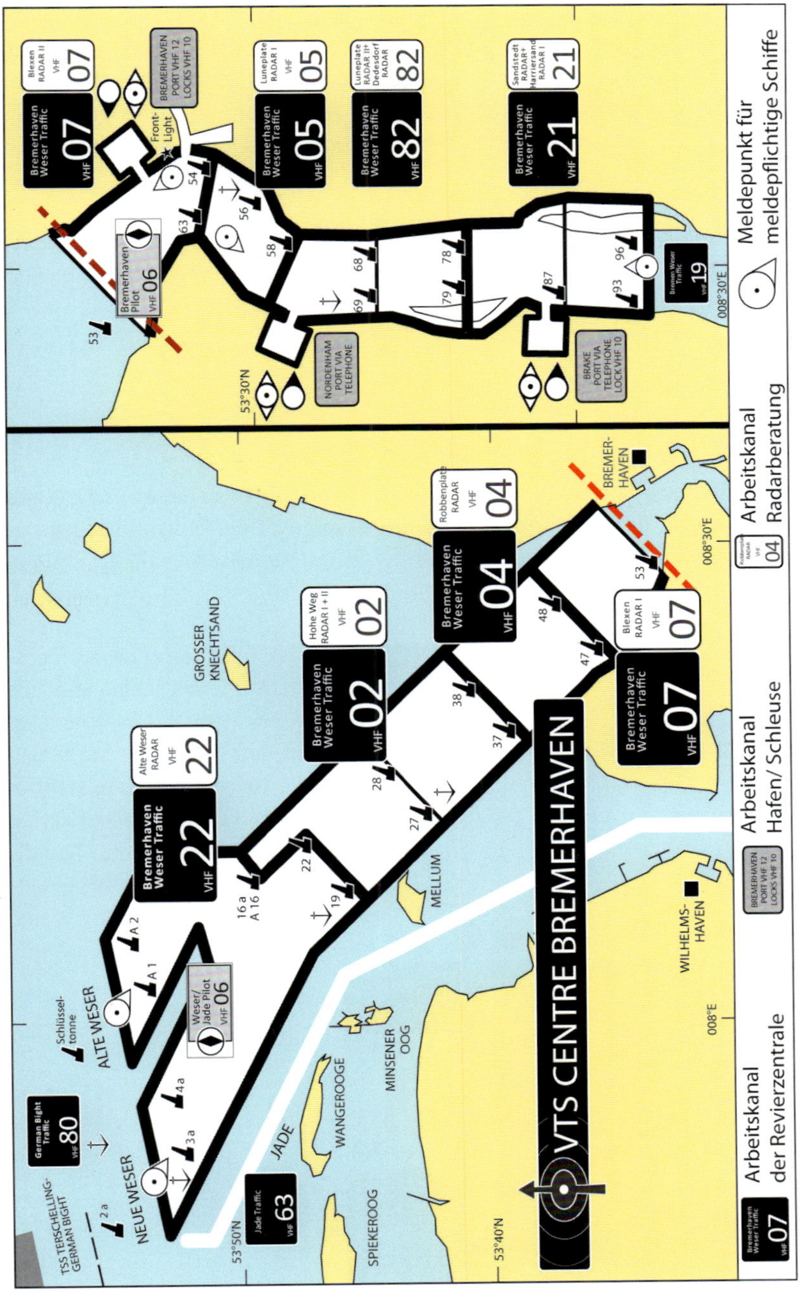

Schiffsverkehrsdienst Bremerhaven aus dem VTS Guide des BSH

VTS Guide

Die UKW-Funkkanäle der Revierzentralen, Häfen, Brücken oder Schleusen kann man dem Funkdienst für die Klein- und Sportschifffahrt, oftmals der Seekarte oder als grafische Übersicht dem Vessel Traffic Services Guide (VTS Guide) entnehmen. Die Ausgabe für die Nord- und Ostsee wird vom BSH veröffentlicht.

Eine nichtamtliche, internationale Variante des VTS Guide steht kostenlos im Internet zur Verfügung. Diese Online-Ausgabe ist möglicherweise nicht so aktuell wie die Ausgabe vom BSH.

INTER-NET WWW: vts

Handbuch Suche und Rettung

Das Handbuch Suche und Rettung ist für Sportboote bestimmt und enthält Anleitungen für die Bewältigung von Notlagen auf See. Es wird herausgegeben vom BSH in Zusammenarbeit mit der Deutschen Gesellschaft zur Rettung Schiffbrüchiger (DGzRS).

Die Veröffentlichung enthält Informationen über die Abwicklung des Funkverkehrs in Notfällen, über Such- und Rettungsmaßnahmen, Hilfeleistung und Kommunikation mit Lufteinheiten, Koordinierung von SAR-Maßnahmen sowie über Planung und Durchführung einer Suche.

Handbuch Suche und Rettung des BSH

Öffentliche Küstenfunkstellen in Deutschland

DP07 (gesprochen Delta Papa Null Sieben) bietet als privates Unternehmen an der deutschen Küste einen ganztägigen Service an. Zu der Dienstleistung von DP07 gehören unter anderem die Vermittlung von Telefongesprächen und Telegrammen, Seewetterberichte, die Große Konferenz (Vermittlung von Gesprächen per Funk zwischen zwei Seefunkstellen über die Reichweite von UKW hinaus), Travel Reports oder SMS-Seewetterinformationen.
DP07 ist sowohl der Betreiber der deutschen Küstenfunkstelle für den öffentlichen Verkehr als auch eine Abrechnungsgesellschaft (s. Seite 21).
Das Netz der deutschen Küstenfunkstellen ist dem Funkdienst für die Klein- und Sportschifffahrt oder dem Informationsmaterial von DP07 zu entnehmen.

Funktagebuch

Sportboote sind (anders als ausrüstungspflichtige Schiffe) nicht verpflichtet, ein Funktagebuch zu führen. Wichtige Funkgespräche sollten dennoch im Schiffstagebuch festgehalten werden. Auf jeden Fall sollten Angaben über einen Not- und Dringlichkeitsverkehr ins Schiffstagebuch eingetragen werden.

Weitere Funkliteratur

In europäischen Gewässern außerhalb der Reichweite des Funkdienstes für die Klein- und Sportschifffahrt ist der Reeds Nautical Almanac empfehlenswert. Er beinhaltet – auf Englisch – nahezu alle Informationen über Seefunk und Navigation. Die Admiralty List of Radio Signals, vergleichbar mit dem Nautischen Funkdienst für ausrüstungspflichtige Schiffe, ist wesentlich umfangreicher als das deutsche Pendant, aber aufgrund ihres Umfanges eher ungeeignet für Sportboote. In unregelmäßigen Abständen erscheinen die Mitteilungen für Seefunkstellen und Schiffsfunkstellen (MfS), die von der Bundesnetzagentur veröffentlicht werden. Sie enthalten Änderungen und Neuerungen im Funkdienst.

Zusammenfassung

SRC: 6, 150

Seefunkinformationen für die Sportschifffahrt entnimmt man dem **Funkdienst für die Klein- und Sportschifffahrt**. Hinweise zur Kommunikation und Redewendungen in Notfallsituationen stehen im **Handbuch Suche und Rettung**. Beide Publikationen werden vom Bundesamt für Seeschifffahrt und Hydrographie (BSH) herausgegeben.

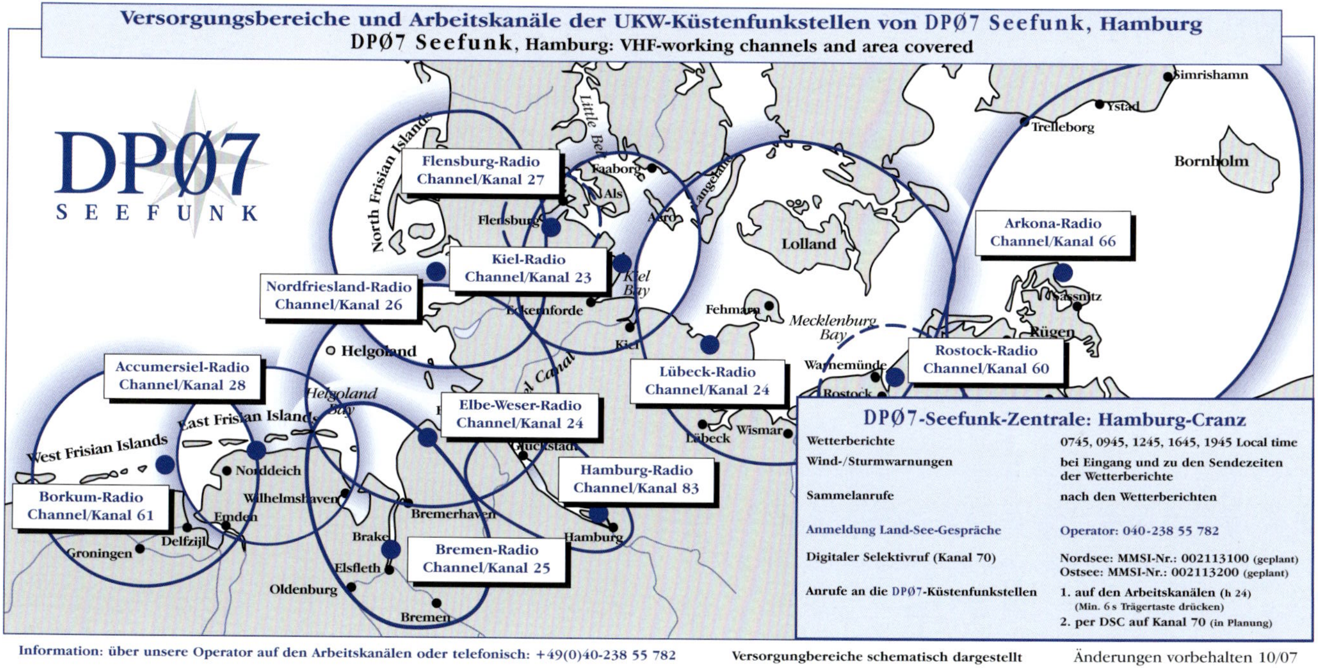

Übersicht der deutschen Küstenfunkstellen von DP07 für den öffentlichen Nachrichtenaustausch

Funksignal

Funkwellen

Funkwellen sind wie Radio-, Mikrowellen oder sichtbares Licht elektromagnetische Wellen. Sie sind durchaus vergleichbar mit den Wellen, die entstehen, wenn man einen Stein ins Wasser wirft. Es entstehen Wellenberge und -täler auf dem vorher glatten Wasser. Eine Wellenlänge ist der Abstand zweier Punkte der gleichen Phase, also beispielsweise die Strecke von einem Wellenberg bis zum nächsten Wellenberg. Die Frequenz (Schwingungen pro Sekunde) ergibt sich aus der Anzahl der Wellen, die in einer Sekunde am Betrachter vorbeiziehen. Sie wird in Hertz (Hz) angegeben.
Anders als die Wellen auf dem Wasser breiten sich elektromagnetische Wellen mit 300 000 000 Metern pro Sekunde, also Lichtgeschwindigkeit aus. Eine Funkwelle kann aus mehreren Tausend Schwingungen pro Sekunde bestehen:

1 Hz = 1 Schwingung pro Sekunde
1 kHz = 1 Kilohertz = 1000 Hz
1 MHz = 1 Megahertz = 1000 kHz = 1 000 000 Hz
1 GHz = 1 Gigahertz = 1000 MHz = 1 000 000 kHz = ...

Der Frequenzbereich von 30 MHz bis 300 MHz wird als Ultrakurzwelle, kurz UKW bezeichnet. Flugfunk, Polizeifunk oder auch der Hörfunk wird unter anderem in diesem Bereich abgewickelt. UKW-Seefunk und Binnenschifffahrtsfunk finden im Frequenzbereich 156 MHz bis 174 MHz statt.

Reichweite

Ultrakurzwellen (engl. Very High Frequency – VHF) breiten sich gradlinig aus, vergleichbar mit den Lichtstrahlen eines Leuchtturms. Je höher also die Antenne des Senders und des Empfängers ist, desto größer ist die Reichweite des übermittelten Funksignals.
In der nachfolgenden Tabelle sind verschiedene Objekte, ihre Antennenhöhe und die berechnete Funkreichweite in Seemeilen (1 sm = 1,852 km) angegeben.

	Horizont	Dingi/Jolle	Boot	Yacht	Schiff	Küsten-funkstelle
Horizont		2	4	9	11	22
Dingi/Jolle (1 m)	2	4	7	11	14	25
Motorboot (4 m)	4	7	9	13	16	27
Segelyacht (16 m)	9	11	13	18	20	31
Schiff (36 m)	11	14	16	20	23	34
Küstenfunkstelle (100 m)	22	25	27	31	34	

Antennenhöhe der Objekte in Metern/Funkreichweite in Seemeilen

PRAXIS-WISSEN

Da die Ausbreitungseigenschaft von UKW-Funkwellen quasioptisch ist, kann die Formel für die »Feuer in der Kimm«-Berechnung auch auf die Reichweite des Funksignals angewendet werden. Lediglich der Faktor weicht geringfügig aufgrund unterschiedlicher Eigenschaften von Funk- und Lichtwellen ab.

$$\text{Entfernung [sm]} = 2{,}23 \cdot \left(\sqrt{\text{Höhe A [m]}} + \sqrt{\text{Höhe B [m]}}\right)$$

Antenne

Zu einer Funkanlage gehören unweigerlich auch das Antennenkabel (Koaxialkabel) mit Verbindern und Steckern und die Antenne. Gerade dem Kabel und den Verbindungen wird oftmals die geringste Aufmerksamkeit geschenkt. Allerdings sorgen nur alle drei Komponenten (Funkanlage, Kabel und Verbindungen) zusammen mit der Antenne für eine optimale Sende- und Empfangsqualität.

Abstrahlungseigenschaften bei unterschiedlicher Verstärkung

Bei Antennen gilt, dass nicht nur die Reichweite mit der Höhe der Antenne steigt, sondern auch mit der Verstärkung, welche in Dezibel (db) angegeben wird. Vergleichbar mit dem Lichtkegel einer Taschenlampe bedeutet eine kleine db-Zahl eine weitwinklige Abstrahlung (mit weniger Reichweite) und eine ansteigende db-Zahl einen Lichtpunkt mit abgeflachtem Abstrahlradius und hoher Reichweite. Es ist daher empfehlenswert, z. B. bei Antennen, die am Mast von Segelyachten montiert sind, eine niedrigere db-Zahl zu wählen, da dadurch, selbst bei starkem Seegang, noch in alle Richtungen ein gleichmäßig starkes Signal abgegeben wird. Motoryachten sind aufgrund der geringeren Höhe der Antenne in der Regel nicht so starken Schwankungen ausgesetzt und verwenden bei der Verstärkung meistens die goldene Mitte von 6 db.
Metallteile in der Nähe der Sendeantennen bewirken eine mehr oder weniger große »Abschirmung« bei der Abstrahlung der Sendeleistung. Die Antenne sollte vertikal mit freier Rundumstrahlung angebracht werden.

Abstrahlungseigenschaften bei Motorbooten. Nicht immer optimaler Abstrahlwinkel

Für einen NAVTEX-Empfänger können Draht-, Stab- oder Aktivantennen verwendet werden. Als Drahtantenne kann ein Stag oder Want dienen. Dieses muss aber gegen den übrigen Schiffskörper isoliert werden. Eine Aktivantenne ist eine Antenne mit einem integrierten Verstärker. Bei tragbaren UKW-Handfunkgeräten werden kurze Stab-, Wendel- oder Teleskopantennen verwendet.

Aus Sicherheitsgründen (Kabelprobleme, Mastbruch etc.) sollte an Bord einer Yacht eine Ersatzantenne oder ein Handfunkgerät mitgeführt werden.

Sendeleistungen

Die maximale Sendeleistung eines UKW-Funkgerätes beträgt 25 Watt. Unter entsprechenden Bedingungen und einer entsprechend hohen Antenne lässt sich damit eine Reichweite digitaler Aussendungen von bis zu 60 Seemeilen erzielen. Für eine Kommunikation in kurzer Entfernung ist man gehalten, die Sendeleistung auf 1 Watt zu reduzieren. Die zur Verfügung stehenden Funkkanäle sind eine knappe Ressource; durch die geringe Sendeleistung werden möglichst wenig Funkteilnehmer gestört. Bei einer Antennenhöhe von ein paar Metern über der Wasserlinie beträgt die Reichweite dann immer noch vier bis acht Seemeilen.
Handfunkgeräte senden üblicherweise mit maximal 6 Watt, können aber ebenfalls auf 1 Watt Sendeleistung reduziert werden.

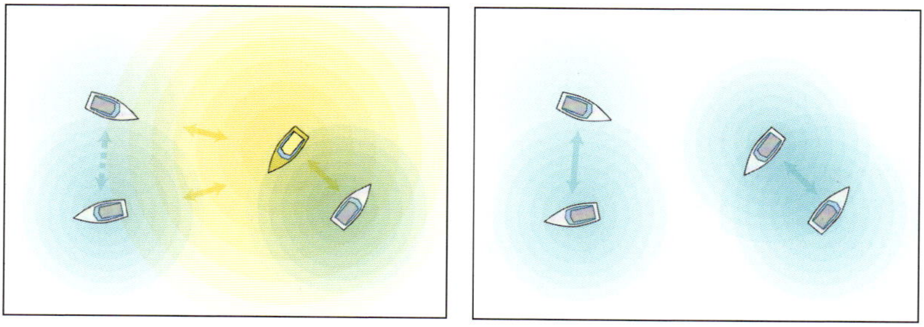

Eine Aussendung mit einer Sendeleistung von 25 W (links) blockiert die Kommunikation auf dem gleichen Kanal.

Zusammenfassung

SRC: 69, 78, 80–82
UBI: 23, 24, 50–53

Der **UKW-Frequenzbereich** erstreckt sich von **30 MHz bis 300 MHz.** Die Ultrakurzwelle hat eine **gradlinige und daher quasioptische** Ausbreitungseigenschaft. Die **Reichweite** eines UKW-Signals hängt vor allem von der **Antennenhöhe** ab. Gestört wird das Signal durch **metallische Gegenstände** oder eine geneigte, also nicht **vertikal ausgerichtete** Antenne. Die Antenne muss **berührungssicher** angebracht sein.
Ein **unregelmäßiges Knacken** oder **starkes Rauschen** beim Empfang ist in der **Kabelverbindung**, bei den **Steckern** oder an der **Antenne** selber zu suchen. Ist ein **optisch wahrnehmbarer Schaden** (an Kabel, Antenne etc.) zu sehen, sollten die Komponenten **ausgewechselt** werden, da dies sonst einen **Schaden an der Funkanlage** verursachen kann. Eine **Ersatzantenne** muss auf den entsprechenden **Frequenzbereich ausgelegt** sein.

Funkanlage

Die modernen DSC-Funkanlagen könnten als eine Kombination aus einem herkömmlichen Funkgerät und einem Telefon beschrieben werden. Der DSC-Controller übernimmt die herkömmliche Hörbereitschaft und alarmiert optisch und/oder akustisch bei Eingang einer Verbindungsanfrage. Die sendende Funkstelle kann auswählen, ob nur bestimmte oder alle in Reichweite befindlichen Funkstellen alarmiert werden sollen.
Soll ein anderes Schiff angerufen werden, tippt man die Rufnummer (MMSI) des Empfängers und ein paar weitere Eingaben ein und sendet einen Digitalen Selektivruf (DSC – Digital Selektiv Calling) an die andere Funkstelle. Wird der Anruf von dort bestätigt, so muss nur noch der Hörer in die Hand genommen werden, um das Gespräch zu führen. Entgeht einmal ein Anruf, während die Anlage eingeschaltet ist, sind die Gesprächsanfragen unter »Received Calls« (empfangene Anrufe) gespeichert.

Der Digitale Selektivruf hat im Wesentlichen folgende Aufgaben:

Alarmierung im Notfall
Via DSC kann ein Notalarm mit der Rufnummer der sich in Not befindlichen Seefunkstelle (MMSI), mit Position, Uhrzeit und gegebenenfalls der Art des Notfalls (s. Seite 41) ausgesendet werden.

Ankündigung von Dringlichkeits- und Sicherheitsmeldungen
Die Meldungen werden via DSC angekündigt und auf dem vorgeschlagenen Arbeitskanal per Sprechfunk abgewickelt.

Anruf an See- bzw. Küstenfunkstellen
DSC wird zur Ankündigung der Gesprächsverbindungen verwendet.

Funkgeräte

Es gibt eine große Vielfalt unterschiedlicher UKW-Funkgeräte. Üblicherweise gleichen sich Geräte eines Herstellers noch einigermaßen. Von Hersteller zu Hersteller gibt es allerdings zum Teil erhebliche Unterschiede. Trotzdem gibt es Funktionen, die eigentlich immer vorhanden sind, auch wenn die Bezeichnung hier variieren kann.

1. POWER oder ON/OFF (Betriebsschalter)

Schaltet die Funkanlage ein und aus. Bei gekoppelten Anlagen mit DSC-Controller wird über POWER auch der DSC-Controller geschaltet.

Anders als bei Handys erhält der Benutzer bei ausgeschalteter Anlage keine Nachricht über verpasste (DSC-)Anrufe.

2. VOL oder VOLUME (Lautstärkeregler)

Regelt die Lautstärke beim Sprechfunkverkehr.

3. SQL oder SQUELCH (Rauschsperre)

Mit der Rauschsperre stellt man die Empfangsempfindlichkeit des Funkempfängers ein. Mit der Rauschsperre kann statisches und atmosphärisches Rauschen ausgefiltert werden.
Dreht man den Filter »rein« – also im Uhrzeigersinn –, wird die Empfindlichkeit des Empfängers reduziert. Wird der Filter »raus«gedreht, hört man sowohl sehr schwache Signale als auch das ungewünschte Rauschen und Knacken aus dem Lautsprecher. In dieser Einstellung kann man gut die gewünschte Lautstärke des Gerätes einstellen.
Wenn die Rauschsperre vorsichtig wieder reingedreht wird, kommt ein Punkt, wo das Rauschen plötzlich aussetzt. Diese Einstellung ist gerade richtig, um schwache Signale noch empfangen zu können, aber trotzdem durch das Rauschen nicht gestört zu werden.

Mithilfe der Rauschsperre kann überprüft werden, ob der Kanal belegt ist. Es gilt immer: »Erst hören, dann sprechen.«

Funkgerät vom Typ ICOM IC-M 503

4. HI/LO oder 25 W/1 W (Sendeleistung)

Die maximale Sendeleistung eines UKW-Funkgerätes beträgt 25 Watt. Unter guten Bedingungen und mit einer entsprechend hohen Antenne ergeben sich damit Reichweiten von bis zu 60 Seemeilen.
Für die Kommunikation im Nahbereich (vier bis acht Seemeilen) wird auf 1 Watt umgeschaltet.

5. CH oder CHANNEL (Kanalwahlregler)

Mit einem Drehrad oder Auswahltasten (hoch/runter) können die verschiedenen Kanäle ausgewählt werden. Neben dem Kanalwahlregler gibt es oftmals eine zusätzliche Schnellwahltaste für Kanal 16.

6. Kanal 16 (Schnellwahltaste)

Schaltet direkt auf den Not- und Anrufkanal 16 um.

7. DUAL (Zweikanalüberwachung)

Schaltet die Zweikanalüberwachung (Dual Watch) ein und aus. Bei eingeschalteter Überwachung werden Kanal 16 und ein zusätzlicher, frei wählbarer Kanal gleichzeitig abgehört.

Sprechtaste/PTT-Taste (Push-to-Talk)

Die Sprechtaste ist am Mikrofon oder Handhörer eingebaut. Beim Betätigen dieser Taste schaltet die Funkanlage von Empfang auf Senden um. Man kann jetzt sprechen, hört den Gesprächspartner aber nicht, solange die Taste gedrückt bleibt.

> Vergessen Sie vor allem in Stresssituationen nicht, die Sprechtaste wieder loszulassen, damit man Ihnen antworten kann!

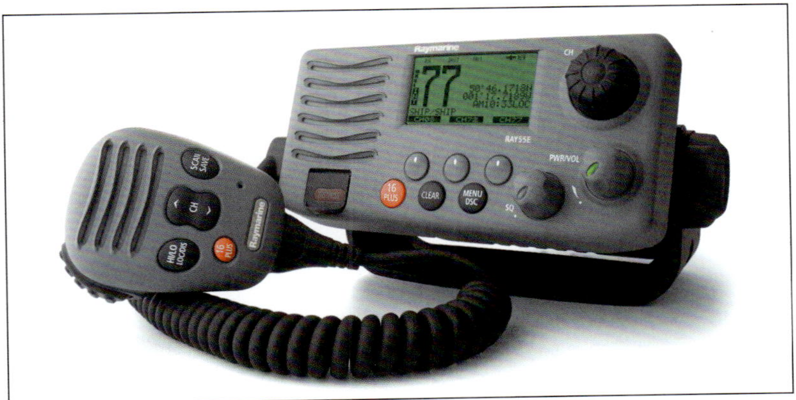

Raymarine-Funkanlage mit integriertem DSC-Controller und Mikrofon

Es ist schon vorgekommen, dass die Sprechtaste sich verklemmt hat, wenn z. B. der Hörer nicht richtig in die Halterung eingehängt wird. Dann wird ein dauerhaftes Trägersignal ausgesendet, das den restlichen Funkverkehr erheblich stört. Möglicherweise kann dann die gesamte Küste den Bordalltag dieses Bootes mitverfolgen. Da ja die Sprechtaste gedrückt und die Anlage im Sendemodus ist, empfängt die störende Funkstelle nichts mehr und kann daher auch nicht darauf hingewiesen werden. Nimmt man in einem viel befahrenen Revier daher irgendwann wahr, dass kein Funkverkehr mehr herrscht, sollte man einmal nach seiner Anlage schauen.

DSC-Controller

Die meisten Funkanlagen haben heutzutage DSC-Controller und Sprechfunk in einem Gerät integriert. Ist die Anlage mit einem GPS-Ortungssystem gekoppelt, werden im Notfall die Position und Zeit automatisch mitgesendet. Anderenfalls können die Position und Zeit manuell aktualisiert werden.

Ist kein GPS an die Funkanlage angeschlossen oder ist die Verbindung defekt, sollte die Position und die Zeit in der Anlage manuell mindestens alle vier Stunden aktualisiert werden.

Über eine Menüführung können die gewünschten Funktionen aufgerufen werden. Die Bedienung der Geräte weicht zum Teil erheblich voneinander ab, daher ist es unvermeidlich, die Gebrauchsanweisung zu studieren. Folgende Tasten sind üblicherweise an einer Funkanlage mit DSC-Controller vorhanden:

1. DISTRESS oder SOS (Notalarmierungstaste)

Diese Taste befindet sich üblicherweise hinter einer Schutzklappe, um versehentliche Aussendungen zu vermeiden. Beim Drücken der Taste wird optisch und akustisch angezeigt, dass die Notalarmierung eingeleitet wurde. Nach drei bis fünf Sekunden (je nach Gerät) wird der Alarm ausgesendet. Diese Verzögerung dient der Vermeidung von Fehlalarmierungen.

2. CLR oder CLEAR (Abbruchtaste)

Die Funktion dieser Taste sollte in der Bedienungsanleitung nachgelesen werden, da es hier starke Unterschiede bei den Anlagen gibt.

3. CALL, MENU oder EDIT (Menütaste)

Diese Taste öffnet das Hauptmenü des DSC-Controllers. Mit Auswahltasten (5) oder einem Drehknopf wählt man den gewünschten Menüpunkt aus, und mit der ENT- oder ENTER-Taste (4) oder dem Druck auf das Drehrad wird der markierte Eintrag ausgewählt.

6. NUMMERNBLOCK

Das Tastenfeld mit den Nummern dient der Eingabe der Zahlen an entsprechender Stelle.

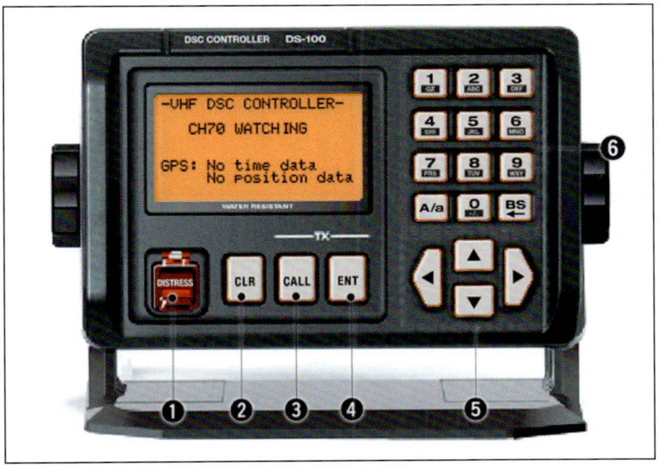

DSC-Controller vom Typ ICOM DS-100

Menüstruktur eines DSC-Controllers

Entry position/time	Positions- und Zeiteinstellung
Individual Call	Anruf an eine Funkstelle
Individual ACK	Anrufquittierung eines Selektivrufs
Group Call	Gruppenanruf (Reederei etc.)
All Ships Call	Anruf an alle Funkstellen
Position Request	Positionsabfrage der Gegenstelle
Received Calls	Empfangene Meldungen
Distress Settings	Notalarmierungseinstellungen
Nature of distress	Art des Notfalls
Undesignated	Unbestimmt (voreingestellt)
Fire, Explosion	Feuer, Explosion
Flooding	Wassereinbruch
Collision	Kollision
Grounding	Grundberührung
Capsizing	Kentern
Sinking	Sinken
Disable Adrift	Manövrierunfähig und treibend
Abandoning Ship	Verlassen des Schiffs
Piracy Attack	Piratenangriff
Man Over Board	Person über Bord
Set up	Einstellungen des Controllers
Adress ID	Adressbuch
Offset Time	Bordzeit/Zeitunterscheid zu UTC
Brightness	Helligkeit
Contrast	Kontrast
MMSI Check	Überprüfung der eigenen MMSI

Menüstruktur eines DSC-Controllers am Beispiel des Modells ICOM DS-100

Es ist nicht möglich, die gesamte Bedienung der Funkanlage anhand eines Buches zu erlernen. Wir empfehlen, die praktische Gerätekunde in einer Ausbildungsstätte für Seefunk oder an einer Simulationssoftware zu üben.

INTER-NET WWW: simulation

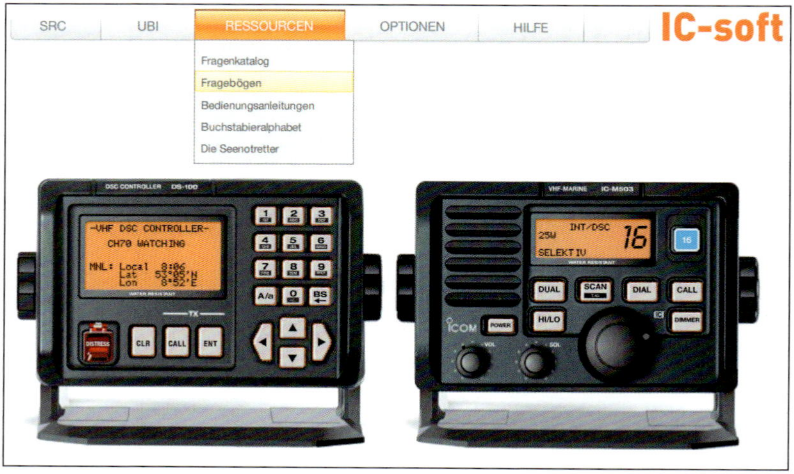

Lernsoftware IC-soft 3.0 für SRC und UBI (Delius Klasing Verlag)

Handsprechfunkgerät

UKW-Handsprechfunkgeräte sind außer für den Funkverkehr an Bord für den Einsatz auf Rettungsbooten, Rettungsinseln und Überlebensfahrzeugen vorgesehen. Sie sollten wasserdicht sein und mindestens über Kanal 16 und einen weiteren Kanal verfügen. Es dürfen nur zugelassene, angemeldete Geräte eingesetzt werden. Da sich die UKW-Funkwellen quasioptisch ausbreiten, ist beim Einsatz von Handsprechfunkgeräten zu berücksichtigen, dass die geringe Antennenhöhe, aber auch eine reduzierte Sendeleistung sowie der Ladezustand der Akkus zu Einschränkungen in der Reichweite führen können.

Tragbare Funkgeräte dürfen an Bord auch von Personen, die nicht Inhaber eines Seefunkzeugnisses sind, zu schiffsbetrieblichen Zwecken bedient werden. Diese beweglichen Funkstellen dürfen auch als Seefunkgerät anstelle einer fest eingebauten Anlage betrieben werden. Ein Betrieb an Land ist in Deutschland nicht zulässig, ebenso wenig auf Kleinfahrzeugen im Binnenschifffahrtsfunk.

Handsprechfunkgeräte sind heute nicht mehr teuer. Als »Ersatzgerät« und vor allem, wenn das Schiff verlassen werden muss, ist ein Handsprechfunkgerät aus Sicherheitsgründen sehr zu empfehlen.

PRAXIS-WISSEN

Auswahl der Funkanlage

Eine Funkanlage sollte intuitiv zu bedienen und gut ablesbar sein. Große Tasten mit vernünftigem Druckpunkt und ein ausreichend großes Display sind ebenfalls wichtig. Eine Zehnertastatur erleichtert die Eingabe der 9-stelligen MMSI.
Eine Funkanlage sollte daher vor dem Kauf ausprobiert werden. Auf Messen oder beim Händler sind die Geräte aufgebaut und ausgestellt. Zudem kann von den meisten Anlagen die Bedienungsanleitung via Internet eingesehen werden.

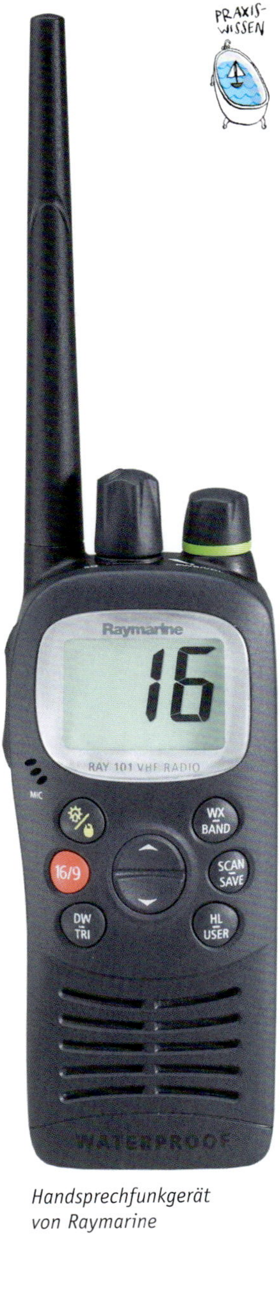

Handsprechfunkgerät von Raymarine

Zusammenfassung

SRC: 51–56, 60, 68
UBI: 54

Der **Digitale Selektivruf (DSC)** ist eine digitale Aussendung, die bei der gerufenen Funkstelle ein **optisches und/oder akustisches Signal** auslöst. Eine digitale Aussendung hat eine deutlich **höhere Reichweite** als eine Aussendung per Sprechfunk. Eingehende Notfallmeldungen werden bei eingeschaltetem Gerät **automatisch gespeichert**. Ist der DSC-Controller mit einem **GPS** gekoppelt, werden im Notfall die **Position und Zeit automatisch mitgesendet.**
Durch die **Rauschsperre (Squelch)** soll der **Mindest-Empfangssignalpegel** eingestellt werden. Damit ist sicherzustellen, dass kein anderer Funkverkehr gestört wird.

EPIRB

Die Satelliten-Notfunkbake (Emergency Position Indicating Radio Beacon – EPIRB) dient der weltweiten Ortung und Identifizierung von Signalen in Not geratener Fahrzeuge oder Personen. Die handelsüblichen 406-MHz-EPIRBs senden bei Aktivierung ein digitales Notsignal an COSPAS-SARSAT-Satelliten. Dieses Notsignal wird an Erdfunkstellen und dann an die Rettungsleitstelle bzw. Seenotleitung (RCC/MRCC) weitergeleitet.

EPIRB mit Gehäuse und Wasserdruckauslöser von ACR

Die Satelliten

Das COSPAS-SARSAT-System wird betrieben von einem internationalen Konsortium, das im Jahre 1979 von der Sowjetunion, den USA, Kanada und Frankreich gegründet wurde. Das System besteht aus geostationären Satelliten (GEOSAR) und polumkreisenden Satelliten (LEOSAR).

Die GEOSAR-Satelliten stehen in ca. 36 000 km Höhe über dem Äquator und decken den Großteil der Erde (Bereich der Seegebiete A1 bis A3) ab. Ein Notruf wird von den Satelliten empfangen und sofort weitergeleitet. Sie können aber nicht selbstständig die Position der EPIRB bestimmen. Notrufe, die im Seegebiet A4 ausgesendet werden, können nur von den LEOSAR-Satelliten empfangen werden.
Die LEOSAR-Satelliten umkreisen die Erde (Seegebiete A1 bis A4) in einer Flughöhe von 1000 Kilometer. Ihre Abdeckung beträgt im Durchmesser 6000 Kilometer oder anders ausgedrückt 6 % der Erdoberfläche. Beim Überfliegen können die Satelliten den Notruf empfangen, die Position der EPIRB mittels Dopplereffekt bestimmen und den Notruf und die berechnete Position weiterleiten. Dies erfolgt jedoch erst, wenn sie im Empfangsbereich einer Erdfunkstelle sind, was mehrere Stunden dauern kann.

Es gibt EPIRBs auf dem Markt, die mit GPS ausgestattet sind und die Position im Notfall gleich mitsenden. Diese sind nur geringfügig teurer im Verhältnis zu den Modellen ohne eingebautes GPS und daher empfehlenswert.

Funktionsweise und Handhabung von EPIRBs

Das ausgesendete Notsignal einer Seenotfunkbake beinhaltet die Seefunkkennzahl, eine Seriennummer der EPIRB, die MMSI der Seefunkstelle (falls vom Hersteller oder Händler einprogrammiert) und die Position (falls die EPIRB mit einem GPS-Empfänger ausgestattet ist). Zusätzlich können EPIRBs mit einem UKW-Peilsignal auf 121,5 MHz ausgestattet sein, das von SAR-Schiffen oder Luftfahrzeugen empfangen, angepeilt und angefahren werden kann.
Die EPIRBs unterteilen sich in zwei Kategorien. Sie können sowohl automatisch durch Wasserkontakt und manuell (Kategorie I) oder nur manuell (Kategorie II) aktiviert werden.

Sie sollten sich vergewissern, ob Sie eine EPIRB der Kategorie I oder II besitzen, damit im Notfall die Funktionsweise klar ist.

Eine EPIRB sollte an einem leicht zugänglichen Ort verstaut sein. Es empfiehlt sich, die EPIRB in einem speziell dafür vorgesehenen Gehäuse mit Wasserdruckauslöser im äußeren Decksbereich anzubringen. Sie sollte ohne Weiteres von Hand aus der Halterung gelöst und von einer Person in ein Überlebensfahrzeug getragen werden können und muss frei aufschwimmen können, falls das Fahrzeug sinkt.
Jede EPIRB hat eine Testfunktion. Eine Überprüfung der EPIRB sollte in regelmäßigen Abständen erfolgen. Dabei ist die Bedienungsanleitung zu

beachten, um die Aussendung eines Fehlalarms zu vermeiden. Neben dem Selbsttest sollte das Haltbarkeitsdatum der Batterie (5 Jahre) überprüft werden.
Zu der Familie der Notfunkbaken gehören auch ELTs (Emergency Locator Transmitters) und PLBs (Personal Locator Beacons), die nach dem gleichen Prinzip funktionieren. Erstere werden in der Luftfahrt eingesetzt, während die kleinen und handlichen PLBs im Sport- und Freizeitbereich am Körper getragen und daher auch in der Regattaszene eingesetzt werden.

Zusammenfassung

SRC: 160–172, 180

Eine **Seenotfunkbake (EPIRB)** darf **nur im Notfall manuell oder automatisch** ausgelöst werden. Sie sollte in einem **Container mit Wasserdruckauslöser im äußeren Decksbereich** montiert sein. Bei einer Alarmierung werden neben dem Notsignal ein Identifikationsmerkmal und die **GPS-Position** (falls vorhanden) auf **406 MHz ausgesendet**. Bei einer **Wartung** ist sicherzustellen, dass **kein Fehlalarm** ausgelöst wird.
Polumlaufende Satelliten (**LEOSAR**) **können die Position der EPIRB bestimmen**, benötigen aber **bis zu vier Stunden**, um das Signal weiterzuleiten. Bei **GEOSAR**-Satelliten erfolgt die Alarmierung **in wenigen Minuten**. Entsprechend ausgestattete EPIRBs können von SAR-Schiffen oder Luftfahrzeugen auf der **Frequenz 121,5 MHz angepeilt** werden.
Eine EPIRB enthält Angaben über **Schiffsname/Rufzeichen/MMSI** oder ein **anderes Identifikationsmerkmal, Seriennummer, Haltbarkeitsdatum** der Batterie und **des Wasserdruckauslösers** (falls vorhanden).

SART

SART steht für Search and Rescue Transponder. Ein Radar-SART arbeitet auf der Radarfrequenz 9 GHz und erzeugt ein bestimmtes Muster auf dem Radarschirm eines sich annähernden Schiffes.
Er kann auf Schiffen oder Rettungsbooten fest installiert oder als tragbares Gerät eingesetzt werden. Ein tragbares Gerät kann je nach Modell manuell oder automatisch beim Eintauchen ins Wasser aktiviert werden. Nach Aktivierung sendet der SART Impulse aus, sobald er vom Radar eines anderen Schiffes erfasst wird. Ein aktivierter Radar-SART erzeugt auf dem Radarschirm eine Linie von zwölf Punkten (bei Annäherung Kreisbögen). Daraus können Richtung und Entfernung zum Radartransponder abgelesen und die Zielfahrt (Homing) zum SART eingeleitet werden. Die Reichweite ist von der Antennenhöhe des Empfängers abhängig, sie kann bis zu acht Seemeilen betragen, verschlechtert sich bei hohem Seegang allerdings erheblich.

Radar-SART von Jotron

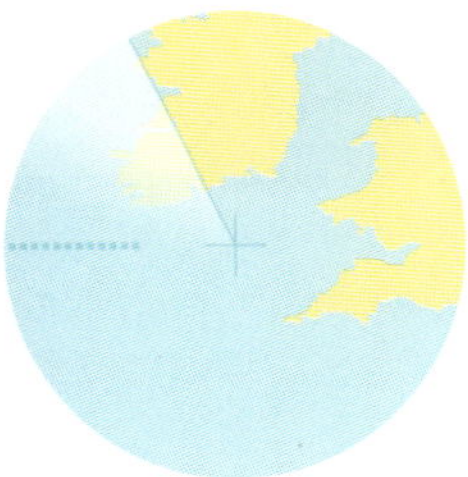

SART in 270°

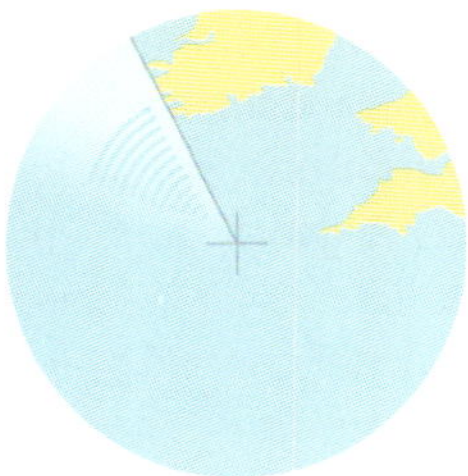

SART in 315°

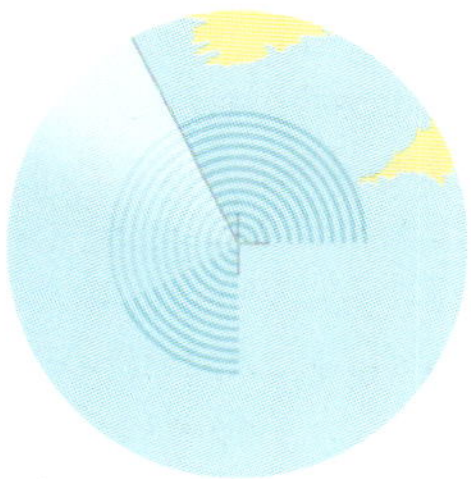

SART Backbord voraus

Ein SART sollte regelmäßig über die Testfunktion getestet werden. Am besten führt man den Selbsttest aus, indem man gleichzeitig überprüft, ob das Signal auf dem Radarschirm sichtbar wird. Das Testsignal ist identisch mit dem Notsignal, sodass ein Test so kurz wie möglich gehalten werden soll. Neben dem Selbsttest ist das Verfallsdatum der Batterie (5 Jahre) zu kontrollieren.

In der Rettungsinsel funktioniert ein SART optimal, wenn er so hoch wie möglich montiert wird. Das Anbringen am Dach der Rettungsinsel ist in Ordnung, solange kein Aluminium oder Metall in der Nähe ist. Die gleichzeitige Verwendung eines Radarreflektors stört das Signal des SART erheblich.

AIS-SART

Search and Rescue Transponder, die auf Basis des Automatischen Schiffsidentifizierungssystems (s. Seite 52) arbeiten, sind eine Alternative oder Ergänzung zu dem vom GMDSS geforderten SART. Die AIS-SARTs haben ein eingebautes GPS und senden bei Aktivierung ein Notsignal auf den AIS-Kanälen. Dem Empfänger wird als Kennung eine MMSI beginnend mit 970 oder ein Kreuz mit einem Kreis auf dem Kartenplotter angezeigt. Beides kennzeichnet ein Schiff in Not.

AIS-SART von Jotron

Zusammenfassung

SRC: 173, 174, 179

Ein **Radar-SART** sendet Ortungsfunksignale aus, die im Seenotfall das Auffinden des verunglückten Fahrzeugs **mittels Radar** erleichtern sollen. Dieses Signal besteht aus einer **Linie von zwölf Punkten,** die sich bei Annäherung zu Kreisbögen entwickeln.

NAVTEX

NAVTEX (NAVigational TEXt Messages) dient dem Empfang von Nautischen Warnnachrichten, Wetterwarnungen und dringenden Meldungen im Funktelexverfahren und ist ein Bestandteil des Weltweiten Seenot- und Sicherheitssystems (GMDSS). Diese Meldungen zur Sicherheit der Schifffahrt (Maritime Safety Informations – MSI) werden in schriftlicher Form alle vier Stunden von Stationen an der Küste ausgesendet. Die Reichweite beträgt 250 bis 400 Seemeilen. Einige Stationen senden zusätzlich einen Wetterbericht aus. Dies geschieht in unseren Breiten auf den Mittelwellenfrequenzen 518 kHz und auf 490 kHz.

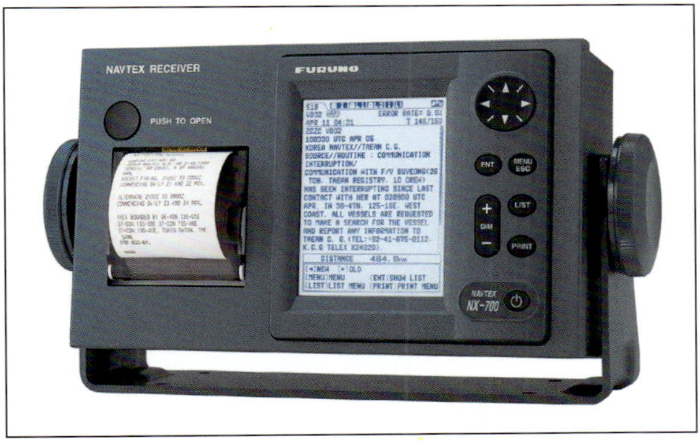

NAVTEX-Empfänger von Furuno

Auf der NAVTEX-Frequenz 518 kHz werden Meldungen in englischer Sprache und auf 490 kHz in Landessprache ausgestrahlt. Die Meldungen gelten für bestimmte Seewarngebiete (NAVAREAS) und können je nach Gerät am Display angezeigt und/oder ausgedruckt werden (der Ausdruck ist vorgeschrieben für ausrüstungspflichtige Schiffe).

Jedes Fahrzeug mit einem NAVTEX-Empfänger muss im küstennahen Bereich seiner Hörbereitschaft auf der Frequenz 518 kHz nachgehen.

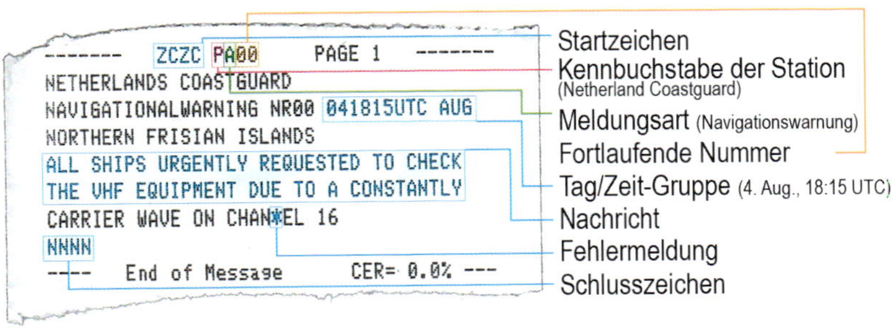

NAVTEX-Meldung und Erläuterung

Einstellung des Empfängers

Der Empfänger kann so programmiert werden, dass sowohl bestimmte Nachrichtenarten als auch Stationen unterdrückt werden können. Beispielsweise interessieren Sie auf einem Törn nach Helgoland nicht die Wettervorhersagen aus Schweden oder norwegische Eiswarnungen.

Alle vier Stunden werden auch bereits ausgesendete Nachrichten erneut ausgestrahlt. Wenn Sie Ihren NAVTEX-Empfänger (auch über Nacht) eingeschaltet lassen, »erinnert« sich das Gerät, welche Nachrichten schon empfangen und ausgegeben wurden, und gibt diese nicht erneut aus.

Meldungsarten

Die Meldungsarten haben unterschiedliche Kennbuchstaben (siehe Kasten). Nautische Warnnachrichten (A), Meteorologische Warnungen (B) und SAR-Meldungen (D) können nicht unterdrückt werden. Navigationswarnungen mit dem Buchstaben (L) sollten nicht ausgeschlossen werden. Alle anderen Meldungen lassen sich je nach Bedarf filtern.

Meldungsarten

A Nautische Warnnachrichten
B Meteorologische Warnungen
C Eisbericht
D SAR-Meldungen
E Meteorologische Vorhersage
F Lotsen- und VTS-Vorhersage
G AIS-Dienstmeldung
H LORAN-Meldung
J GNSS-Meldung (z. B. GPS)
K Andere elek. Navigationssysteme
L Weitere Navigationswarnungen

Auszug der Meldungsarten. Hervorgehobene Meldungen lassen sich nicht unterdrücken.

Stationen und NAVAREAs

Es gibt 16 international festgelegte Vorhersage- und Seewarngebiete (NAVAREAs) weltweit mit jeweils maximal 26 Stationen (ebenfalls unterschiedliche Kennbuchstaben). NAVAREA I ist die Nordsee (einschließlich England, Irland und Island) mit 24 Stationen. NAVAREA III ist das Mittelmeer. Die deutsche Station Pinneberg sendet sowohl auf 518 kHz (Kennbuchstabe S – internationale Meldungen in englischer Sprache) als auch auf 490 kHz (Kennbuchstabe L – nationale Meldungen in deutscher Sprache).

Zusammenfassung

SRC: 16–18, 116–124

NAVTEX ist ein landgestütztes Funktelexverfahren mit einer Reichweite von **ungefähr 400 Seemeilen**, das regelmäßig (**alle vier Stunden**) Nachrichten zur Sicherheit der Schifffahrt (**MSI**) auf den **Frequenzen 518 kHz und 490 kHz** aussendet. Im NAVTEX-Empfänger muss die **jeweilige Station** des **Vorhersage- und Seewarngebietes (NAVAREA)** und die **Art der Meldung** eingestellt werden. **Nautische Warnnachrichten (NX), Meteorologische Warnungen (WX) und SAR-Meldungen können** vom **Empfänger nicht unterdrückt werden.**

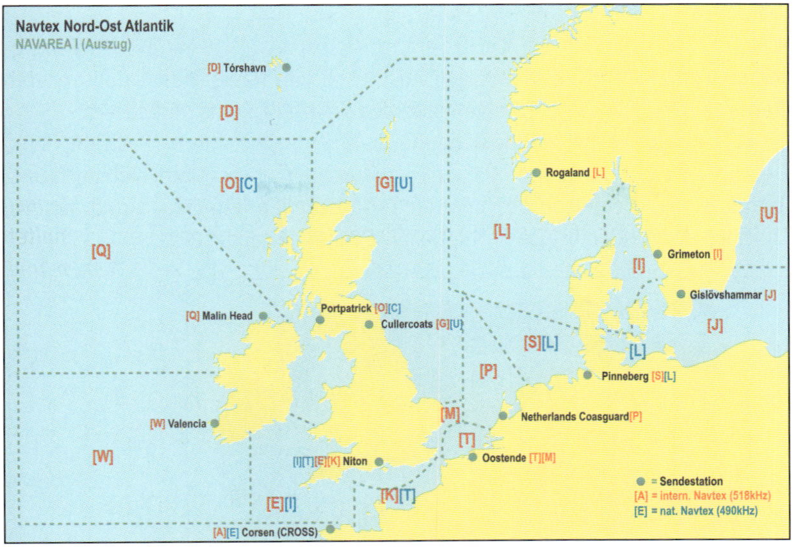

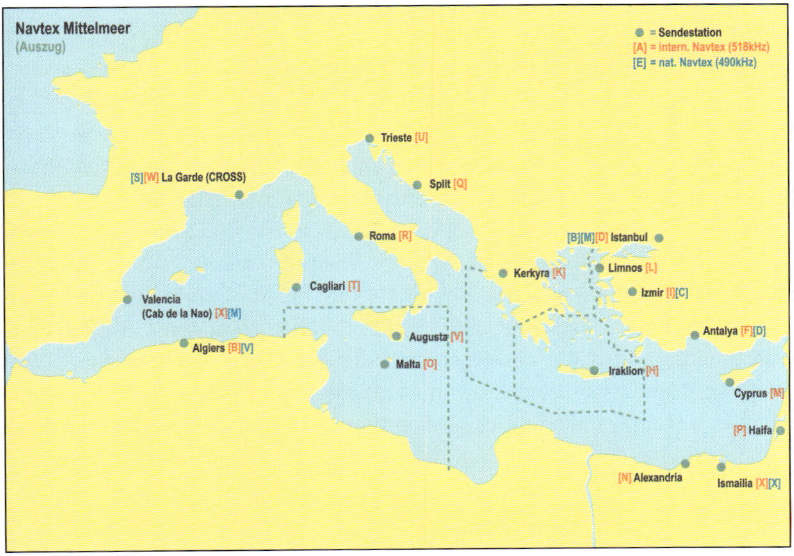

NAVAREA I und III (Auszug) mit internationalen und nationalen Stationen

AIS

Das Automatische Schiffsidentifizierungssystem (AIS) ist ein auf UKW basierendes Funksystem, das durch den Austausch von Navigations- und anderen Daten die Sicherheit und die Lenkung des Schiffsverkehrs verbessert.
Statische Daten (MMSI, Rufzeichen, ...), dynamische Daten (Position, Kurs, Geschwindigkeit, ...) und Reisedaten (Reiseziel, geschätzte Ankunftszeit, Tiefgang, ...) werden in bestimmten Zeitabständen übertragen und auf den Displays der in Reichweite befindlichen Empfänger angezeigt.

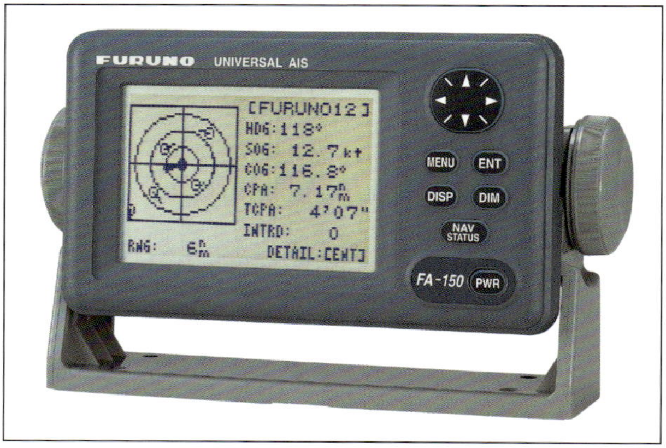

AIS als separates Anzeigegerät von Furuno

Die AIS-Daten können auf den Schiffen entweder auf einem separaten Anzeigegerät oder aber in Kombination mit einer elektronischen Seekarte dargestellt werden. Die Integration der AIS-Daten in die elektronische Seekarte erfolgt mittels einer speziellen Symbolik, die auf einen Blick über die aktuelle Position und die gegenwärtigen Kurse der Schiffe informiert.
Ausrüstungspflichtige Schiffe sind mit AIS-Geräten der Klasse A ausgestattet. Sportboote können die günstigeren Geräte der Klasse B verwenden. Allerdings können Klasse-B-Signale von Empfängern mit Klasse-A-Geräten ausgeblendet werden. Zudem gibt es für Sportboote auch reine AIS-Empfänger, die nicht selbst senden, sondern nur die Signale der anderen Schiffe darstellen.

INTER-NET

WWW: ais

Zusammenfassung

SRC: 19
UBI: 45, 46

Das **Automatische Schiffsidentifizierungssystem (AIS)** überträgt statische, dynamische und reisebezogene Daten über UKW.

UKW-Kanäle

Der UKW-Frequenzbereich im Seefunk erstreckt sich von 156 MHz bis 174 MHz. Zur Vereinfachung wird mit Kanälen gearbeitet, denen eine (Simplex) oder zwei (Duplex) Frequenzen zugeordnet sind.
Bis 1972 gab es 28 Kanäle, bis technische Verbesserungen es ermöglichten, die Anzahl der Kanäle zu verdoppeln, indem der Frequenzabstand zwischen den Kanälen halbiert wurde. Es entstanden die zusätzlichen Kanäle 60 bis 88. Auf der WRC 2015 wurden weitere Kanäle festgelegt, um der zunehmenden digitalen Kommunikation zwischen Schiffen untereinander, aber auch der Schiff-Land-Kommunikation gerecht zu werden. Diese werden hier nicht aufgeführt.

Bedeutung der UKW-Kanäle

Die UKW-Seefunkkanäle stehen dem Schiff–Schiff-Verkehr, dem Revierfunk, Hafenfunk und Schiffslenkungsdienst oder dem öffentlichen Verkehr zur Verfügung. Über die Hälfte der Kanäle können für den Schiff–Schiff-Verkehr nicht verwendet werden, da sie Duplexkanäle sind (s. Seite 57).

Folgende Kanäle sind den genannten Zwecken zugeordnet:

Kanal 06

Dieser Kanal dient dem Funkverkehr zwischen See- und Luftfunkstellen bei SAR-Einsätzen. Hierbei richtet sich die Verkehrsabwicklung nach den Bestimmungen des Seefunks. Kanal 06 ist auch für den internationalen Schiff–Schiff-Verkehr vorgesehen.

Kanal 13

Dieser Kanal steht in der Schiff–Schiff-Kommunikation für navigatorische Absprachen zur Verfügung und wird üblicherweise von Berufsschiffen in der Revierfahrt abgehört.

Kanal 15 und 17

Auf diesen Kanälen findet innerbetrieblicher Funkverkehr zwischen Brücke, Bug und Heck bzw. Schlepper und Anhang oder Rettungsboot statt. Die Sendeleistung ist automatisch auf 1 Watt reduziert.

Kanal 16

Kanal 16 ist für den Not- und Dringlichkeitsverkehr sowie die Ankündigung von Sicherheitsverkehr und Routineverkehr vorgesehen. Kanal 16 darf darüber hinaus für Anrufe genutzt werden, wenn eine anderweitige Kontaktaufnahme (beispielsweise per DSC) nicht möglich ist. Routinefunkverkehr darf nicht abgewickelt werden. Kanal 16 sollte immer abgehört werden.

Kanal 69 und 72 (nur national)

Diese Kanäle werden für den Austausch von »Nachrichten sozialer Art«, d. h. Verbindungen zwischen Sportbooten in deutschen Hoheitsgewässern empfohlen.

Kanal 69 kann auch anders belegt sein (z. B. Cuxhaven Port und Lock, Neuer Hafen Lock in Bremerhaven, Oste Bridge, Geversdorf Bridge oder Oberndorf Bridge). In diesen Revieren muss daher auf die Nutzung von Kanal 69 für »Nachrichten sozialer Art« verzichtet werden.

Kanal 70

Auf Kanal 70 werden die digitalen Signale des DSC-Controllers übermittelt. Der Kanal ist für den Sprechfunk gesperrt.

Kanal 75 und 76

Da die Frequenzen der Kanäle 75 und 76 unmittelbar neben der Frequenz von Kanal 16 liegen, ist die Sendeleistung automatisch auf 1 Watt reduziert, um den Kanal 16 nicht zu stören. Diese Kanäle sind auf den die Seeschifffahrt betreffenden Funkverkehr begrenzt.

Kanäle 06, 08, 72, 77

Diese Kanäle sind für den internationalen Schiff–Schiff-Verkehr vorgesehen. Alle anderen Simplexkanäle stehen nicht nur für die Schiff–Schiff-Kommunikation, sondern auch für den Revierfunk, Hafenfunk oder Schiffslenkungsdienst zur Verfügung. Es liegt an jedem einzelnen, diese knappe Ressource mit Bedacht zu nutzen. Wenn möglich, sollten die höheren Kanäle (Kanal 72 und 77) verwendet werden.

Frequenztabelle

Kanal		Sendefrequenz (MHz) SeeFuSt	KüFuSt	Schiff–Schiff	Hafenfunkdienst und Schiffslenkungsfunkdienst Simplex	Duplex	Öffentl. Nachrichtenaustausch
	60	156,025	160,625		✓	✓	✓
1		156,050	160,650		✓	✓	✓
	61	156,075	160,675		✓	✓	✓
2		156,100	160,700		✓	✓	✓
	62	156,125	160,725		✓	✓	✓
3		156,150	160,750		✓	✓	✓
	63	156,175	160,775		✓	✓	✓
4		156,200	160,800		✓	✓	✓
	64	156,225	160,825		✓	✓	✓
5		156,250	160,850		✓	✓	✓
	65	156,275	160,875		✓	✓	✓
6		156,300		✓	2. SAR-Kanal		
	66	156,325	160,925		✓	✓	✓
7		156,350	160,950		✓	✓	✓
	67	156,375	156,375	✓	✓		
8		156,400		✓			
	68	156,425	156,425		✓		
9		156,450	156,450	✓	✓		
	69	156,475	156,475	✓	✓		
10		156,500	156,500	✓	✓		
	70	156,525	156,525	Digitaler Selektivruf			
11		156,550	156,550		✓		
	71	156,575	156,575		✓		
12		156,600	156,600		✓		
	72	156,625		✓			
13		156,650	156,650	✓	✓		
	73	156,675	156,675	✓	✓		
14		156,700	156,700		✓		
	74	156,725	156,725		✓		

Kanal		Sendefrequenz (MHz) SeeFuSt	Sendefrequenz (MHz) KüFuSt	Schiff–Schiff	Hafenfunkdienst und Schiffslenkungsfunkdienst Simplex	Hafenfunkdienst und Schiffslenkungsfunkdienst Duplex	Öffentl. Nachrichten-austausch
15		156,750	156,750	✓	✓	1 Watt (Funk an Bord)	
	75	156,775			✓	1 Watt	
16		156,800	156,800	**Not, Sicherheit und Anruf**			
	76	156,825			✓	1 Watt	
17		156,850	156,850	✓	✓	1 Watt (Funk an Bord)	
	77	156,875		✓			
18		156,900	161,500		✓	✓	✓
	78	156,925	161,525		✓	✓	✓
19		156,950	161,550		✓	✓	✓
	79	157,975	161,575		✓	✓	✓
20		157,000	161,600		✓	✓	✓
	80	157,025	161,625		✓	✓	✓
21		157,050	161,650		✓	✓	✓
	81	157,075	161,675		✓	✓	✓
22		157,100	161,700		✓	✓	✓
	82	157,125	161,725		✓	✓	✓
23		157,150	161,750		✓	✓	✓
	83	157,175	161,775		✓	✓	✓
24		157,200	161,800		✓	✓	✓
	84	157,225	161,825		✓	✓	✓
25		157,250	161,850		✓	✓	✓
	85	157,275	161,875		✓	✓	✓
26		157,300	161,900		✓	✓	✓
	86	157,325	161,925		✓	✓	✓
27		157,350	161,950			✓	✓
	87	157,375	157,375		✓		
28		157,400	162,000			✓	✓
	88	157,425	157,425		✓		

Simplex, Duplex, Semi-Duplex

Simplex

Einzelfrequenz-Kanäle oder Simplexkanäle verwenden dieselbe Frequenz zum Senden und Empfangen. Beispielsweise nutzt der Kanal 72, ein Schiff–Schiff-Kanal, die Frequenz 156,625 MHz. Wenn die Sprechtaste gedrückt wird, dann sendet die Funkanlage auf der Frequenz, und es kann gesprochen werden. Ein Empfang ist während des Sendens nicht möglich. Wenn die Taste losgelassen wird, schaltet die Anlage von Senden auf Empfang um, und dieselbe Frequenz wird nun abgehört. Man nennt das abwechselnde Sprechen von zwei Funkstellen auch Wechselsprechen. Eine am Gespräch unbeteiligte Funkstelle kann beide Seiten der Konversation mithören.

Duplex

Zweifrequenz-Kanäle oder Duplexkanäle nutzen zwei Frequenzen, eine zum Senden und die andere zum Empfangen, wie beispielsweise Kanal 22, ein Hafen-, Revier- und Schiffslenkungsfunkkanal. Eine Seefunkstelle sendet (Tx = Transmitter) auf 157,100 MHz und empfängt (Rx = Receiver) auf 161,700 MHz. Eine Küstenfunkstelle empfängt auf 157,100 MHz und sendet auf 161,700 MHz. Der Vorteil des Duplexfunk ist das gleichzeitige Senden und Empfangen. Gegensprechen wie bei einem normalen Telefongespräch ist möglich.

Die technischen Anforderungen sind eine duplexfähige Funkanlage und zwei Antennen (oder ein spezieller Duplexfilter). Da die eine Antenne beim Senden in die Empfangsantenne hineinstrahlen (und diese beschädigen) kann, sollten die Antennen möglichst weit voneinander entfernt angebaut sein.

Semi-Duplex

Auf einem kleinen Schiff sind Duplexanlagen nicht praktikabel. Daher sind Sportboote meistens mit einer Simplexanlage ausgestattet und kommunizieren auf einem Duplexkanal im Semi-Duplex-Betrieb. Die Anlage nutzt eine Antenne und schaltet zwischen Sende- und Empfangsfrequenz um, sobald die Sprechtaste gedrückt und wieder losgelassen wird. Auf Kanal 22 beispielsweise ist bei einer Seefunkstelle 157,100 MHz die Sende- und 161,700 MHz die Empfangsfrequenz. Bei der Küstenfunkstelle ist es genau andersherum, sie empfängt auf 157,100 MHz und sendet auf 161,700 MHz. Ein weiteres Schiff mit einer Simplexanlage kann die Aussendung anderer Seefunkstellen auf Kanal 22 nicht empfangen (da diese in unserem Beispiel auf 157,100 MHz senden, die Anlage aber auf 161,700 MHz empfangsbereit ist).

Sie werden auf einem Duplexkanal niemals die Anfrage anderer Schiffe an eine Küstenfunkstelle hören, sondern immer nur die Antwort derselben.

Zusammenfassung

SRC: 72–76, 79, 103, 106, 109–111, 132, 152, 155
UBI: 84–87

Im UKW-Seefunk erstreckt sich der Kanalbereich von **1 bis 28 und 60 bis 88. Kanal 16** sollte nicht nur für den Notfall auf See immer **empfangsbereit** sein. Daneben ist **Kanal 06** für **Such- und Rettungseinsätze** vorgesehen. Er kann aber auch (wie **Kanal 08, 72 und 77**) für den Schiff–Schiff-Verkehr benutzt werden. **Kanal 70** ist für den **digitalen Selektivruf** vorgesehen. Dieser Kanal muss immer empfangsbereit sein. Die **Kanäle 75 und 76** sind für den **Funkverkehr**, der **ausschließlich die Navigation** betrifft, vorgesehen. **Sportboote kommunizieren** in deutschen Hoheitsgewässern untereinander **auf Kanal 69 und 72.**
Die Betriebsart **Duplex, Gegensprechen auf zwei Frequenzen** ist wie telefonieren. **Simplex** bedeutet **Wechselsprechen auf einer Frequenz**. Kann man nur **Wechselsprechen auf zwei Frequenzen** auf einem Duplexkanal, nennt man die Betriebsart **Semi-Duplex**.

Batterien

Der Begriff Batterie schließt sowohl die nicht aufladbaren Primärzellen als auch die aufladbaren Batterien (auch Sekundärzellen genannt) ein.
Primärzellen, nicht aufladbare Batterien finden wir in EPIRBs oder SARTs wieder. Hier werden üblicherweise Lithiumbatterien verwendet. Nach fünf Jahren müssen diese Batterien ersetzt werden.
An Bord (oder auch in Handsprechfunkgeräten) befinden sich meistens aufladbare Batterien. Die Bordbatterien haben in der Regel eine elektrische Spannung von 12 Volt. Auf Sportbooten findet man üblicherweise zwei getrennte Stromkreisläufe (Starterbatterie für den Motor, Verbraucherbatterie für alles andere). Auf ausrüstungspflichtigen Schiffen muss es mindestens noch einen weiteren Kreislauf (Notbatterien) geben, der die für die Navigation notwendige Elektronik, die Funkanlage und die Navigationslichter versorgt.
Wer die Batterie gut pflegt, erreicht eine längere Lebensdauer der Batterie und eine zuverlässige Funktion (vor allem im Notfall). Dies übernehmen heutzutage »intelligente« Ladegeräte. Die Bedeutung der Werte am Spannungsmessgerät (Voltmeter) ist hier dargestellt.

	12-Volt-Batterie	24-Volt-Batterie
Entladen	unter 11 Volt	unter 22 Volt
Halb geladen	12 Volt	24 Volt
Voll geladen	über 13 Volt	über 26 Volt

Sobald ein Verbraucher (Lampe, Kühlschrank, Funkgerät) eingeschaltet ist, fließt elektrischer Strom (Maßeinheit Ampere (A)). Der Stromverbrauch eines Funkgerätes liegt – je nach Modell – bei 0,3 A bis 1 A im Stand-by-Modus und 4 A bis 8 A im Sendemodus.

Die Kapazität einer Batterie wird in Amperestunden (Ah) angegeben. Hat eine Batterie eine Kapazität von 60 Ah und die Funkanlage einen Verbrauch von 0,5 Ah/h im Empfangsmodus, kann diese theoretisch 120 Stunden eingeschaltet bleiben: 60 Ah : 0,5 Ah/h = 120 Stunden.

Dies ist nur ein theoretischer Wert, denn je nach Batterietyp hat diese einen Lade-Wirkungsgrad von 70 bis 90 % und eine Entladetiefe von 10 bis 40 %. Das heißt, von einer 60-Ah-Batterie stehen mir in der Praxis nur 48 Ah bis 18 Ah (unter schlechtesten Umständen und bei alter Batterie) zur Verfügung. Damit verkürzt sich die Zeit beim obigen Rechenbeispiel auf 96 bis 36 Stunden.

Zusammenfassung

SRC: 47–50

UBI: 48

Das Bordnetz eines Sportbootes hat üblicherweise **12 Volt Gleichspannung (=)**. Die Stromstärke wird in **Ampere (A)** angegeben. Eine Funkanlage hat im **Stand-by-Betrieb** eine Stromaufnahme von **0,3 A bis maximal 1 A**. Im **Sendebetrieb** benötigt eine Funkanlage zwischen **4 A und 8 A**.

Das **Voltmeter** (Spannungsmessgerät) gibt den **Ladezustand**, ein **Amperemeter** (Strommessgerät) zeigt den **Stromfluss** an.

Praxis

Sprache

Die im internationalen Seefunk verwendete Sprache ist Englisch. In küstennahen Gewässern kann auch die jeweilige Landessprache verwendet werden. Für den Seefunk sind bestimmte Betriebsverfahren (d. h. Gesprächsabläufe), international einheitliche Redewendungen und verfahrenstechnische Wörter festgelegt. Dieses ermöglicht eine klare Verständigung bei einer technisch schlechten Verbindung, unklarer Aussprache und unter extremen Bedingungen.
Die zu verwendenden Betriebsverfahren stammen aus den Radio Regulations (RR). Für die klare Kommunikation auf See hat die IMO Standardredewendungen (Standard Marine Communication Phrases – SMCP) entwickelt.

Buchstabieralphabet

Buchstabe	Schlüsselwort	Aussprache/Betonung
A	Alfa	**AL** FAH
B	Bravo	**BRA** WO
C	Charlie	**TSCHAH** LI
D	Delta	**DEL** TAH
E	Echo	**ECK** O
F	Foxtrot	**FOX** TROTT
G	Golf	GOLF
H	Hotel	HO **TELL**
I	India	**IN** DI AH
J	Juliett	**JUH** LI **ETT**
K	Kilo	**KI** LO
L	Lima	**LI** MAH
M	Mike	MEIK
N	November	NO **WEMM** BER
O	Oscar	**OSS** KAR
P	Papa	**PA** PAH
Q	Quebec	**KI** BECK
R	Romeo	**RO** MIO
S	Sierra	SSI **ER** RAH
T	Tango	**TANG** GO
U	Uniform	**JU** NI FORM
V	Victor	**WICK** TOR
W	Whiskey	**WISS** KI
X	X-ray	**EX** REH
Y	Yankee	**JENG** KI
Z	Zulu	**SUH** LUH

WWW: buchstabieralphabet

Buchstabiert werden Wörter, über deren Schreibweise Zweifel bestehen. Dieses können geografische Namen, Schiffsnamen oder auch Tonnenbeschriftungen sein. Das zu buchstabierende Wort ist erst zusammenhängend und dann nach der Buchstabiertafel zu übermitteln. Die Buchstabierung wird – ausgenommen bei Rufzeichen – mit »ich buchstabiere/I spell« eingeleitet. Umlaute Ä, Ö und Ü werden als AE, OE und UE buchstabiert.

Formulierungen

Ziffern werden im alltäglichen Gebrauch (und auch in der Prüfung) in allgemeinem Englisch gesprochen. In den IMO-Standardredewendungen wird empfohlen, die Ziffern 3, 4 und 9 zur besseren Verständigung »tree«, »fower« und »niner« zu sprechen.
Die Verwendung der Ziffernaussprache nach dem Internationalen Signalbuch (INTERCO) (unaone, bissotwo, terrathree, ...) wird nur noch selten in der Praxis (und überhaupt nicht in der Prüfung) verwendet.

Zahlen wie Positionen, Peilungen, Kurs oder Geschwindigkeiten sollten zum besseren Verständnis Ziffer für Ziffer gesprochen werden. Beispiel: Die Position 54° 13,2'N 008° 26,9'E wird gesprochen: »Five fower degrees one tree decimal two minutes north zero zero eight degrees two six decimal niner minutes east.«
Eine Wiederholung wichtiger Ziffern sollte erfolgen. Denken Sie in Ihrem Alltag an ein Telefongespräch, in dem eine Nummer (Konto-, Telefonnummer) durchgegeben wird. Diese wird üblicherweise wiederholt.

Geografische Koordinaten werden in der Reihenfolge Breitengrade – Längengrade angegeben. Es wird sowohl die klassische »54° 34,5'N 011° 08,2'E« als auch die computerfreundliche Notation »54-34.5N 011-08.2E« verwendet.

Peilung und Abstand werden von einem in der Karte verzeichneten Objekt zum Schiff/Havaristen angegeben. Die Peilung bezieht sich – wenn nicht anders angegeben – auf rechtweisend Nord. Sie wird als dreistellige Zahl übermittelt. Der Abstand wird in Seemeilen angegeben.

Rufzeichen werden grundsätzlich buchstabiert. Die ggf. zugehörigen Zahlen werden dann Ziffer für Ziffer in der Sprache gesprochen, in der man den Funkspruch abgibt. Beispielsweise wird dann aus »... hier ist CAROLA/DA1234 ...« »... hier ist CAROLA, DELTA ALPHA EINS ZWEI DREI VIER ...«. Das Wort »Rufzeichen« kann zwischen Schiffsnamen und dem Rufzeichen gesprochen werden.

Datum und Uhrzeit können als Tag-Zeit-Gruppe angegeben werden. Der 06. September um 16:40 Uhr UTC ist somit »061640 UTC SEP« (DDHHMM).

Verfahrenswörter

Say again (before/after)
Bitte um Wiederholung (vor/nach). Beispiel: »Say again, all after position ...«

I repeat/Ich wiederhole
Beispiel: »... I repeat: fire in engine room«

I spell/Ich buchstabiere
Eigennamen und geografische Namen in einer Meldung sollten buchstabiert werden.
Beispiel: »... light bouy Elbe, I spell: echo, lima, bravo, echo ...«

New word/Neues Wort
Kündigt beim Buchstabieren ein neues Wort oder einen Trennstrich an.
Beispiel: »... Roter Sand, I spell: romeo, oscar, tango, echo, romeo, new word, sierra, alfa, november, delta ...«

Over/Bitte kommen
Übergabe (overtake) des Gesprächs während der Kommunikation.

Out/Ende
Gesprächsende.

Correction
Verbesserung des eben Gesagten während einer Aussendung.
Beispiel: »... one five miles, correction one six miles ...«

This is/Hier ist
Identifikation der Seefunkstelle. Beispiel: »Bremerhaven Traffic, this is Fortuna ...«. Im deutschen Funkverkehr »Hier ist«.

In deutschen Küstengewässern ist »Hier ist« durchaus gebräuchlich. Die oft gehörten Identifikationszeichen an Nord- und Ostsee wie »für« und »von« sollten nicht verwendet werden und sind in der Prüfung falsch!

Niemals sollte »over and out« ein Gespräch beenden. Diese Formulierung gibt es nur im Film. Wir würden im Deutschen ja auch nicht »Bitte kommen und Ende« sagen (»Du darfst jetzt sprechen, aber ich lege schon mal auf«).

Funkdisziplin
Um einen reibungslosen Ablauf zu gewährleisten, ist es wichtig, einige Regeln bei der Aussendung zu beherzigen. Dies dient in erster Linie der Sicherheit der Schifffahrt und erleichtert letztendlich die Kommunikation aller. Folgende Grundregeln sind daher zu beachten:

▶ Gespräch vorplanen

Es ist hilfreich, sich Gedanken über das folgende Gespräch und das entsprechende Betriebsverfahren zu machen. Es sollte keine Aussendung ohne ein Bedürfnis erfolgen.

▶ Erst hören, dann sprechen

Um sicherzugehen, dass keine laufende Aussendung gestört wird, muss erst in den Kanal reingehört werden, der verwendet werden soll.

▶ Keine Aussendung ohne eigene Kennung

Nicht nur bei der Kontaktaufnahme ist die Identifizierung wichtig, sondern auch im laufenden Gespräch soll stets der Schiffsname oder das Rufzeichen genannt werden.

▶ Rangfolge des Verkehrs

Funkverkehr, welcher die Sicherheit des menschlichen Lebens auf See betrifft, ist vorrangig zu behandeln. Die folgende Rangfolge muss daher eingehalten werden:

Not (Distress)
Dringlichkeit (Urgency)
Sicherheit (Safety)
Routine (Routine)

▶ Sprachgeschwindigkeiten

Die durchschnittliche Lesegeschwindigkeit beträgt 250 Wörter pro Minute, die Sprechgeschwindigkeit ca. 90 Wörter pro Minute. Die Schreibgeschwindigkeit beträgt durchschnittlich nur 20 Wörter pro Minute. Um dem Zuhörer die Möglichkeit zu bieten, Notizen zu machen, sollte bei der Abgabe einer Meldung daher immer langsam und deutlich gesprochen und keine Silbe verschluckt werden.

▶ Vernünftiger Umgang mit Ressourcen

Eine Aussendung sollte so umfangreich wie nötig, aber so kurz wie möglich sein. Das heißt, den Anruf kurzfassen, für den Funkverkehr den Kanal wechseln und falls möglich den Anruf per DSC statt per Sprechfunk durchführen.

▶ Wenn keine Verbindung zustande kommt

Wenn sich nach einem Routineanruf der Gesprächspartner nicht meldet, sollten zunächst die Einstellungen am Gerät überprüft werden (Sendeleistung, Anrufkanal etc.).

Erst nach einer Pause von zwei Minuten (wenn es sich nicht gerade um eine Kollisionsabwehr handelt) sollte der Ruf wiederholt werden. Danach sollte eine Pause von 15 Minuten erfolgen.

Wahl des Schiffsnamens

Bei der Wahl eines geeigneten Schiffsnamens sollte man sich Gedanken über die Verständlichkeit und Leichtigkeit der Aussprache machen. »Dwarslöper« (Krebs im Watt) mag an der norddeutschen Küste noch verstanden werden, bei »Mirsanaahdo« (Wir sind auch da) wird es da schon schwieriger, und im Mittelmeerraum ist das Verständnis beider Namen vermutlich gar nicht mehr gegeben. Aber auch verwechselbare oder doppeldeutige Schiffsnamen haben ihre Tücken im Sprechfunk. »My Day«, »Nichts los« oder »Das Boot« sind eher ungeeignet (man stelle sich die mal im Notverkehr vor). Schwierig sind auch Namen, die anders gesprochen als geschrieben werden: »4-Ever« oder »1ST ONE«.

Der Name sollte auch so gewählt werden, dass das Buchstabieren noch möglich ist. So sollen sich vor allem die Amerikaner am Panamakanal einen Spaß daraus gemacht haben, ein Schiff aus der damaligen Deutschen Demokratischen Republik zum Buchstabieren des Schiffsnamens aufzufordern. Der vollständige Schiffsname lautete: »Fliegerkosmonaut der DDR Sigmund Jähn«.

Anrufverfahren

Handelt es sich nicht um Not-, Dringlichkeits- oder Sicherheitsverkehr, spricht man von einem Routinegespräch. Gemäß der Rangfolge des Verkehrs dürfen diese Nachrichten nur ausgesendet werden, wenn kein Verkehr der ersten drei Rangstufen gestört wird.

Anrufkanäle

Kanal 70

Der Kanal 70 ist ausschließlich für die digitale Kommunikation per DSC vorgesehen. Er wird zur Alarmierung im Not-, Dringlichkeits- und Sicherheitsfall verwendet, aber auch bei Routinealarmen: Wenn die MMSI des Gesprächspartners bekannt ist, eignet er sich zum Verbindungsaufbau zu einer Seefunkstelle oder zu einer Küstenfunkstelle.
Die Funkanlage wählt Kanal 70 automatisch aus, wenn per DSC-Controller eine Nachricht ausgesendet wird. Eine manuelle Einstellung des Kanals 70 ist nicht möglich.

Kanal 16

Es gab immer wieder Bestrebungen, den Kanal 16 als Not- und Anrufkanal abzuschaffen. Da aber immer noch viele Schiffe nicht über DSC verfügen, hat der Kanal 16 bis auf Weiteres diese Doppelfunktion:

1. Not- und Dringlichkeitsverkehr sowie Ankündigungen von Sicherheitsmeldungen. Auf Kanal 16 findet der Sprechfunkverkehr im Not- und Dringlichkeitsfall statt. Sicherheitsmeldungen werden üblicherweise auf Kanal 16 angekündigt und auf einem Arbeitskanal ausgestrahlt.
2. Anrufkanal. Für Stationen ohne DSC oder solche, denen die MMSI des anderen Fahrzeugs nicht bekannt ist, wird Kanal 16 als Anrufkanal verwendet, da dieser von jeder Funkstelle abgehört werden soll. Nach erfolgreicher Kontaktaufnahme wird ein Wechsel auf einen Arbeitskanal eingeleitet.

Der entscheidende Unterschied zwischen Kanal 70 und Kanal 16 ist, dass die digitale Übermittlung auf Kanal 70 unverzüglich funktioniert und dass bei einem Anruf an eine See- oder Küstenfunkstelle keine andere Station davon gestört wird.

Dem Sprachanruf ist eine Kontaktaufnahme per DSC-Controller vorzuziehen, wenn die MMSI des Gesprächspartners bekannt ist.

Anrufverfahren per Sprechfunk

Der Anruf kann an eine Seefunkstelle, an eine Küstenfunkstelle oder »An alle Funkstellen/all stations« erfolgen. Unter bestimmten Umständen kann ein Anruf auch an eine Gruppe von Schiffen erfolgen.
Im Anruf wird darauf verzichtet, den eigenen oder gerufenen Namen der Station zu buchstabieren. Das Rufzeichen wird hingegen immer nach dem internationalen Buchstabieralphabet benannt.

Erstanruf – Nicht ständig besetzte Stationen

Beim Erstanruf soll höchstens drei Mal die gerufene Funkstelle (Adressat) plus Rufzeichen, gefolgt von »hier ist« (oder »this is«) und höchstens drei Mal die rufende Funkstelle (Absender) genannt werden. Im weiteren Verlauf nennt man kurz den Grund des Anrufes (Betreff) gefolgt von den Wörtern »bitte kommen« (oder »over«).

Anruf von Schiff zu Schiff
im SPRECHFUNK-VERFAHREN
1 WATT
16
SQL
Kormoran Kormoran Kormoran hier ist Adler Adler Adler / DB 3456. Kannst du mich verstehen? Bitte kommen.
Kormoran
DER STANDARDANRUF WIRD GEWÄHLT, DA ZU ERWARTEN IST, DASS DIE GEGENSTELLE NICHT STÄNDIG BESETZT IST.

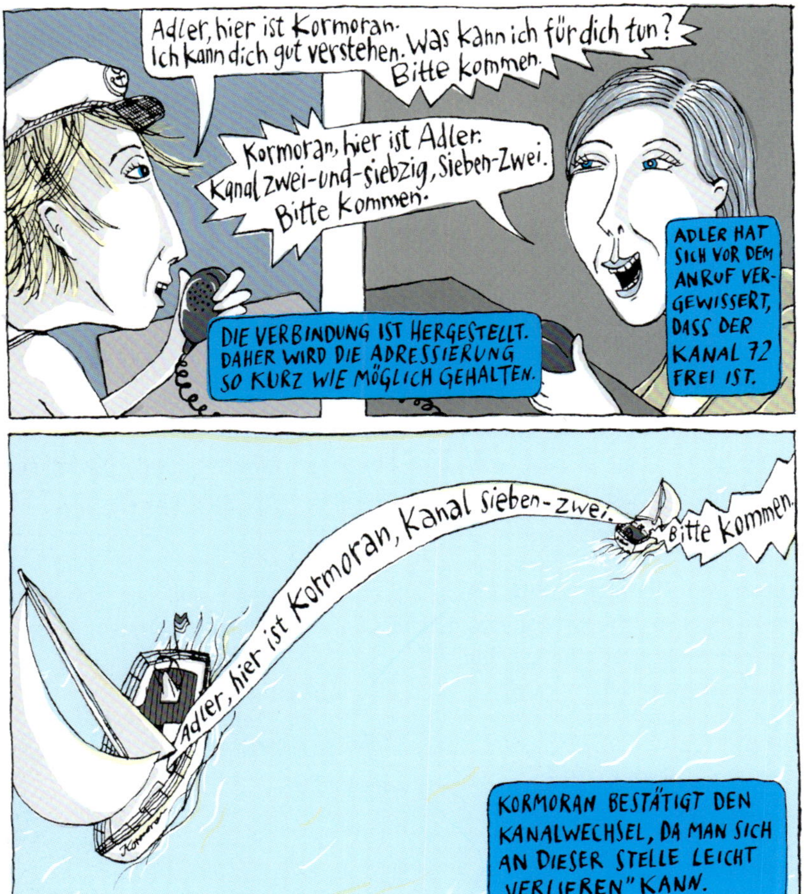

Diese Prozedur soll so kurz wie möglich gehalten werden.

Dieser Anruf erfolgt üblicherweise an Stationen, bei denen die Funkanlage nicht ständig besetzt ist, wie bei Seefunkstellen. Es wird hier auch von einer »schlechten Verständigung« gesprochen.

Schema	Beispiel
NAME 3x / RUFZEICHEN 1x [1]	Merlin, Merlin, Merlin / DA9988
HIER IST	Hier ist
NAME 3x / RUFZEICHEN 1x	Pegasus, Pegasus, Pegasus / DB6578
... (Betreff)	... (Betreff)
BITTE KOMMEN	Bitte kommen

[1] Das Rufzeichen der gerufenen Funkstelle wird genannt, wenn es bekannt ist.

Erstanruf – Ständig besetzte Stationen
Geht man davon aus, dass die Gesprächsbedingungen gut sind, d. h. der Empfänger am Funkgerät sitzt und keine Störungen erwartet werden, wird der verkürzte Anruf gewählt: ein Mal die gerufene Funkstelle und zwei Mal die rufende Funkstelle.

Dieser Anruf erfolgt an Stationen, die ständig besetzt sind und ggf. über einen eigenen Arbeitskanal verfügen, wie Brücken, Schleusen, Häfen, Revierzentralen und Küstenfunkstellen.

Schema	Beispiel
NAME 1x / RUFZEICHEN 1x [1]	Jade Traffic
HIER IST	Hier ist
NAME 2x / RUFZEICHEN 1x	Pegasus, Pegasus / DB6578
... (Betreff)	... (Betreff)
BITTE KOMMEN	Bitte kommen

[1] Das Rufzeichen der gerufenen Funkstelle wird genannt, wenn es bekannt ist. Bei Küstenfunkstellen entfällt die Nennung des Rufzeichens.

Anrufverfahren per DSC

Per DSC gibt es grundsätzlich drei verschiedene Alarmierungsverfahren:

1. Alarmierung einer (oder einiger) Funkstellen.

   Hierbei handelt es sich um den sogenannten »Individual Call« (oder »Group Call«), bei dem die Empfänger-MMSI bekannt sein muss ❶. Vor der Aussendung kann die Priorität des Rufes (Routine, Urgency, Safety) ausgewählt werden. Bei der Vorbereitung des Rufes wird ein Arbeitskanal vorgeschlagen ❷, auf dem das Gespräch abgewickelt werden soll. Handelt es sich bei dem Gerufenen um eine Küstenfunkstelle, dann kann der Arbeitskanal nicht vorgegeben werden. Die Küstenfunkstelle gibt den Kanal vor. Der Anruf wird über SEND (oder eine ähnliche Taste) ausgesendet ❸.

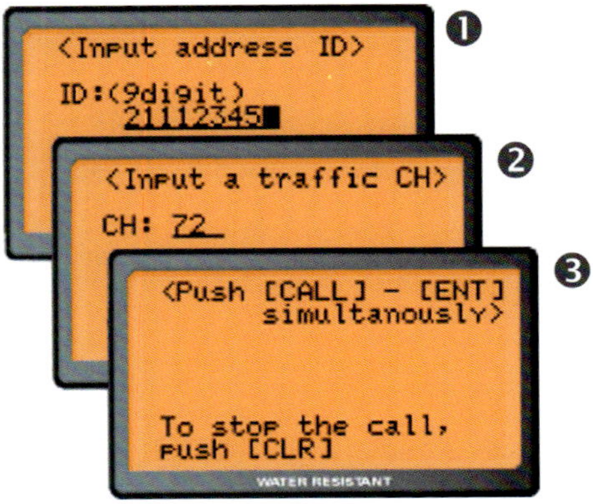

2. Alarmierung aller Funkstellen. Der »All Stations Call« wird an alle Stationen in Reichweite ausgesendet. Vor der Aussendung kann die Priorität des Rufes (Distress, Urgency, Safety, Routine) ausgewählt werden. Bei der Vorbereitung des Rufes wird ein Arbeitskanal vorgeschlagen. Die Alarmierung wird über SEND (oder eine ähnliche Taste) ausgesendet.

3. Notalarmierung.

   Bei der Notalarmierung hat man die Möglichkeit sowohl einer sofortigen Aussendung als auch einer vorherigen Bearbeitung der auszusendenden Daten, wie der Art des Notfalls sowie Position und Zeit, wenn kein GPS-Ortungssystem angeschlossen ist. Der Arbeitskanal kann nicht eingestellt werden, da dies immer Kanal 16 ist. Eine Notalarmierung wird als einzige immer über die separate Taste DISTRESS oder SOS (je nach Gerät) ausgesendet.

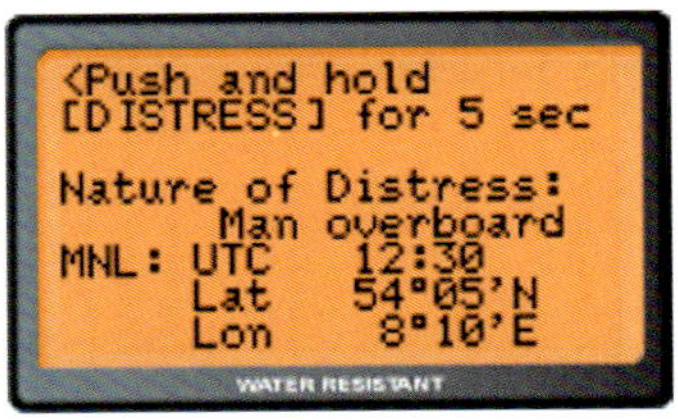

Anruf von Schiff zu Schiff

Die ersten beiden Aussendungen unterscheiden sich von der Notalarmierung dadurch, dass der Empfänger nur die MMSI des Absenders, den Arbeitskanal und die Priorität des Rufes empfängt. Bei der Notalarmierung (Aussendung über DISTRESS oder SOS) werden zusätzlich die Position und Zeit sowie die Art des Notfalls ausgesendet.
Das laufende Gespräch auf einem Arbeitskanal ist im Folgenden beschrieben.

Laufendes Gespräch

Wenn die Verbindung hergestellt ist und der Gesprächspartner am Funkgerät sitzt, dann folgt das laufende Gespräch. Die gerufene und die rufende Funkstelle werden jeweils nur ein Mal genannt. Auf die Nennung des Rufzeichens wird verzichtet.

Schema	**Beispiel**
NAME 1x	Pegasus
HIER IST	Hier ist
NAME 1x	Merlin
… (Anliegen)	… (Anliegen)
BITTE KOMMEN	Bitte kommen

Ein Funkkanal sollte nur so kurz wie nötig blockiert werden. Die Funkanlage auf Sportbooten ist so angebracht, dass man in der Regel seinen Gesprächspartner erst ans Funkgerät »rufen« muss. Um den Ruf nicht unnötig oft zu wiederholen, empfiehlt es sich, hier den normalen Anruf (drei Mal – drei Mal) zu wählen. Beispiel: »Forelle, Forelle, Forelle – hier ist – Heilbutt, Heilbutt, Heilbutt/DA6578 …«

Hörbereitschaft

Eine UKW-Seefunkanlage hat in der Regel zwei eingebaute Empfänger. Der eine überwacht kontinuierlich Kanal 70, während der andere auf einen beliebigen Sprechfunkkanal eingestellt werden kann. Da aber bei Sportbooten üblicherweise nur eine Antenne angeschlossen ist, kann während des Sendens der Kanal 70 nicht überwacht werden.
Durch die Möglichkeit der Zweikanalüberwachung (Dual-Watch) kann der Kanal 16 und ein zusätzlicher Arbeitskanal abgehört werden. In Gebieten, in denen Verkehrssicherungssysteme etabliert sind, gibt es eine Pflicht zur Hörbereitschaft auf dem entsprechenden Arbeitskanal der Verkehrszentrale. Wenn möglich, sollte zusätzlich Kanal 16 abgehört werden.
Außerhalb der Verkehrssicherungssysteme empfiehlt es sich, zusätzlich zu Kanal 16 den Schiff–Schiff-Kanal 13 abzuhören.
Ist ein NAVTEX-Empfänger an Bord, muss dieser ebenfalls eingeschaltet sein.

laufendes Gespräch
72
SQL
DAS GESPRÄCH WIRD FORTGESETZT, DAHER WIRD DAS GESPRÄCHSVERFAHREN IM LAUFENDEN GESPRÄCH GEWÄHLT.
SOLLTE DER KANAL 72 BESETZT SEIN, SCHALTEN BEIDE ZURÜCK AUF KANAL 16.
Kormoran, hier ist Adler. Kannst du mich verstehen? Bitte kommen.
Adler, hier ist Kormoran. Ich kann dich gut verstehen. Bitte kommen.
PRIVATES ANLIEGEN KANN JETZT KOMMUNIZIERT WERDEN. WICHTIG IST, DASS MAN SICH WEITERHIN KURZ FASST.
Kormoran, hier ist Adler. Wir sind heute abend in Laboe. Wollen wir uns in der „Fischküche" treffen? Bitte kommen.
Adler, hier ist Kormoran. Das klingt gut. Was haltet Ihr von 19.00 Uhr? Bitte kommen.

Kormoran, hier ist Adler. 19.00 Uhr klingt gut. Dann bis später. Ende.
DAS GESPRÄCH IST BEENDET, UND ADLER ERWARTET KEINE ANTWORT MEHR. DAHER WIRD DAS GESPRÄCH MIT »ENDE« (ENGLISCH: »OUT«) BEENDET.
Kormoran
UM DIE PROZEDUR MÖGLICHST KURZ ZU HALTEN, MUSS DAS GESPRÄCHSENDE NICHT BESTÄTIGT WERDEN.
BEIDE SEEFUNKSTELLEN SCHALTEN JETZT ZURÜCK AUF KANAL 16.
25 WATT
16

Unverständlicher Anruf

Im Falle eines unverständlichen Anrufes kann Ungewissheit darüber herrschen, ob der Anruf wirklich an die eigene Funkstelle adressiert war. In diesem Fall wird auf den Anruf nicht geantwortet, sondern abgewartet, dass der Absender den Anruf wiederholt.

Ist hingegen klar, dass der Anruf an die eigene Funkstelle adressiert war, aber die Kennung des Absenders unverständlich ist, dann ist folgendermaßen zu verfahren:

Wiederholung des Anrufes

Nach erfolgtem Anruf muss mindestens zwei Minuten abgewartet werden, bevor der Ruf (auf dem gleichen Kanal) wiederholt wird. Erfolgt erneut keine Antwort, ist davon auszugehen, dass die Funkstelle nicht empfangsbereit ist. Vor einem erneuten Ruf soll 15 Minuten gewartet werden.

Testaussendungen

Testaussendungen sind sinnvoll, um das einwandfreie, sichere Funktionieren der Funkanlagen zu testen. Dies ist vor allem im Frühjahr interessant, wenn die Anlage im Winterlager ausgebaut war. Um aber den Funkverkehr nicht zu belasten, sollten solche Aussendungen auf das Nötigste reduziert werden. Die Dauer einer Aussendung darf zehn Sekunden nicht überschreiten, und das Wort »Test« oder »radio check« muss in der Aussendung deutlich hörbar sein. Sie ist mit Schiffsname und Rufzeichen zu kennzeichnen. Versuchssendungen auf den Notfrequenzen müssen unbedingt vermieden werden.

Ein Test kann mit dem eigenen Handsprechfunkgerät oder mit der Funkanlage des Stegnachbarn über einen Arbeitskanal erfolgen. Der Test des DSC-Controllers dient gleichzeitig auch wieder der Übung des Umgangs mit der Anlage. Ein DSC-Test darf auf keinen Fall als Distress ausgesendet werden.

Werden Probleme beim Senden oder Empfangen festgestellt, sollte sofort eine Fehlersuche erfolgen, da das weitere Betreiben die Anlage beschädigen kann (s. Seite 36).

Schiff–Schiff

Für die Schiff-Schiff-Kommunikation stehen nur die Kanäle 06, 08, 09, 10, 13, 15, 17, 67, 69, 72, 73, 77 zur Verfügung.
Kanäle 09, 13, 15, 17 und 69 können auch für Schleusen-, Hafen- oder Revierfunkdienste vergeben sein. Bevor man diese Kanäle verwendet, muss mithilfe von Dienstbehelfen sichergestellt werden, dass diese Kanäle im Revier nicht an Landfunkstellen vergeben sind.
Nur die Kanäle 06, 08, 72, 77 sind ausschließlich für die Schiff–Schiff-Kommunikation reserviert. In deutschen Gewässern sind die Kanäle 69 und 72 für die sogenannten »Nachrichten sozialer Art« von Sportbooten vorgesehen.

Anruf per Sprechfunk

Der Anruf per Sprechfunk wird meist auf Kanal 16 initiiert. Alternativ kann im Vorfeld mit einem Schiff (beispielsweise in einer Flottille) vereinbart werden, einen Arbeitskanal ständig abzuhören. Ruft man ein Berufsschiff, kann dies möglicherweise auch auf Kanal 13 erfolgen, sofern dieser Kanal abgehört wird.
Die Sendeleistung wird so gewählt, dass der Anruf den gewünschten Erfolg erzielt, aber trotzdem nicht großräumig stört. Schiffe in Sichtweite werden mit 1 Watt angerufen, in anderen Fällen wird die hohe Sendeleistung gewählt.
Für den Erstanruf eines Sportbootes, aber möglicherweise auch eines Berufsschiffes, sollte von einer schlechten Verständigung ausgegangen werden. Die Station ist nicht ständig besetzt – d. h. es steht keine Person unmittelbar neben dem Funkgerät, sondern sie muss erst »herangerufen« werden.
Ist der Anruf auf Kanal 16 erfolgt und wurde dieser bestätigt, dann muss dieser Kanal wieder freigegeben werden. Dies gilt auch dann, wenn man »nur eine kurze Frage« hat. Der Initiator des Gesprächs schlägt einen Arbeitskanal vor.

Anruf per DSC

Es gibt grundsätzlich zwei Möglichkeiten, ein anderes Schiff zu rufen. Die Möglichkeit per DSC ist der per Sprechfunk auf Kanal 16 grundsätzlich vorzuziehen, wenn die MMSI des anderen Fahrzeugs bekannt ist.
Per DSC wird gleich im digitalen Anruf der Arbeitskanal vereinbart. Nach einer digitalen Bestätigung wechselt die Anlage automatisch auf den Arbeitskanal, und das Gespräch kann beginnen.

Funkverkehr an Bord

Kanal 15 und 17 sind für den Funkverkehr an Bord vorgesehen. Diese Kanäle sind auf eine Sendeleistung von 1 Watt reduziert. Bei der Bezeichnung der Funkstellen an Bord eines Berufsschiffes ist die Funkstelle auf der Brücke »Schiffsname Control« und jede weitere Funkstelle »Schiffsname Alfa« (Bravo, Charlie etc.). Beispiel: »Stella Maris Control, hier ist Stella Maris Alfa, bitte kommen.«

Unbekanntes Schiff

Wenn ein Schiff angerufen werden soll, dessen Name nicht zu erkennen ist (und sowohl MMSI und Rufzeichen unbekannt ist), gibt es folgende Möglichkeiten:
Im verkehrsüberwachten Revier kann man sich an die Revierzentrale wenden und den Namen des Schiffes erfragen (vor allem, wenn es sich dabei voraussichtlich um ein anmeldepflichtiges Schiff handelt).

Alternativ kann das Schiff als unbekanntes Schiff angerufen werden. Im Anruf sind möglichst Informationen unterzubringen, mit denen sich die Wachführung auf dem unbekannten Schiff angesprochen fühlt. So sind die Beschreibung der Art des Schiffes (ggf. auch der Rumpffarbe), die Position und der Kurs möglich. Im Anruf sollte auch untergebracht werden, wer ruft (Schiffstyp) und wo sich das Schiff aus der Sicht der Angerufenen befindet.

Unbekanntes Containerschiff, auf Position nördlich der Leuchttonne A1 mit Westkurs,
Unbekanntes Containerschiff, auf Position nördlich der Leuchttonne A1 mit Westkurs,
Unbekanntes Containerschiff, auf Position nördlich der Leuchttonne A1 mit Westkurs,
hier ist
Calypso, Calypso, Calypso / DA3476
die Segelyacht an Ihrer Backbordseite
Können Sie mich hören?
Bitte kommen

Unknown container vessel in position north of light buoy A1 heading west,
unknown container vessel in position north of light buoy A1 heading west,
unknown container vessel in position north of light buoy A1 heading west,
this is
Calypso, Calypso, Calypso / DA3476
the sailing yacht on your port side.
Do you read me?
Over

Schiff–Land

Die geeigneten Kanäle für eine Kommunikation mit einer Landfunkstelle können den Dienstbehelfen (siehe gleichnamiges Kapitel) entnommen werden.

Anruf per Sprechfunk

Beim Anruf einer Landstation ist grundsätzlich davon auszugehen, dass es sich um gute Gesprächsbedingungen handelt. Zum einen wird das Gespräch gleich auf einem Arbeitskanal initiiert, und zum anderen ist davon auszugehen, dass die Station besetzt ist. Als Erstanruf ist daher das Verfahren des verkürzten Anrufes zu wählen.
Die Sendeleistung wird so gewählt, dass der Anruf den gewünschten Erfolg erzielt, aber trotzdem nicht großräumig stört. Brücken, Schleusen oder Häfen, die in Sichtweite sind, sollten zunächst mit einer Sendeleistung von 1 Watt angerufen werden.
Trotz der Tatsache, dass der Gesprächspartner gleich das Gespräch annimmt, werden im Erstanruf nicht sämtliche Fakten genannt, sondern nur ein kurzer Betreff.

Anruf per DSC

Landfunkstellen haben nicht immer eine MMSI und sind dann nicht per DSC erreichbar. Bei Küstenfunkstellen ist am ehesten damit zu rechnen, dass sie über DSC verfügen, bei Brücken, Schleusen, Häfen oder Revierzentralen ist das selten der Fall.
Bei einem Anruf per DSC an entsprechend ausgestattete Landfunkstellen kann der Arbeitskanal im DSC-Controller nicht vorgeschlagen werden. Der Arbeitskanal wird grundsätzlich von der Landfunkstelle vorgegeben.

Häfen, Brücken und Schleusen

Der Anruf eines Hafens, einer Brücke oder einer Schleuse dient immer dem gleichen Zweck: Man möchte einen Liegeplatz, durchfahren oder schleusen. Schleusen kann man entweder in eine bestimmte Richtung (zum Beispiel von West nach Ost), ein- oder ausschleusen (wenn es in einen Hafen oder einen Kanal geht) oder zu Berg und zu Tal schleusen (wenn man sich auf einem Fluss befindet).
Das folgende Beispiel beschreibt den Anruf der Schleusenanlage Eider-Sperrwerk auf dem Arbeitskanal 14:

Eider Lock – hier ist – Albatros, Albatros / DE6754
Wir kommen von See. Wann ist die nächste Schleusung?
Bitte kommen

Albatros – hier ist – Eider Lock
Die nächste Schleusung erfolgt um 14:00 Uhr.
Bitte kommen

Eider Lock – hier ist – Albatros
Wir machen an der Südseite der Trennmole fest und warten auf Signal.
Wir bleiben Stand-by auf Kanal 14.
Ende

Revierfunk

Revierzentrale Großer Belt

Auch wenn es üblicherweise für Sportboote keine Meldepflicht bei der zuständigen Revierzentrale gibt, ist dies beim Passieren des Großen Belts (dänisch: Storebælt) zwischen Fünen und Seeland vorgeschrieben für Fahrzeuge mit einer lichten Höhe von mehr als 15 Metern.
Die Anmeldung erfolgt vor der Einfahrt in das Revier oder beim Verlassen der Häfen in diesem Revier. Bei der Kommunikation mit der Revierzentrale werden neben dem Schiffsnamen und dem Rufzeichen möglicherweise auch folgende Daten abgefragt: Position, Ziel und geschätzte Ankunftszeit (destination and estimated time of arrival), Route (intended track), Tiefgang in Meter (draught), Schiffsabmessung und Höhe (length, air draught).
Für eine Gesprächsvorplanung ist es hilfreich, sich die zu übermittelnden Daten vorher aufzuschreiben.

Great Belt VTS – this is – sailing yacht Carola, Carola / DA3456
can you read me?
Over

Carola – this is – Great Belt VTS
I can read you. Go ahead.
Over

Great Belt VTS – this is – Carola
In Position 54-46 N 10-52 E
We are passing the southern line of VTS area and are heading to Kerteminde.
Our length is 14 m, draught ist 1,7 m, air draught 15,5 m.
We intend to pass the western bridge.
Over

Carola – this is – Great Belt VTS
How many persons are on board?
Over

Great Belt VTS – this is – Carola
There are 6 persons on board.
Over

Carola – this is – Great Belt VTS
Thank you. Have a good voyage.
Over

Great Belt VTS – this is – Carola
Thank you. Have a good watch.
Out

can you read / do you read (me)? = Können Sie mich hören / verstehen?
air draught = Höhe (ab Wasseroberfläche)

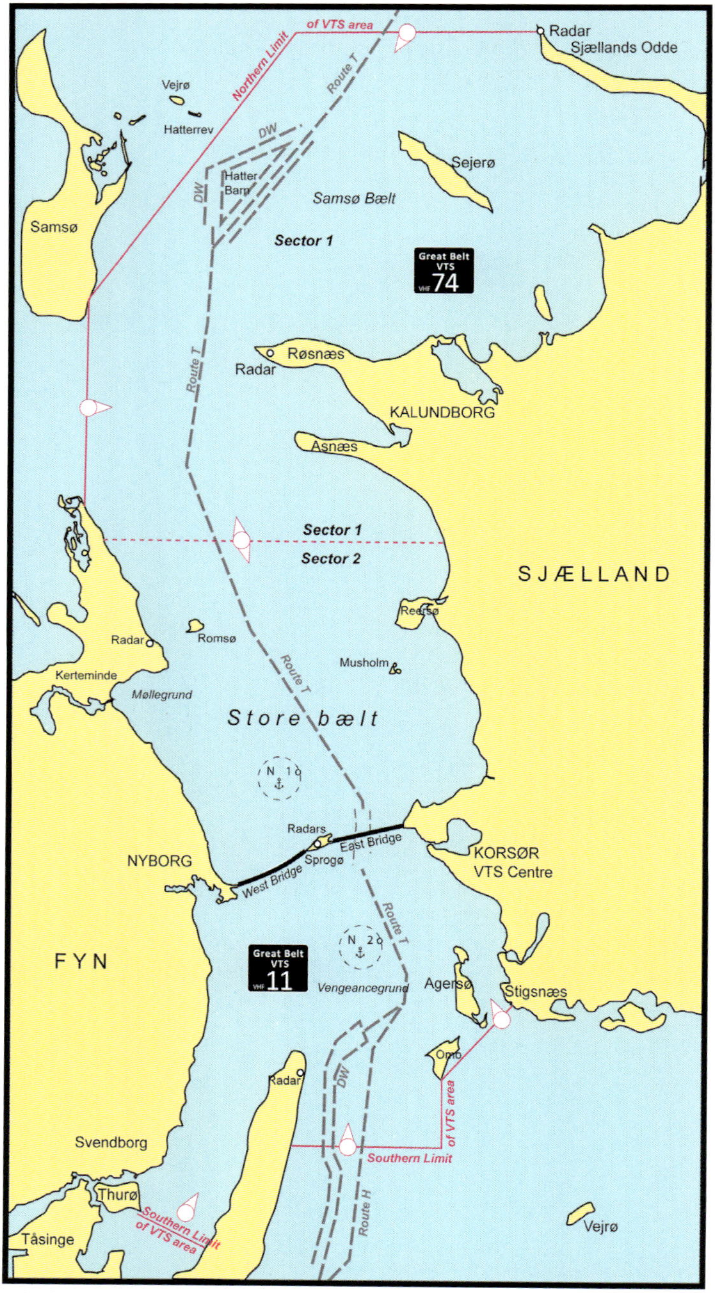

Schiffsverkehrsdienst im Großen Belt

Not/Dringlichkeit/Sicherheit

Die nachfolgend vorgestellten Betriebsverfahren (d. h. standardisierte Abläufe) für den Not-, Dringlichkeits- und Sicherheitsverkehr basieren auf den Beschlüssen, die auf der World Radio Conference Ende 2007 (WRC 07) verabschiedet und im folgenden Jahr in die Radio Regulations aufgenommen wurden. Die Umsetzung in deutsches Recht steht noch aus.

Die meisten deutschen Prüfungsausschüsse prüfen auch nach dem WRC-07-Verfahren. Bitte erkundigen Sie sich bei Ihrer Ausbildungsstätte oder – wenn Sie sich selbstständig vorbereiten – bei Ihrem Prüfungsausschuss, ob Sie Ihre Prüfung nach WRC 07 ablegen können.

Im Anhang sind die hier beschriebenen Verfahren in einer Übersicht dargestellt. Eine Übersicht der alten Verfahren finden Sie im Internet:

www: betriebsverfahren

Notverkehr

Die Definition eines Notfalls ist in der VO Funk (s. Seite 14) festgelegt:

Ein Notfall liegt dann vor, wenn nach Ansicht des Schiffsführers eine unmittelbare und schwere Gefahr für Schiff oder Personen gegeben ist und sofortige Hilfe benötigt wird.

Die Entscheidung darüber, ob es sich um einen Notfall handelt, liegt beim Schiffsführer oder, wenn der nicht mehr entscheidungsfähig ist, bei seinem Stellvertreter.

Beispiele

Ein erfahrener Schwimmer geht über Bord, und die Crew beherrscht das MOB-Manöver.

Selbst wenn der Überbordgefallene bei Bewusstsein ist, so kann es doch eine Weile dauern, bis man das Opfer am Schiff und vor allem an Deck hat. Wenn also der geringste Zweifel für ein reibungsloses Manöver besteht, **ist ein Notfall gegeben.** Da jede Minute in so einer Situation zählt, sollte auch sofort ein Notalarm ausgesendet werden.

Nach einer Grundberührung dringt Wasser in das Schiff. Mit den Pumpen kann das Schiff über Wasser gehalten werden. Das provisorische Abdecken der Leckage wird vorbereitet.

Dies ist eine ernst zu nehmende Situation, aber kein Notfall. Die Schiffsführung und die Crew haben die Situation (noch) unter Kontrolle. Obwohl sich die Situation auch verschlimmern kann, ist sie **derzeit kein Notfall**, aber möglicherweise eine Dringlichkeitssituation.

Ein Hund fällt über Bord und droht zu ertrinken.

Der Hund ist in schwerer und unmittelbarer Gefahr. Allerdings ist keine Person oder das Schiff in Gefahr. **Dieses ist kein Notfall.**

Ein Crewmitglied fällt vom Mast und bleibt ohnmächtig liegen.

Das Crewmitglied könnte sich Brüche und innere Verletzungen zugezogen haben, die ein schnelles Handeln erfordern. Wäre ein Arzt oder Sanitäter an Bord, könnte dies diagnostiziert und die tatsächliche Gefahr für den Patienten ermittelt werden. Ohne oder mit geringer Erfahrung in Erster Hilfe muss das Schlimmste angenommen werden. **Die Einschätzung, ob dies ein Notfall ist, hängt von den Umständen und der daraus folgenden Entscheidung des Schiffsführers ab.** Es kann auch erwogen werden, sich zunächst ärztlich beraten zu lassen.

Notalarm, Notanruf und Notmeldung

Zunächst wird ein DSC-Notalarm ausgesendet ❶. Dies hat den Vorteil, dass alle Stationen, die mit DSC ausgestattet und in Reichweite sind, alarmiert werden und die Position des Schiffes in Not empfangen können. Ist die Anlage nicht mit DSC ausgerüstet, wird per Sprechfunk auf der Notfrequenz sofort der Notanruf mit der direkt darauffolgenden Notmeldung ausgesendet.

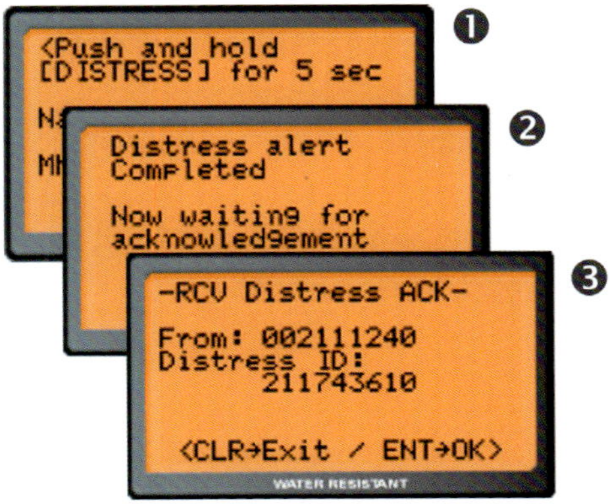

Nach der DSC-Aussendung sollte zunächst die DSC-Empfangsbestätigung (Distress Acknowledgement) ❷ abgewartet werden, sofern die Zeit es zulässt. Diese wird in der Regel von der Küstenfunkstelle (RCC/MRCC) innerhalb kurzer Zeit ausgesendet ❸.

Nach der Notalarmierung per DSC folgen der Notanruf und die Notmeldung. Der Notanruf besteht aus der Nennung des Signalwortes (hier MAYDAY) und der Nennung der eigenen Kennung.

Die Notmeldung beginnt erneut mit der Priorität und der Nennung der eigenen Kennung. Es folgt die Position, der Inhalt der Meldung, die erbetene Hilfeleistung und mögliche weitere Angaben zur Situation.

Kanal 16 – Sendeleistung 25 Watt – langsam und deutlich sprechen!

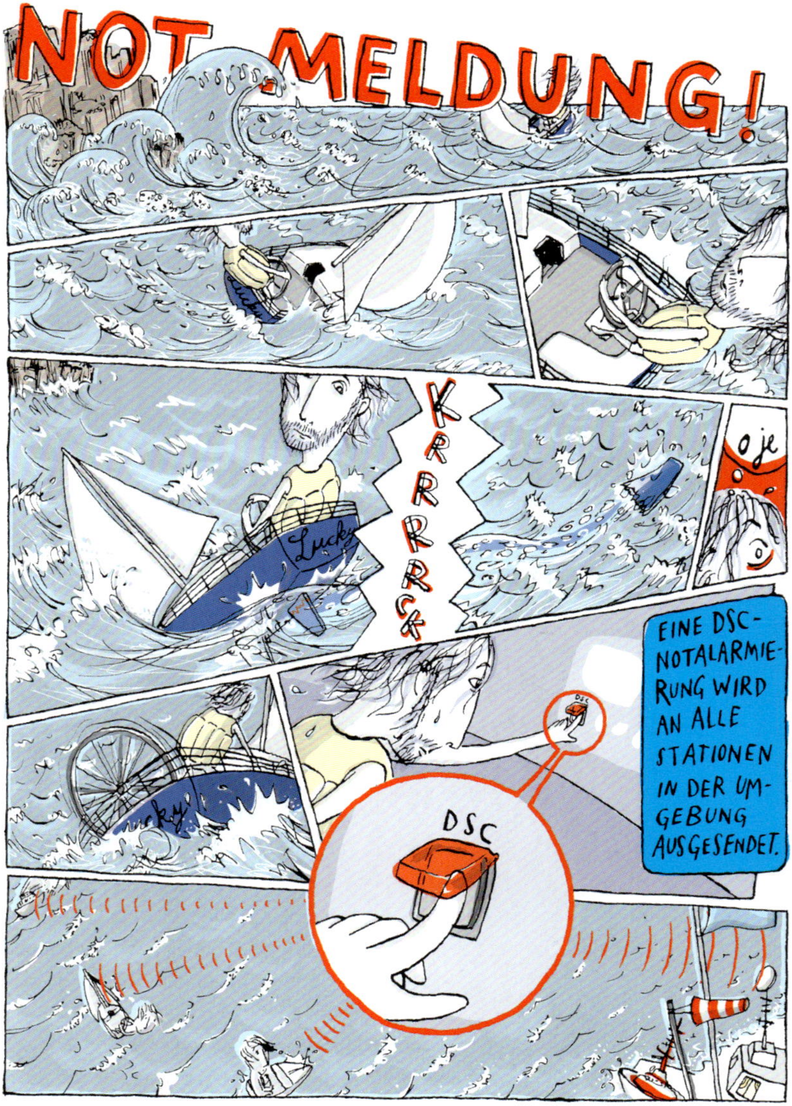
NOT MELDUNG!
Lucky
KRRRRCK
oje
Lucky
EINE DSC-NOTALARMIERUNG WIRD AN ALLE STATIONEN IN DER UMGEBUNG AUSGESENDET.
DSC
DSC

broken rudder = gebrochenes Ruder, drifting in rough sea = treiben in rauer See, towing assistance = Schlepphilfe, blue hull = blauer Rumpf

ENDE
(gut)

	Schema	Beispiel
Signalwort	MAYDAY 3x	Mayday Mayday Mayday
Adressat	– [1]	–
	HIER IST	This is
Absender	SCHIFFSNAME 3x RUFZEICHEN 1x MMSI 1x [2]	Fortuna Fortuna Fortuna DB 3654 211123456
Signalwort	MAYDAY 1x	Mayday
	– [3]	–
Absender	SCHIFFSNAME 1x RUFZEICHEN 1x MMSI 1x [2]	Fortuna DB 3654 211123456
Position	BREITE/LÄNGE oder RICHTUNG/ABSTAND	In position 53° 05′ N 008° 47′ E, I repeat 53° 05′ N 008° 47′ E
Meldung	ART DES NOTFALLS	Fire on board
	ART DER BENÖTIGTEN HILFE [4]	Need assistance in firefighting.
	WEITERE ANGABEN [5]	40 feet sailing yacht with green hull 4, I repeat 4 persons on board.
Abschluss	OVER	Over

[1] Der Adressat entfällt. Ein Notfall geht immer an alle Stationen.

[2] Die MMSI wird nur genannt, wenn ein DSC-Notalarm gesendet wurde.

[3] Der Absender wird nicht noch mal mit »hier ist« eingeleitet.

[4] Die erbetene Hilfe ist wichtig für die Rettungskräfte. Auch ein helfendes Sportboot muss wissen, ob es beispielsweise zum Schleppen, Pumpen, Feuerlöschen oder Bergen von Personen gerufen wird.

[5] Angaben, die wichtig für Suche und Rettung sind, sind beispielsweise die Beschreibung des Schiffes, Anzahl der Personen an Bord, ggf. letzter Kurs und Geschwindigkeit, etc.

Bestätigung eines Notalarms

Die Empfangsbestätigung (Distress Acknowledgement) eines Notalarms, eines Notrufs oder einer Notmeldung wird in der Regel von einer Küstenfunkstelle (per DSC) an alle Stationen gesendet. Seefunkstellen, die einen DSC-Notalarm, einen Notruf oder eine Notmeldung per UKW empfangen haben, sollten den Sprechfunk-Notkanal 16 überwachen und die Notmeldung mitschreiben.

Empfangsbestätigung der Seenotleitung Bremen

Eine Bestätigung seitens einer Seefunkstelle erfolgt außerhalb der Reichweite von Küstenfunkstellen sofort und im Einzugsbereich von Küstenfunkstellen innerhalb von fünf Minuten, wenn diese keine Empfangsbestätigung übermittelt hat. Die Bestätigung erfolgt ausschließlich per Sprechfunk nach dem folgenden Verfahren:

	Schema	Beispiel
Signalwort	MAYDAY	Mayday
Adressat	NAME/RUFZEICHEN oder MMSI	211 743 610
	HIER IST	This is
Absender	SCHIFFSNAME 1x RUFZEICHEN 1x – [1]	Fortuna DB 3654 –
Meldung	RECEIVED MAYDAY	Received Mayday
Abschluss	–	–

[1] Da keine Aussendung per DSC erfolgt, wird die eigene MMSI nicht genannt.

Die Weiterleitung des Notfalls an eine Küstenfunkstelle ist anschließend mit allen verfügbaren Mitteln erforderlich.
Eine Bestätigung eines Notalarms per DSC (sofern dies mit dem DSC-Controller überhaupt möglich ist – eher selten bei Anlagen für die Sportschifffahrt) darf eine Seefunkstelle nur dann aussenden, wenn sie von der Küstenfunkstelle dazu aufgefordert wird oder wenn

- keine Bestätigung einer Küstenfunkstelle ausgesendet wurde,
- keine Kommunikation mit dem Havaristen in Gang ist und
- mehr als fünf Minuten vergangen sind.

Ist man in der Lage, im Notfall zu helfen, und eine Küstenfunkstelle/Seenotleitung hat den Notalarm bestätigt, wendet man sich an die Seenotleitung oder den On-Scene-Coordinator.

Notweiterleitung (Relay)
Ein Schiff, das erfährt, dass sich ein anderes Schiff in Not befindet (beispielsweise mittels Funk oder anhand von Beobachtungen), soll unter den folgenden Umständen einen Notanruf für das Schiff in Not aussenden:

- wenn vom Schiff in Not ein DSC-Notalarm oder ein Notruf empfangen worden ist, der nicht innerhalb von fünf Minuten bestätigt worden ist (siehe vorheriges Kapitel),
- wenn festgestellt wird, dass es dem Schiff in Not nicht möglich ist, den Notverkehr selbst abzuwickeln, und der Schiffsführer entscheidet, dass weitere Hilfe notwendig ist.

Die Weiterleitung soll möglichst an eine Küstenfunkstelle erfolgen. Der Meldungstext beschreibt den Erhalt einer Meldung oder die Beobachtung des Ereignisses, das man für einen Notfall hält.
Eine Not-Weiterleitung per DSC ist nur dann sinnvoll, wenn der DSC-Controller dies auch hergibt (üblicherweise nur bei Geräten der Berufsschifffahrt möglich). Eine Weiterleitung per DSC soll nie an alle Stationen gerichtet werden, sondern als Selektivruf an die nächste Rettungsleitstelle oder Küstenfunkstelle.

In der Praxis wird zunächst im Erstanruf die Kontaktaufnahme (hier Bremen Rescue) empfohlen und erst nach der Antwort der gerufenen Station die folgende Meldung abgesetzt:

	Schema	Beispiel
Signalwort	MAYDAY RELAY 3x	Mayday Relay Mayday Relay Mayday Relay
Adressat	KÜFUST 3x oder ALL STATIONS 3x	All Stations All Stations All Stations
	HIER IST	This is
Absender	SCHIFFSNAME 3x RUFZEICHEN 1x – [1]	Phoenix Phoenix Phoenix DF 1234 –
Meldung	AT … UTC FOLLOWING OBSERVED [2] oder FOLLOWING RECEIVED: »…« [3]	At 1800, I repeat 1800 UTC observed red rockets in vicinity of light buoy A1
Abschluss	OVER	Over

[1] Die MMSI wird nur genannt, wenn der Notverkehr mit einem DSC-Alarm eingeleitet wurde. Eine DSC-NOTWEITERLEITUNG ist mit DSC-Controllern auf Sportbooten (Klasse D) üblicherweise nicht möglich.
[2] Die Nennung einer eindeutigen Position mit geschätzter Peilung und Abstand zu den Havaristen ist notwendig.
[3] Die empfangene Meldung wird vollständig wiedergegeben.

Funkstille

Alle Funkstellen, die nicht am Notverkehr beteiligt sind, unterliegen einer Funkstille auf dem Kanal, auf dem der Notverkehr abgewickelt wird. Die Seenotleitung, der On-Scene-Coordinator bzw. eine beteiligte Küstenfunkstelle sind berechtigt, andere Stationen auf die Funkstille folgendermaßen hinzuweisen.

	Schema	Beispiel
Signalwort	MAYDAY	Mayday
Adressat	ALL STATIONS 1x oder NAME DER STÖRENDEN Funkstelle	Albatros
Absender	– [1]	–
Meldung	SILENCE MAYDAY [2]	Silence Mayday
Abschluss	–	–

[1] Entfällt
[2] Aussprache (französisch): Seelonce Mähdee

Beenden eines Notalarms

Wenn der Notverkehr beendet ist, muss die Station, die den Notverkehr geleitet hat, ihn auf den entsprechenden Kanälen auch beenden.

	Schema	Beispiel
Signalwort	MAYDAY	Mayday
Adressat	ALL STATIONS 3x	All Stations All Stations All Stations
	HIER IST	This is
Absender [1]	SCHIFFSNAME 3x RUFZEICHEN 1x – [1]	Herman Helms Herman Helms Herman Helms DBAM
Meldung	AT ... UTC [2] NAME 1x [3] RUFZEICHEN 1x MMSI 1x [4] SILENCE FINI [5]	At 1225, I repeat 1225 UTC Seeadler DR3456 211765890 Silence Fini
Abschluss	–	–

[1] Üblicherweise wird der Notverkehr durch den On-Scene Coordinator (OSC) oder das RCC/MRCC beendet. Das Beenden kann aber auch durch den Havaristen erfolgen. In diesem Fall sollte auch die eigene MMSI genannt werden (wenn die Notalarmierung auch per DSC erfolgt ist).

[2] Aktuelle Uhrzeit in UTC

[3] Kennung des Havaristen

[4] Wird zusätzlich genannt, wenn der Notverkehr mit einer DSC-Alarmierung eingeleitet wurde.

[5] Aussprache (französisch): Seelonce Feenee

Fehlalarm

Durch die Zunahme elektronischer Alarmierungssysteme im GMDSS ist die Zahl der Fehlalarme stark angestiegen. Als Fehlalarm bezeichnet man einen (versehentlich) ausgesendeten Notalarm, obwohl weder Schiff noch Personen in Not sind. Ursachen hierfür können technischer Natur sein, aber auch Fehlbedienung oder Unkenntnis über die Funktionsweise des Gerätes (DSC-Controller, EPIRB etc.).

Die Kosten für die möglicherweise eingeleitete Such- und Rettungsaktion durch den Fehlalarm kann dem Verursacher angelastet werden.

Nach der Aussendung eines Fehlalarms müssen die umliegenden Funkstellen mit allen zur Verfügung stehenden Mitteln darüber informiert werden, dass es sich um einen solchen handelt, und der Fehlalarm muss aufgehoben werden. Zugleich ist die Rettungsleitstelle oder die nächstgelegene Küstenfunkstelle zu informieren. Sofern ein Fehlalarm ordnungsgemäß widerrufen wird, sind üblicherweise keine weiteren Folgen zu erwarten.

DSC-Fehlalarm

Ist von einem Schiff fälschlicherweise ein DSC-Notalarm ausgesendet worden, muss das Gerät unverzüglich zurückgesetzt werden. Es soll folgendermaßen vorgegangen werden:

- das Gerät ausschalten und sofort wieder einschalten, um zu vermeiden, dass der DSC-Notalarm nach ein paar Minuten wieder automatisch ausgesendet wird, oder
- falls das Gerät mit einer Abbruchfunktion versehen ist, muss diese betätigt werden. Es muss aber sichergestellt sein, dass durch das Betätigen der Abbruchfunktion eine DSC-Meldung an alle Stationen ausgelöst wird.

Eine Aussendung per DSC (abgesehen von der genannten Abbruchfunktion), um den Fehlalarm zu annullieren, ist nicht zulässig.

Anschließend ist folgende Sprechfunkmeldung auf Kanal 16 abzusetzen.

	Schema	**Beispiel**
Signalwort	– [1]	–
Adressat	ALL STATIONS 3x	All Stations All Stations All Stations
	HIER IST	This is
Absender	SCHIFFSNAME 3x RUFZEICHEN 1x MMSI 1x [2]	Fortuna Fortuna Fortuna DB 3654 211123456
Position	– [3]	–
Meldung	PLEASE CANCEL MY DISTRESS ALERT OF .... UTC	Please cancel my distress alert of 1245, I repeat 1245 UTC
Abschluss	–	–

[1] Ein Fehlalarm ist kein Notfall, daher wird das Prioritätszeichen Mayday nicht gesprochen.

[2] Die MMSI wird nur genannt, wenn diese auch (beispielsweise per DSC) ausgesendet wurde.

[3] Es ist nicht falsch, die Position zu nennen, wenn sie per DSC ausgesendet wurde, ist aber nicht zwingend vorgesehen.

Nach der Aussendung bleibt die Funkstelle noch mindestens fünf Minuten auf Kanal 16 für Rückfragen empfangsbereit.

FEHL ALARM
oder: FORTUNA im Unglück?
Ein Sommertag in der Kieler Förde. Es ist 17.32h.
Fortuna
DISTRESS
DISTRESS... UNDESIGNATED ... 54-26N 010-12E ... 1532 UTC

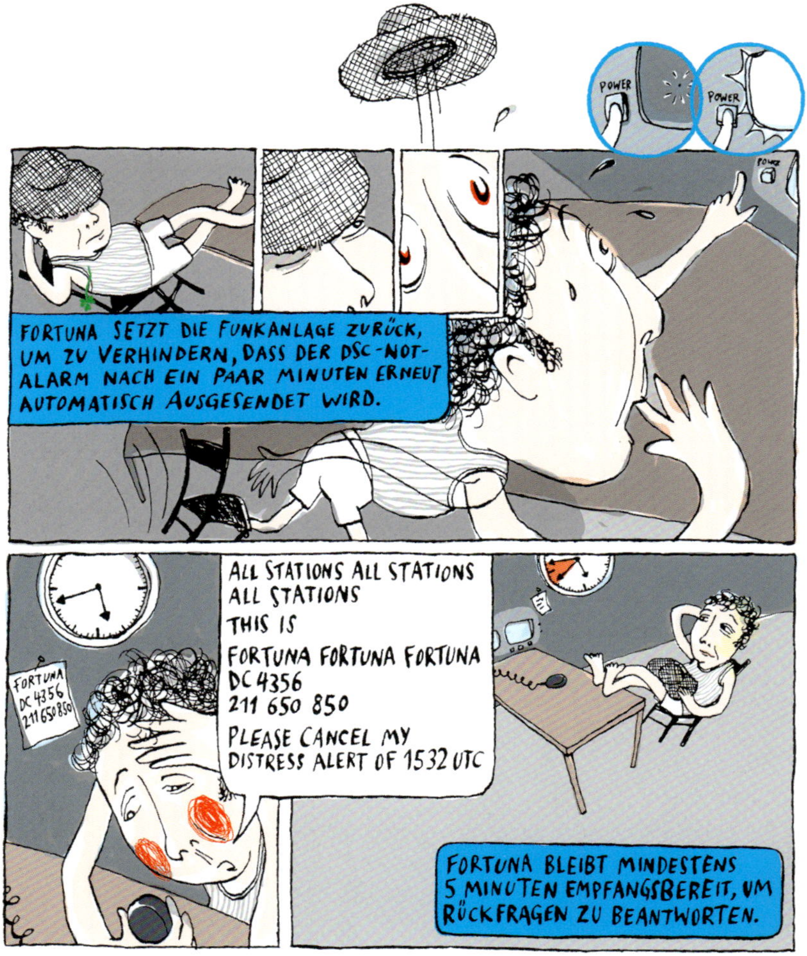
POWER
POWER
FORTUNA SETZT DIE FUNKANLAGE ZURÜCK, UM ZU VERHINDERN, DASS DER DSC-NOTALARM NACH EIN PAAR MINUTEN ERNEUT AUTOMATISCH AUSGESENDET WIRD.
FORTUNA DC 4356 211 650 850
ALL STATIONS ALL STATIONS ALL STATIONS THIS IS FORTUNA FORTUNA FORTUNA DC 4356 211 650 850 PLEASE CANCEL MY DISTRESS ALERT OF 1532 UTC
FORTUNA BLEIBT MINDESTENS 5 MINUTEN EMPFANGSBEREIT, UM RÜCKFRAGEN ZU BEANTWORTEN.

Fehlalarmstatistik

Die Deutsche Gesellschaft zur Rettung Schiffbrüchiger führt eine genaue Statistik über die elektronischen Fehlalarmierungen im GMDSS. Bei der Betrachtung der Statistik fallen zwei Dinge auf:

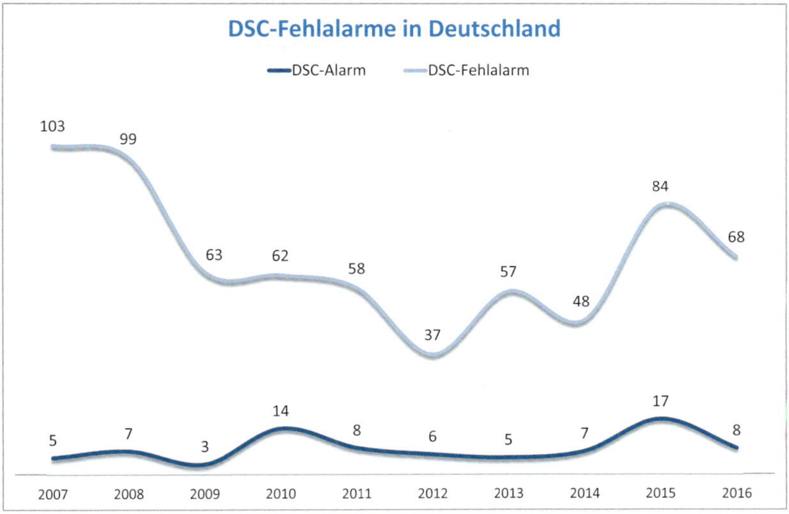

1. Die verhältnismäßig hohe Anzahl an DSC-Fehlalarmen im Verhältnis zu den tatsächlichen Alarmierungen per DSC.
2. Die sehr geringe Anzahl an Notalarmierungen per DSC im Verhältnis zu den Hunderten von Notfällen pro Jahr.

Jeder eingehende Alarm bei der Seenotleitung wird ernst genommen. Er bindet Ressourcen. Fehlalarme sind in jedem Fall zu vermeiden.

Die sehr geringe Zahl der DSC-Notalarme lässt darauf schließen, dass die Alarmierung im Notfall nur selten per DSC erfolgt. Eine Alarmierung im Notfall per DSC mit anschließender Meldung per Sprechfunk ist dem reinen Sprechfunk-Notanruf mit Notmeldung jedoch immer vorzuziehen.

Jeder kann zur Verringerung der Fehlalarmierungen beitragen:

- *Einweisung der Crew (auch Kinder). Erläuterung der Alarmierungsmöglichkeiten. Sensibilisierung des Themas Fehlalarm.*
- *Vertraut machen mit der Funktionsweise der elektronischen Alarmierung (DSC, EPIRB, SART etc.).*
- *Test der Geräte nur nach den vorgeschriebenen Verfahren in der Anleitung. Roten Knopf niemals zum Testen verwenden.*

Dringlichkeitsverkehr

Im Gegensatz zum Notfall handelt es sich bei der Dringlichkeitsmeldung um eine mittelbare Gefahr für Personen oder Schiffe. Ob eine Dringlichkeitslage vorliegt, entscheidet der Schiffsführer.

Als DSC-Anruf erfolgt ein Ruf an alle Funkstellen ❶ mit der Priorität »Dringlichkeit« (Urgency) ❷. Als Arbeitskanal wird der Kanal 16 gewählt, wenn dieser nicht bereits durch einen Not- oder Dringlichkeitsverkehr belegt ist. Ist die Anlage nicht mit DSC ausgerüstet, werden der Dringlichkeitsanruf und die nachfolgende Meldung direkt auf Kanal 16 ausgesendet, sofern dieser nicht belegt ist:

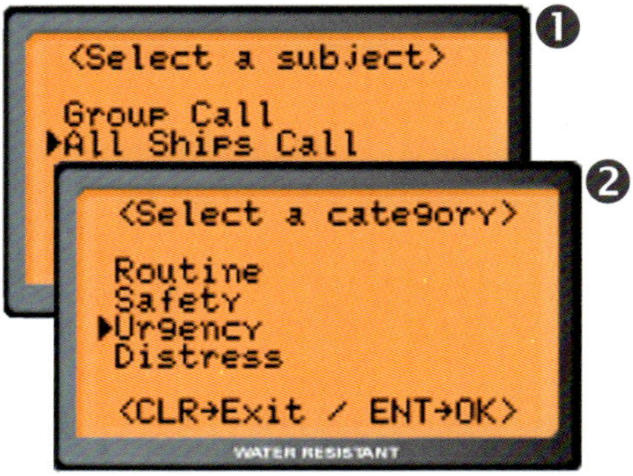

Ankündigung einer Dringlichkeitsmeldung per DSC an alle Funkstellen

	Schema	**Beispiel**
Signalwort	PAN PAN 3x	Pan Pan Pan Pan Pan Pan
Adressat	AN ALLE FUNKSTELLEN 3x [1]	All Stations All Stations All Stations
	HIER IST	This is
Absender	SCHIFFSNAME 3x RUFZEICHEN 1x MMSI 1x [2]	Fortuna Fortuna Fortuna DB 3654 211123456
Position	BREITE/LÄNGE oder RICHTUNG/ABSTAND	5, I repeat 5 nautical miles west of »Alte Weser« light house
Meldung	MELDUNGSINHALT	Broken rudder. Drifting toward the coast. Require towing assistance.
Abschluss	OVER	Over

[1] Eine Dringlichkeitsmeldung kann auch an eine bestimmte Funkstelle adressiert sein.
[2] Die MMSI wird nur genannt, wenn die Dringlichkeitsmeldung per DSC angekündigt wurde.

Alternativ kann eine Ankündigung auf Kanal 16 erfolgen und ein Schiff-Schiff-Kanal für die Abwicklung des Dringlichkeitsverkehrs verwendet werden. Beispiele für eine Dringlichkeitsmeldung sind Situationen (von denen keine unmittelbare Gefahr ausgeht), wo ein Schiff beispielsweise Schlepphilfe oder Pumphilfe benötigt. Auch eine medizinische Situation (funkärztliche Beratung) kann ein Dringlichkeitsfall sein.

Beenden einer Dringlichkeitsmeldung

Wenn eine Dringlichkeitsmeldung an alle Funkstellen übermittelt worden ist und die gewünschten Maßnahmen nicht mehr notwendig sind, soll sie vom Schiff, das die Dringlichkeitsmeldung ausgesendet hat, im folgenden Format per Sprechfunk annulliert werden:

	Schema	**Beispiel**
Signalwort	PAN PAN 3x	Pan Pan Pan Pan Pan Pan
Adressat	AN ALLE FUNKSTELLEN 3x	All Stations All Stations All Stations
	HIER IST	This is
Absender	SCHIFFSNAME 3x RUFZEICHEN 1x MMSI 1x [1]	Fortuna Fortuna Fortuna DB 3654 211123456
Meldung	PLEASE CANCEL MY URGENCY MESSAGE OF … UTC	Please cancel my urgency message of 0825, I repeat 0825 UTC
Abschluss	–	–

[1] Die MMSI wird nur genannt, wenn die Dringlichkeitsmeldung per DSC angekündigt wurde.

Sicherheitsverkehr

Liegt eine Nautische Warnnachricht oder eine Wetterwarnung vor, kann eine Sicherheitsmeldung abgesetzt werden.

Als DSC-Anruf erfolgt ein Ruf an alle Stationen ❶ mit der Priorität »Sicherheit« (Safety) ❷. Als Arbeitskanal wird der Kanal 16 gewählt, wenn dieser nicht bereits durch einen Not- oder Dringlichkeitsverkehr belegt und eine Übermittlung auf einem Schiff–Schiff-Kanal aus bestimmten Gründen nicht praktikabel ist. Ist die Anlage nicht mit DSC ausgerüstet, wird der Sicherheitsanruf auf Kanal 16 ausgesendet, sofern dieser nicht belegt ist.

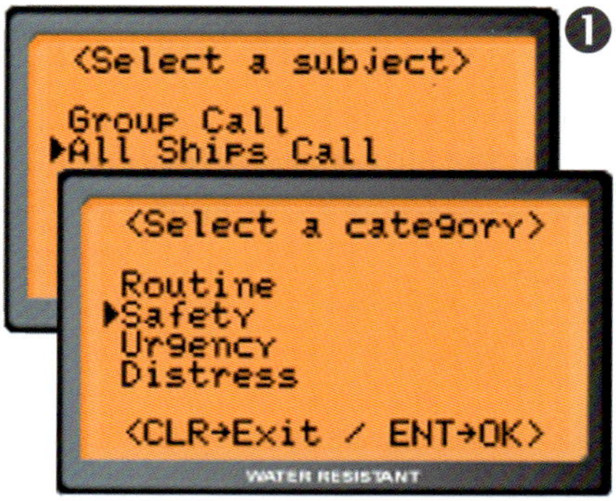

Ankündigung einer Sicherheitsmeldung per DSC an alle Funkstellen

	Schema	**Beispiel**
Signalwort	SÉCURITÉ 3x	Sécurité Sécurité Sécurité
Adressat	AN ALLE FUNKSTELLEN 3x [1]	All Stations All Stations All Stations
	HIER IST	This is
Absender	SCHIFFSNAME 3x RUFZEICHEN 1x MMSI 1x [2]	Fortuna Fortuna Fortuna DB 3654 211123456
Position	BREITE/LÄNGE oder RICHTUNG/ABSTAND	In position 54° 34′ N 007° 22′ E, I repeat 54° 34′ N 007° 22′ E
Meldung	MELDUNGSINHALT	We observed a drifting buoy marked with Sierra Tango 3
Abschluss	OVER	Over

[1] Eine Sicherheitsmeldung kann auch an eine bestimmte Station adressiert werden.
[2] Die MMSI wird nur genannt, wenn die Sicherheitsmeldung per DSC angekündigt wurde.

Eine Sicherheitsmeldung wird nicht bestätigt. Trotzdem sollte eine Hörbereitschaft auf dem Arbeitskanal für einige Zeit aufrechterhalten werden, um Rückfragen zu beantworten.

Binnenfunk

Rechtliches

Die Regionale Vereinbarung für den Binnenschifffahrtsfunk (RAINWAT) ist eine internationale Vereinbarung, die zurzeit von 15 Vertragsverwaltungen (Deutschland, Österreich, Belgien, Kroatien, Frankreich, Ungarn, Luxemburg, Moldawien, Niederlande, Polen, Rumänien, Slowakische Republik, Schweiz, Tschechische Republik, Bundesrepublik Jugoslawien) unterzeichnet worden ist.
Der Binnenschifffahrtsfunk hat 1996 den Rheinfunk abgelöst. Die Zentralkommission für die Rheinschifffahrt (ZKR) gibt zusammen mit der Donaukommission (DK) und Moselkommission (MK) das Handbuch Binnenschifffahrtsfunk heraus.
Das Handbuch Binnenschifffahrtsfunk enthält alle wichtigen Informationen zur Teilnahme am Binnenschifffahrtsfunk und muss (auch auf nicht ausrüstungspflichtigen Sportbooten) an Bord mitgeführt werden.

Handbuch Binnenschifffahrtsfunk

UBI: 3, 9, 10, 12, 14, 17, 36, 80, 81, 83

Das Handbuch ist in zwei Teile gegliedert. Der Allgemeine Teil enthält Begriffsbestimmungen, Beschreibung und Betrieb der Verkehrskreise, Abwicklung des Binnenschifffahrtsfunks, Gesprächsbeispiele, Buchstabieralphabet und Informationen zu Meldepflichten.
Der Regionale Teil enthält Angaben über die Funkausrüstung und Benutzungspflicht, eine Übersicht der ortsfesten Funkstellen, ein Verzeichnis der Dienststellen, die ständig besetzt sind, sowie empfohlene Redewendungen in verschiedenen Sprachen. Es muss nur der jeweilige regionale Teil an Bord sein, der das Gebiet umfasst, welches befahren wird.

WWW: Binnenschifffahrtsfunk

Voraussetzungen und Geltungsbereich

Seefunkstellen können auf Antrag zur Teilnahme am Binnenschifffahrtsfunk zugelassen werden. Dazu muss die Seefunkstelle mit einer zusätzlichen Binnenschifffahrtsfunkanlage oder einer Kombianlage mit Automatischem Senderidentifizierungssystem (ATIS) ausgerüstet sein.

Umschalten zwischen See- und Binnenfunk (ATIS) bei der Prüfungsanlage IC-M 503: Tasten HI/LO und DIAL gleichzeitig drücken

Zur Teilnahme am Binnenschifffahrtsfunk wird das aktuelle UKW-Sprechfunkzeugnis für den Binnenschifffahrtsfunk (UBI) oder ein entsprechendes Funkzeugnis benötigt, das vor 2003 erworben wurde.

Der Betreiber einer Schiffsfunkstelle benötigt eine Zuteilungsurkunde (Ship Station Licence), ausgestellt durch die BNetzA, Außenstelle Hamburg.

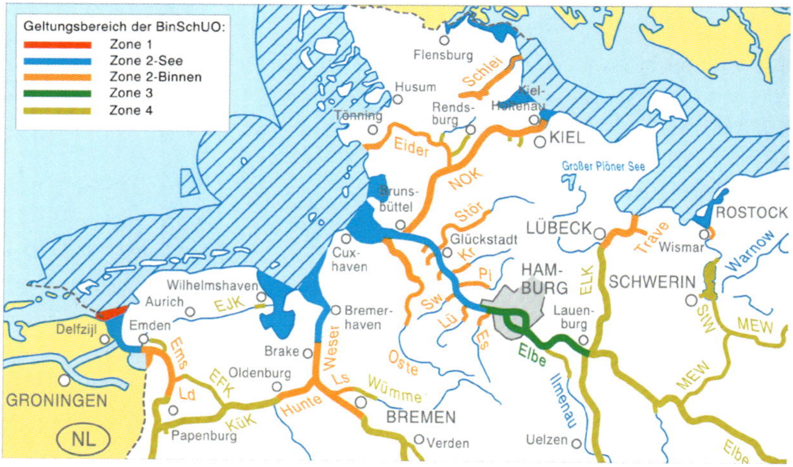

Wasserstraßen der Zonen 1 bis 4 nach der Binnenschiffsuntersuchungsordnung (Ausschnitt)

Mit dem UBI darf man auf den Binnenwasserstraßen bis zur »Flussmündung« am Seefunkdienst teilnehmen. Die genaue Festlegung der Grenzen ergibt sich aus Anhang I (Liste der geografischen Zonen) der Binnenschiffsuntersuchungsordnung. Während Zone 4 dem Geltungsbereich der Binnenschifffahrtsstraßen-Ordnung entspricht, beschreiben die Zonen 1 bis 3 die genauen Bereiche außerhalb der BinnenSchStrO bis zur Flussmündung.

ATIS-Nummer

UBI: 37–44

Die ATIS-Nummer wird der Schiffsfunkstelle auf Antrag in der Zuteilungsurkunde (Ship Station Licence) von der Bundesnetzagentur zugeteilt.

Die ATIS-Nummer besteht immer aus 10 Ziffern und beginnt immer mit einer 9, gefolgt von der Seefunkkennzahl (211 oder 218 für Deutschland) und den weiteren 6 Zeichen, die das Rufzeichen wiedergeben.

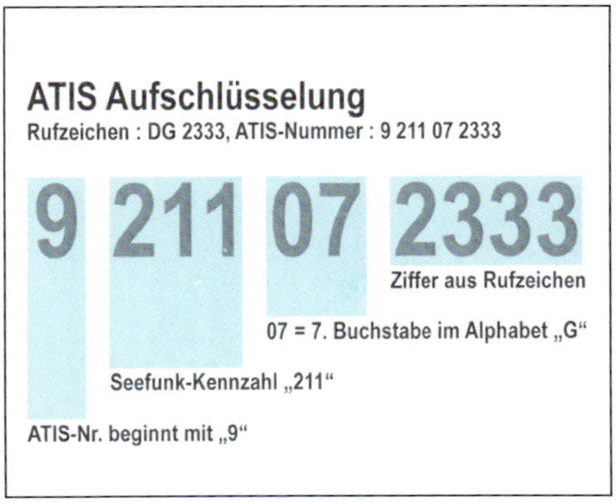

Aufschlüsselung der ATIS-Nummer

Die ATIS-Nummer wird automatisch (nach Loslassen der Sprechtaste) als Tonfolge ausgesendet und beim Empfänger (sofern dieser die Vorrichtung besitzt) meist als Rufzeichen angezeigt. Zur akustischen Unterdrückung des Tonsignals sind die Funkgeräte mit einem sogenannten ATIS-Killer ausgestattet.

Verkehrskreise

UBI: 55, 56, 58–64, 66–77, 89, 91, 93, 94, 116

Der gesamte Binnenschifffahrtsfunk ist in Verkehrskreise (Zuordnung von Kanälen für bestimmte Aufgaben) gegliedert:

Verkehrskreis 1: Schiff–Schiff
Informationsaustausch zwischen Schiffsfunkstellen (z. B. Kursabsprache).
Kanäle 06, 08, 10, 13, 72, 77.
Automatische Leistungsreduzierung auf 1 Watt.

Verkehrskreis 2: Nautischer Informationsfunk (NIF)
Schleusenfunk, Revierzentralen, Verkehrsposten.
In Deutschland sind 25 Watt Sendeleistung gestattet.

Verkehrskreis 3: Schiff–Hafenbehörde
Zuweisung von Liegeplätzen und Fahrt in Häfen.
Kanäle 11, 12, 14, 71, 74.
Automatische Leistungsreduzierung auf 1 Watt.

Verkehrskreis 4: Funkverkehr an Bord
Schlepp- und Schubverbände oder Festmachen und Ankern.
Die Nutzung dieses Verkehrskreises ist für Kleinfahrzeuge verboten.
Der Einsatz von Handsprechfunkgeräten ist in Deutschland ausschließlich in diesem Verkehrskreis erlaubt.
Kanäle 15, 17. Automatische Leistungsreduzierung auf 1 Watt.

Mit Ausnahme des Verkehrskreises 2 (NIF) darf im Binnenschifffahrtsfunk nur mit reduzierter Sendeleistung (zwischen 0,5 und 1 Watt) gefunkt werden. Die Reduzierung erfolgt auf den entsprechenden Kanälen automatisch durch die Funkanlage.
Der Kanal 10 ist der primäre Schiff-Schiff-Kanal, der von allen Fahrzeugen mit einer Binnenschifffahrtsfunkanlage abgehört werden muss.

Ausrüstungspflicht

UBI: 15, 16, 17, 65

Fahrzeuge, die die deutschen Binnenwasserstraßen befahren, müssen (seit 1995) mit mindestens zwei UKW-Sprechfunkgeräten ausgestattet sein, die den Verkehrskreis 1 (Schiff–Schiff) und 2 (NIF) gleichzeitig abhören. Eine Zweikanalüberwachung (Dual-Watch) ist im Binnenschifffahrtsfunk nicht gestattet. Ein weiteres UKW-Sprechfunkgerät wird benötigt, wenn beispielsweise durch einen Schleppverband zusätzlich an dem Verkehrskreis 4 (Funkverkehr an Bord) teilgenommen wird.
Die Ausrüstungspflicht kann für bestimmte Fahrzeuge oder auch Fahrgebiete abweichend geregelt sein. In einigen Fällen reicht es aus, wenn eine UKW-Binnenfunkanlage an Bord ist: Auf Binnenwasserstraßen, auf denen es keine Revierüberwachung und somit auch nicht den Verkehrskreis 2 (NIF) gibt, muss lediglich gewährleistet sein, dass der Verkehrskreis 1 (Schiff–Schiff) abgehört wird. Dieses ist dann im zweiten Teil der Schifffahrtspolizeiverordnungen (für Rhein, Mosel und Donau) bzw. der Binnenschifffahrtsstraßen-Ordnung (für die weiteren Schifffahrtsstraßen) geregelt.
Eine weitere Ausnahme bilden auf der Elbe, Hase oder Ems Fähren, Seilfähren oder schwimmende Geräte. Die Abweichung von der üblichen Ausrüstungspflicht ist im Anhang des regionalen Teils des Handbuch Binnenschifffahrtsfunk festgelegt.
Kleinfahrzeuge (unter 20 Meter Länge) unterliegen nicht der Ausrüstungspflicht, ausgenommen bei unsichtigem Wetter oder unter Radarfahrt.
Ist ein Funkgerät an Bord, gibt es allerdings eine Funkbenutzungspflicht. Das bedeutet, dass auch auf Sportbooten das Funkgerät auf Kanal 10 (oder dem von der zuständigen Behörde zugewiesenen anderen Kanal) auf Empfang geschaltet sein muss. Bei Fahrzeugen, die nur mit einer Funkanlage ausgestattet sind, darf für kurze Zeit kurzfristig auf einen anderen Kanal umgeschaltet werden.

Hinweis auf den Nautischen Informationsfunk (NIF) auf UKW-Kanal 20

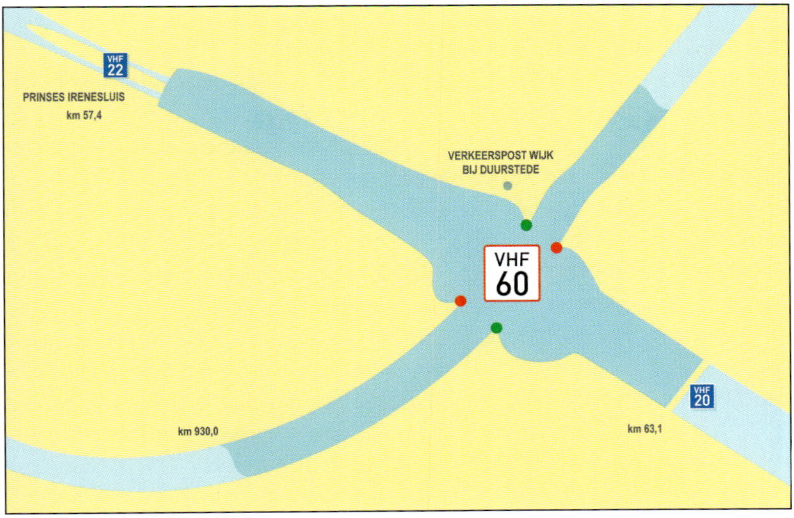

Ein Blockkanal ist am verkehrsreichen Wasserstraßenkreuz bei »Wijk Bij Duurstede« etabliert worden.

Revierzentralen, Verkehrsposten und Blockkanäle

UBI: 5–7

Die Revierzentralen nehmen unter anderem Anrufe aus der Schifffahrt (z. B. Notmeldungen) entgegen oder informieren die Schifffahrt über den Zustand der Wasserstraßen.

Die Revierzentralen sind auch über den Schleusenfunk – quasi als Relaisstation – erreichbar. Durch den entsprechenden Anruf »Hemelingen Schleuse« oder »Minden Revierzentrale« auf dem Arbeitskanal (hier Kanal 20 auf der Weser bei km 360) meldet sich dann die gewünschte Stelle. Welche Schleusen an eine Revierzentrale angeschlossen sind, steht im Regionalen Teil des Handbuchs Binnenschifffahrtsfunk. Die Kanäle können auch den blauen Schildern am Ufer entnommen werden.

In Belgien und den Niederlanden übernehmen die Verkehrsposten vergleichbare Aufgaben der Revierzentralen. Neben den Verkehrsposten gibt es in Belgien und den Niederlanden in Bereichen mit hoher Verkehrsdichte sogenannte Blockgebiete, auf denen Blockkanäle etabliert sind. In diesen Bereichen sind die Verkehrskreise 1 und 2 (Schiff-Schiff sowie NIF) zusammengeschaltet. Der Hintergrund ist, dass über denselben Kanal neben dem Behördenfunk auch ein vorausfahrendes oder entgegenkommendes Schiff angerufen werden kann.

Der Rufname eines Gebietes, in denen ein Blockkanal etabliert ist, lautet Sector. Beispiel: »Wijk bij Duussted Sector«.

Verkehrsabwicklung

UBI: 78, 110–115, 117–130

Für die Verkehrsabwicklung im Binnenschifffahrtsfunk gelten die Regeln der Radio Regulations der Internationalen Fernmeldeunion (ITU).

Die Verkehrsabwicklung ähnelt den Verfahren im Seefunk. Daher werden hier nur Besonderheiten und Abweichungen aufgeführt.

Es dürfen grundsätzlich nur solche Nachrichten übermittelt werden, die sich ausschließlich auf den Schutz von Personen oder auf die Fahrt oder auf die Sicherheit von Schiffen beziehen. Für Funkverbindungen sozialer und privater Art dürfen nur die Kanäle 72[1] und 77 verwendet werden.

Ähnlich wie im Seefunk muss vor jeder Aussendung sichergestellt werden, dass kein anderes Funkgespräch gestört wird. Dies gilt jedoch nicht für Notverkehr, der unbedingt Vorrang hat. Die Rangfolge des Verkehrs ist folgendermaßen:

1. Notverkehr (Mayday)
2. Dringlichkeitsverkehr (Pan Pan)
3. Sicherheitsverkehr (Securité)
4. Routineverkehr

Form des Anrufes

Das Anrufverfahren gleicht dem Verfahren im Seefunk (s. Seite 66). Beim Anruf werden nur der Schiffsname und das Rufzeichen genannt – die MMSI entfällt. Die MMSI hat im Binnenfunk (mit Anlagen ohne DSC-Controller) keine Bedeutung. Im Unterschied zum Seefunk muss beim Routineverkehr im Binnenfunk der Schiffstyp vor der Nennung des Namens übermittelt werden. Als Anruf können auch Gruppen von Schiffen, zum Beispiel »Talfahrer«, »Bergfahrer« oder andere Bezeichnungen verwendet werden.

Funkdisziplin

Die für einen reibungslosen Funkverkehr erforderliche Funkdisziplin verlangt:

- sich auf die notwendigen Aussendungen zu beschränken,
- die Verfahrensregeln strikt anzuwenden,
- sich kurzzufassen und langsam und deutlich zu sprechen,
- in den Verkehrskreisen Schiff–Schiff, Nautische Information, Schiff–Hafenbehörde und Funkverkehr an Bord nur dienstliche Gespräche zu führen,
- für private Funkgespräche ausschließlich die Kanäle 77 und 72[1] zu benutzen,
- die Sprechtaste nicht länger als notwendig gedrückt zu halten,
- die Sendeleistung im Verkehrskreis Nautische Information so gering wie möglich zu wählen, um Störungen anderer Funkverbindungen zu vermeiden und
- keine Musik zu senden.

[1] In den Niederlanden und in der Tschechischen Republik darf Kanal 72 nicht für Nachrichten sozialer Art verwendet werden.

Sprachen

Bei Verbindungen zwischen Schiffsfunkstellen und Landfunkstellen muss die Sprache des Landes benutzt werden, in dem sich die Landfunkstelle befindet (z. B. auf dem Rhein von Bedeutung).

Bei Verbindungen zwischen Schiffsfunkstellen muss die Sprache des Landes benutzt werden, in dem sich die betreffenden Schiffe befinden. Bei Verständigungsschwierigkeiten ist die Sprache zu benutzen, die in der betreffenden Schifffahrtspolizeiverordnung angegeben ist. Falls keine Schifffahrtspolizeiverordnung existiert, erfolgt die Kommunikation in englischer Sprache.

Notverkehr

Einen Kanal 16 gibt es im Binnenschifffahrtsfunk nicht. Zur Einleitung von Rettungsmaßnahmen sind vorzugsweise die ortsfesten Funkstellen im Verkehrskreis Nautische Information anzurufen. Die Schiffsfunkstelle in Not sollte zusätzlich auf einem Kanal des Verkehrskreises Schiff–Schiff (Kanal 10) die Schifffahrt informieren.

Der Notverkehr wird mit dem Notanruf (3x Prioritätszeichen »Mayday« und Schiffsname) begonnen, gefolgt von der Notmeldung.

Während eines Notverkehrs müssen die nicht beteiligten Funkstellen Funkstille bewahren.

	Schema	Beispiel
Signalwort	MAYDAY 3x HIER IST	Mayday Mayday Mayday This is
Absender	TYP RUFNAME 3x RUFZEICHEN	Sportboot Fortuna Fortuna Fortuna DB3654
Signalwort	MAYDAY 1x	Mayday
Absender	TYP, RUFNAME 1x, RUFZEICHEN	Sportboot Fortuna DB3654
Position	ORT, FAHRRICHTUNG, FAHRWASSERSEITE	Zu Tal bei Weserkilometer 230, rechtes Ufer
Meldung	ART DES NOTFALLS ART DER HILFE WEITERE ANGABEN	Feuer an Bord, wir benötigen sofortige Unterstützung bei der Brandbekämpfung
Abschluss	BITTE KOMMEN	Bitte kommen

Bestätigen der Notmeldung

Im Verkehrskreis Nautische Information erfolgt die Bestätigung durch die ortsfeste Funkstelle. Im Verkehrskreis Schiff–Hafenbehörde soll eine Bestätigung der Hafenbehörde abgewartet werden. Liegt eine Bestätigung innerhalb einer Zeit von einer Minute nicht vor, muss eine Schiffsfunkstelle das Notgespräch übernehmen. Im Verkehrskreis Schiff–Schiff muss die Notmeldung von einer in der Nähe befindlichen Schiffsfunkstelle bestätigt werden.

	Schema	Beispiel
Signalwort	MAYDAY 1x	Mayday
Adressat	TYP, RUFNAME 1x, RUFZEICHEN	Sportboot Fortuna DB3654
	HIER IST	This is
Absender	TYP, RUFNAME 1x, RUFZEICHEN	Gütermotorschiff Karina DJ3191
Abschluss		Received Mayday

Notweiterleitung

Die Weiterleitung einer Notmeldung durch eine nicht selbst in Not befindliche Funkstelle wird mit »MAYDAY RELAY« angekündigt. In der Meldung wird entweder ein beobachteter Notfall wiedergegeben oder eine empfangene Notmeldung weitergeleitet, sofern diese nicht bereits bestätigt wurde.

	Schema	Beispiel
Signalwort	MAYDAY RELAY 3x	Mayday Relay Mayday Relay Mayday Relay
Adressat	RUFNAME 3x	All Stations All Stations All Stations
	HIER IST	This is
Absender	TYP RUFNAME 3x RUFZEICHEN	Polizeiboot Bremen 15 Bremen 15 Bremen 15 DB9469
Position	ORT, FAHRRICHTUNG, FAHRWASSERSEITE	Zu Berg im Raum Hemelingen bei Weserkilometer 360
Einleitung	BEOBACHTET/ERHALTEN	Wir haben um 12 Uhr 35 folgendes beobachtet
Meldung	ART DES NOTFALLS ART DER HILFE WEITERE ANGABEN	2, ich wiederhole 2 Personen treiben im Wasser, die Schifffahrt wird gebeten, vorsichtig zu manövrieren und Hilfe zu leisten
Abschluss	BITTE KOMMEN	Bitte kommen

Funkstille gebieten

Die Funkstelle in Not kann einer anderen störenden Funkstelle mit dem Kennzeichen »SILENCE MAYDAY« Funkstille gebieten.

	Schema	Beispiel
Signalwort	–	–
Adressat	TYP, RUFNAME 1x, RUFZEICHEN (der störenden Funkstelle)	All Stations
Abschluss	SILENCE MAYDAY	Silence Mayday

Beenden des Notverkehrs

Nach Beendigung der Maßnahmen ist allen anderen Funkstellen mitzuteilen, dass der Notverkehr beendet ist. Dazu wird das Kennzeichen »SILENCE FINI« ausgesendet.

	Schema	Beispiel
Signalwort	MAYDAY 1x	Mayday
Adressat	RUFNAME 3x	All Stations All Stations All Stations
	HIER IST	This is
Absender	TYP RUFNAME 3x RUFZEICHEN	Sportboot Fortuna Fortuna Fortuna DB3654
Meldung	AKTUELLE UHRZEIT SCHIFF IN NOT	12 Uhr 21 Fortuna DB3654
Abschluss	SILENCE FINI	Silence fini

Dringlichkeitsfall

Ein Dringlichkeitsfall liegt dann vor, wenn Nachrichten übermittelt werden sollen, welche die Sicherheit der Besatzung oder des Schiffes betreffen, wie z. B. Krankheiten, die keine Lebensgefahr bedeuten, oder Schäden an Fahrzeugen, ohne dass davon eine unmittelbare Gefahr ausgeht (z. B. Festfahrung ohne Austritt von Ladung). Vorzugsweise sollte der Dringlichkeitsverkehr im Verkehrskreis Nautische Information abgewickelt werden.
Die Dringlichkeitsmeldung wird mit dem dreimal gesprochenen Signalwort »PAN PAN« eingeleitet.

	Schema	**Beispiel**
Signalwort	PAN PAN 3x	Pan Pan Pan Pan Pan Pan
Adressat	RUFNAME 3x	All Stations All Stations All Stations
	HIER IST	This is
Absender	TYP RUFNAME 3x RUFZEICHEN	Sportboot Carola Carola Carola DA1234
Position	ORT, FAHRRICHTUNG, FAHRWASSERSEITE	Zu Tal bei Rheinkilometer 805,75
Meldung		Erbitte ärztliche Hilfe Ein Crewmitglied ist verletzt, vermutlich Armbruch.
Abschluss	BITTE KOMMEN	Bitte kommen

Sicherheitsmeldung

Als Sicherheitsmeldung wird eine Nachricht ausgesendet, die eine wichtige nautische Warnnachricht oder eine wichtige Wetterwarnung enthält. Die Sicherheitsmeldung wird mit dem dreimal gesprochenen Signalwort »SÉCURITÉ« eingeleitet.

	Schema	Beispiel
Signalwort	SÉCURITÉ 3x	Sécurité Sécurité Sécurité
Adressat	RUFNAME 3x	All Stations All Stations All Stations
	HIER IST	This is
Absender	TYP RUFNAME 3x RUFZEICHEN	Sportboot Florentia Florentia Florentia DM9843
Position	ORT, FAHRRICHTUNG, FAHRWASSERSEITE	Zu Berg auf dem Mittellandkanal bei Kilometer 120
Meldung		Eine Hochspannungsleitung ist ins Wasser gefallen. Der Schifffahrt wird empfohlen, vorsichtig zu manövrieren.
Abschluss	BITTE KOMMEN/ENDE	Ende

Beenden des Dringlichkeits- und Sicherheitsverkehrs

Nach Beendigung der Maßnahmen ist allen anderen Funkstellen mitzuteilen, dass der Dringlichkeits- bzw. Sicherheitsverkehr beendet ist. Dies erfolgt üblicherweise durch die Landfunkstelle. Dieser Anruf hat an alle Stationen zu erfolgen, die auch alarmiert worden sind. Der Anruf erfolgt wie bei der Dringlichkeits- oder Sicherheitsmeldung.

Das folgende Schema gilt für die Dringlichkeitsmeldung, ist aber in gleicher Weise bei einer Sicherheitsmeldung anzuwenden.

	Schema	Beispiel
Signalwort	PAN PAN 3x	Pan Pan Pan Pan Pan Pan
Adressat	RUFNAME 3x	All Stations All Stations All Stations
	HIER IST	This is
Absender	TYP RUFNAME 3x RUFZEICHEN	Sportboot Carola Carola Carola DA1234
Meldung	RÜCKNAHME DER MELDUNG	Rücknahme meiner Dringlichkeitsmeldung von 13:30 Uhr.
Abschluss	ENDE	Ende

Anhang

Anrufverfahren SRC

Gesprächsverfahren im GMDSS

Für UKW-DSC-Controller (Klasse D) nach WRC 07

	Priorität	NOTMELDUNG			NOTVERKEHR
		Notmeldung	**Weiterleiten**	**Bestätigen**[4]	**Funkstille**
Alarmierung	DSC (CH 70)	DISTRESS ALERT	–[3]	–	–
	Sprechfunk	CH 16	CH 16	CH 16	CH 16
Anruf	Signalwort	MAYDAY 3x	MAYDAY RELAY 3x	MAYDAY 1x	MAYDAY 1x
	Adressat	–	KüFuSt 3x oder ALL STATIONS 3x	NAME 1x RUFZ. 1x oder MMSI 1x	ALL STATIONS 1x oder Name der störenden Station 1x
		THIS IS	THIS IS	THIS IS	–
	Absender	NAME 3x RUFZ. 1x MMSI 1x[1]	NAME 3x RUFZ. 1x –[3]	NAME 1x RUFZ. 1x –	–
Meldung	Meldung	MAYDAY NAME 1x RUFZ. 1x MMSI 1x[1] POSITION[2] MELDUNG: – Notfallart – Benötigte Hilfe – Sonstige Infos	At … UTC … following observed oder … following received: »Mayday, Havarist,…«	RECEIVED MAYDAY	SILENCE MAYDAY
	Abschluss	OVER	OVER	OVER	–[5]

[1] Die MMSI wird nur genannt, wenn vorher eine Aussendung per DSC erfolgt ist.
[2] Zahlen und Positionsangaben sollten wiederholt und Ziffer für Ziffer gesprochen werden.
[3] Eine DSC Notweiterleitung ist auf Sportbooten üblicherweise nicht möglich. Die MMSI wird daher nicht genannt.
[4] Nach Aufforderung der KüFuSt oder (wenn kein Notverkehr in Gang ist) nach fünf Minuten.
[5] Wird das Gespräch weder übergeben noch beendet, entfällt der Abschluss.
[6] DSC zurücksetzen: wenn diese Funktion nicht bekannt ist oder vom DSC-Controller nicht unterstützt wird, dann aus- und sofort wieder anschalten.

NOTVERKEHR	DSC-FEHLALARM	DRINGLICHKEIT	DRINGLICHKEIT	SICHERHEIT
Beenden	**Fehlalarm aufheben**	**Meldung**	**Aufheben**	**Meldung**
–	–[6]	PRIORITY Urgency		PRIORITY Safety
CH 16	CH 16	z.B. CH 16[8]	z.B. CH 16[8]	z.B. CH 16
MAYDAY 1x	–	PAN PAN 3x	PAN PAN 3x	SÉCURITÉ 3x
ALL STATIONS 3x	ALL STATIONS 3x	ALL STATIONS 3x oder KüFuSt 3x	ALL STATIONS 3x oder KüFuSt 3x	ALL STATIONS 3x oder KüFuSt 3x
THIS IS	THIS IS	THIS IS	THIS IS	THIS IS
NAME 3x RUFZ. 1x –	NAME 3x RUFZ. 1x MMSI 1x[1]	NAME 3x RUFZ. 1x MMSI 1x[1]	NAME 3x RUFZ. 1x MMSI 1x[1]	NAME 3x RUFZ. 1x MMSI 1x[1]
AT… UTC NAME 1x RUFZ.1x MMSI 1x[1] SILENCE FINI	PLEASE CANCEL MY DISTRESS ALERT OF … UTC	MELDUNG	PLEASE CANCEL MY URGENCY MESSAGE OF … UTC	MELDUNG
–[5]	–[5, 7]	OVER	–	OVER//OUT

7 Nach der Aussendung muss der Kanal noch mindestens fünf Minuten abgehört werden.
8 CH 16 ist nur zu verwenden, wenn kein Verkehr höherer Priorität in Gang ist.
Bei der Abwicklung längerer Gespräche wird in der Regel der CH 16 wieder frei gemacht.

Erläuterung **CH** Kanal **KüFuSt** Küstenfunkstelle **Aussprache** **MAYDAY** MÄHDEE **SILENCE MAYDAY** SEELONCE MÄHDEE **SILENCE FINI** SEELONCE FEENEE

Anrufverfahren UBI

Verfahren auf Basis des Handbuchs Binnenschifffahrtsfunk 2017

Not-, Dringlichkeits- und Sicherheitsmeldungen für Schiffsfunkstellen

	Priorität	NOTMELDUNG		
		Notmeldung	**Weiterleiten**	**Bestätigen**
	Kanal	NIF oder 10	NIF oder 10	z.B. 10
Anruf	Signalwort	MAYDAY 3x	MAYDAY RELAY 3x	MAYDAY 1x
Anruf	Adressat	–	ORTSFESTE FUNKSTELLE[2] 3x oder ALL STATIONS 3x	TYP, NAME 1x, RUFZEICHEN
Anruf		THIS IS	THIS IS	THIS IS
Anruf	Absender	TYP, NAME 3x, RUFZEICHEN	TYP, NAME 3x, RUFZEICHEN	TYP, NAME 1x, RUFZEICHEN[3]
Meldung	Meldung	MAYDAY TYP, NAME, RUFZ. POSITION[1] MELDUNG: – Art des Notfalls – Erbetene Hilfe – Sonstige Infos	Wir haben um ... Uhr auf POSITION[1] 1) Folgendes beobachtet ... 2) Folgendes auf Kanal ... empfangen: »...«	RECEIVED MAYDAY
	Abschluss	BITTE KOMMEN	BITTE KOMMEN	–

1 Positionsangabe: Fahrtrichtung, Gewässername und Orts- bzw. Kilometerangabe. Zahlen werden in Ziffern gesprochen (Beispiel: »Zu Berg bei Rheinkilometer acht-null-fünf«).

2 Je nach Region ist die ortsfeste Funkstelle einer Revierzentrale mit geografischem Namen gefolgt von »Revierzentrale«, »Verkehrsposten« oder »Sector« zu rufen.

3 Im Verkehrskreis »Nautischer Informationsfunk« erfolgt die Bestätigung durch die ortsfeste Funkstelle.

4 Verfahren für Funkstellen, die am Notverkehr beteiligt sind.

NOTVERKEHR		DRINGLICHKEIT[7]	SICHERHEIT[7]
Funkstille[4]	**Beenden**	**Meldung**	**Meldung**
z.B. 10	NIF oder 10	NIF oder 10[5]	NIF oder 10
–	MAYDAY 1x	PAN PAN 3x	SÉCURITÉ 3x
ALL STATIONS oder NAME/RUFZ. der störenden Funkstelle 1x	ORTSFESTE FUNKSTELLE[2] 3x oder ALL STATIONS 3x	ORTSFESTE FUNKSTELLE[2] 3x oder ALL STATIONS 3x	ORTSFESTE FUNKSTELLE[2] 3x oder ALL STATIONS 3x
–	THIS IS	THIS IS	THIS IS
–	TYP, NAME 3x, RUFZEICHEN	TYP, NAME 3x, RUFZEICHEN	TYP, NAME 3x, RUFZEICHEN
SILENCE MAYDAY	AKTUELLE UHRZEIT NAME 1x, RUFZEICHEN SILENCE FINI	MELDUNG	MELDUNG
–	–	BITTE KOMMEN[6]	ENDE[6]

5 Vorzugsweise sollte der Dringlichkeitsverkehr im Verkehrskreis »Nautischer Informationsfunk« abgewickelt werden.
6 Je nach Situation auch »BITTE KOMMEN«.
7 Rücknahme der Meldung durch das Anrufverfahren, gefolgt von »Rücknahme meiner Dringlichkeitsmeldung von … Uhr. ENDE« oder »Rücknahme meiner Sicherheitsmeldung von … Uhr. ENDE«

Erläuterung **TYP** Schiffstyp **NIF** Nautischer Informationsfunk

Aussprache **MAYDAY** MÄHDEE **SILENCE MAYDAY** SEELONCE MÄHDEE **SILENCE FINI** SEELONCE FEENEE

Seefunktexte SRC

Im Rahmen der theoretischen Prüfung wird dem Bewerber einer der nachfolgenden englischen Texte diktiert. Dabei werden Namen und geografische Begriffe mithilfe der Buchstabiertafel (siehe Seite 61) buchstabiert. Der Bewerber muss den Text niederschreiben und anschließend schriftlich ins Deutsche übersetzen.
In einer zweiten Übersetzungsaufgabe wird dem Bewerber einer der deutschen Texte vorgelegt, der dann schriftlich ins Englische übersetzt werden muss.
Im Rahmen der praktischen Prüfung können die nachfolgenden Texte als Aufgabenstellung herangezogen werden. Der Bewerber muss dann die Priorität der Meldung beurteilen, die notwendigen Einstellungen am DSC-Controller vornehmen und die Meldung unter Verwendung des richtigen Anrufverfahrens wiedergeben.

(a) Richtung Land–See
(b) Richtung See–Land/Schiff–Schiff

Deutsch *Englisch*

1 (a) In der Nähe der Leucht-Heultonne Humber 5 wurde ein gekentertes Rettungsfloß beobachtet. Überlebende wurden nicht gesichtet. Schiffe in dem Gebiet werden gebeten, scharf Ausschau zu halten.

In vicinity of light and whistle buoy Humber 5 capsized life raft observed. Survivors were not sighted. Ships in area are requested to keep sharp lookout.

2 (b) Seydisfjord/DFBY auf Position 61-10N 003-45E, nach einer Explosion Feuer im Motorraum, zwei Personen schwer verletzt, wir müssen das Schiff verlassen, benötigen sofortige Hilfe.

Seydisfjord/DFBY in position 61-10N 003-45E, after explosion fire in engine room, two persons are seriously injured, we have to abandon the vessel, require immediate help.

3 (b) M/S Freyburg/DCAW berichtet Person über Bord, um 0730 UTC zuletzt gesichtet auf Position 53-53N 008-56E. Alle Schiffe in der Nähe werden gebeten, scharf Ausschau zu halten und die Seenotleitung Bremen zu informieren.

M/V Freyburg/DCAW reports person over board, last seen in position 53-53N 008-56E at 0730 UTC. All ships in vicinity are requested to keep sharp lookout and report to Maritime Rescue Co-ordination Centre Bremen.

4 (b) Vikingbank/DESI auf Position 54-07N 008-46E, Ruder gebrochen, treiben in rauer See auf die Sände zu, benötigen sofortige Hilfe.

Vikingbank/DESI in position 54-07N 008-46E, rudder broken, drifting in rough sea towards the banks, require immediate assistance.

5 (a) Mensch über Bord auf Position 54-12N 012-03E um 2110 UTC. Schiffe in der Nähe werden gebeten, scharf Ausschau zu halten und der Seenotleitung Bremen zu berichten.

Person over board in position 54-12N 012-03E at 2110 UTC. Ships in vicinity are requested to keep sharp lookout and to report to Maritime Rescue Co-ordination Centre Bremen.

6 (b) M/S Kybfels/DEJM auf Position 48-28N 005-14W, habe starke Schlagseite nach Backbord, Schiffe in der Nähe bitte Position, Kurs und Geschwindigkeit für mögliche Hilfeleistung angeben.

M/V Kybfels/DEJM in position 48-28N 005-14W, heavy list to port side. Ships in vicinity please indicate position, course and speed for possible assistance.

7 (a) Rote Raketen beobachtet auf Position 55-16N 016-23E, rechtweisende Peilung 45 Grad, alle Schiffe in diesem Gebiet bitte scharf Ausschau halten und an MRCC Göteborg berichten.

Red rockets observed in position 55-16N 016-23E, true bearing of 45 degrees, all ships in this area please keep sharp lookout and report to MRCC Gothenburg.

8 (a) Sturmwarnung für Skagerrak und Kattegat, West 8 bis 9, abnehmend 7, raue See, Schauer, mäßige bis schlechte Sicht.

Gale warning for Skagerrak and Kattegat, west force 8 to 9, decreasing to force 7, rough sea, showers, moderate to poor visibility.

9 (b) M/S Gutenfels/DEEV auf Position 16-28S 174-51E, Wassereinbruch, Schiff befindet sich in kritischem Zustand, Schiffe in dem Gebiet werden gebeten, diese Position anzusteuern, um Hilfe zu leisten.

M/V Gutenfels/DEEV in position 16-28S 174-51E, flooding, ship is in critical condition, ships in area are requested to approach to this position for assistance.

10 (a) Um 0732 UTC Folgendes auf UKW-Kanal 16 empfangen: »MAYDAY Fjaellfjord/LGBX auf Position 54-14N 007-52E, Explosionen im Maschinenraum, 6 Personen verletzt, benötigen Hubschrauber und medizinische Hilfe«.

Following received at 0732 UTC on VHF channel 16: »MAYDAY Fjaellfjord/LGBX in position 54-14N 007-52E, explosion in engine room, 6 persons are injured, require helicopter and medical assistance«.

11 (b) M/S Undine/DCBY auf Position 54-32N 012-56E, Feuer in den Aufbauten, Schiffe in dem Gebiet werden gebeten, Hilfe bei der Brandabwehr zu leisten.

M/V Undine/DCBY in position 54-32N 012-56E, fire in superstructures, vessels in area are requested to assist in fire fighting.

12 (b) M/S Hanseatic/DABR auf Position 51-10N 003-45E, Schiff ist wegen defekter Ruderanlage manövrierunfähig, benötige Schlepperhilfe.

M/V Hanseatic/DABR in position 51-10N 003-45E, due to defective steering gear vessel is not under command, require tug assistance.

13 (b) Yacht Spiekeroog/DB8434 auf Position 12 sm südlich Kap Spartivento ist ein Besatzungsmitglied vom Mast gefallen und schwer verletzt, benötigen dringend ärztliche Hilfe, rechtweisender Kurs 275 Grad, Geschwindigkeit 13 Knoten.

Yacht Spiekeroog/DB8434 in position 12 nm south of Cape Spartivento, a crew member has fallen off the mast and is seriously injured, require urgent medical assistance, true course 275 degrees, speed 13 knots.

14 (b) Segelyacht Hadriane/DD2663 auf Position 54-38N 011-13E, Kollision mit Fischereifahrzeug Meyenburg/DCYJ, Yacht sinkt nach Wassereinbruch, benötigen sofortige Hilfe.

S/Y Hadriane/DD2663 in position 54-38N 011-13E, in collision with fishing vessel Meyenburg/DCYJ, yacht is sinking after flooding, require immediate assistance.

15 (a) Segelboot Rubin/OZMO, 12 m Länge, roter Rumpf und weiße Segel, zwei Personen an Bord, verließ Klintholm am 16. Juli um 0600 Ortszeit mit Bestimmungshafen Visby, ist bisher dort nicht eingetroffen, die Schifffahrt wird gebeten, scharf Ausschau zu halten und an Lyngby Radio zu berichten.

Sailing boat Rubin/OZMO, length 12 m, red hull and white sails, two persons on board, left Klintholm on July 16th at 0600 local time, bound for Visby and has not yet arrived there, shipping is requested to keep sharp lookout and to report to Lyngby Radio.

16 (b) Tazacorte/DCAX auf Position 53-54N 008-47E, Schiff brennt, Feuer nicht unter Kontrolle, benötige sofortige Hilfe.

Tazacorte/DCAX in position 53-54N 008-47E, vessel on fire, fire not under control, require immediate assistance.

17 (b) M/S Tete Oldendorff/DKOV auf Position 55-12N 005-08E, ein Besatzungsmitglied, 56 Jahre alt, ist bewusstlos. Verdacht auf Herzinfarkt, benötige dringend medizinische Hilfe per Hubschrauber.

M/V Tete Oldendorff/DKOV in position 55-12N 005-08E, a crew member, 56 years old, is unconscious, suspect of heart attack, require urgently medical assistance by helicopter.

18 (b) M/S Atlantica/DEAQ auf Position 55-23N 006-18E, Schiff treibt wegen Maschinenausfall manövrierunfähig in sehr schwerer See und hoher Dünung, benötige dringend Schlepperhilfe.

M/V Atlantica/DEAQ in position 55-23N 006-18E, due to engine trouble ship is not under command and drifting in very rough sea and high swell, require immediate tug assistance.

19 (a) Segelyacht Relaxe/SWLU, Beschreibung: Länge 40 Fuß, weißer Rumpf und weiße Aufbauten, braune Segel, unterwegs von Martinique zu den Azoren, seit dem 16. Januar überfällig. Schiffe, die sich auf dieser Route befinden, werden gebeten, scharf Ausschau zu halten und der US-Küstenwache zu berichten.

Sailing yacht Relaxe/SWLU, description: length 40 feet, white hull and white superstructure, brown sails underway from Martinique to the Azores overdue since January 16th, ships on this route are requested to keep sharp lookout and to report to US Coast Guard.

20 (b) Segelyacht Acatenanco/DB2932, auf Position 61-17N 004-28E, gebrochener Mast, Ruderschaden, Schiff treibt manövrierunfähig in schwerer See, benötigen Schlepperhilfe.

Sailing yacht Acatenanco/DB2932 in position 61-17N 004-28E, broken mast, damaged rudder, vessel is not under command, drifting in rough sea, require tug assistance.

21 (a) Im Vorhersagegebiet Dogger Bank starke westliche Winde zunehmend auf Sturmstärke 8 bis 9, später rechtdrehend, zeitweise Sprühregen, mäßige bis schlechte Sicht.

Forecast area Dogger Bank strong westerly winds increasing to gale force 8 to 9, veering later, drizzle at times, moderate to poor visibility.

22 (a) Auf der Position 43-00N 009-19W sind mehrere rot gestrichene 40-Fuß-Container gesichtet worden, ein Container mit der Aufschrift TEXASCON, Schiffe in diesem Gebiet werden gebeten, vorsichtig zu navigieren.

In position 43-00N 009-19W observed several drifting 40-feet-containers, red painted, one container marked with TEXASCON, ships in this area are requested to navigate carefully.

23 (b) M/S Xanthippe hat auf Position 51-28N 002-40E Anker verloren. Schiffe in dem Gebiet werden gebeten, dort weder zu ankern noch Fischereigeschirr zu nutzen.

M/V Xanthippe in position 51-28N 002-40E has lost anchor. Shipping in this area is requested neither to anchor nor to use fishing gear.

24 (a) Fahrwasser zwischen Den Helder und Den Oever, die Leucht-Heultonne MG 18 ist als verlöscht gemeldet. Die Schifffahrt in diesem Gebiet wird gebeten, vorsichtig zu navigieren.

Fairway between Den Helder and Den Oever light and whistle buoy MG 18 is reported unlit. Shipping in this area is requested to navigate with caution.

25 (a) Wettervorhersage für das Gebiet nördlich von Portugal: Regen oder Schauer, zeitweise Südwest 6, rasch zunehmend auf West 8, später rechtdrehend auf Nordwest Stärke 5.

Weather forecast for the area north of Portugal: rain or showers, at times southwest force 6 rapidly increasing to west force 8, veering to northwest force 5 later.

26 (a) Unterwasser-Kabelarbeiten werden bis zum 16. Februar durch M/S Leon Thevesin fortgeführt. Die Schifffahrt wird gebeten, mehr als 2 sm Abstand von der Position 33-55N 008-04W zu halten.

Underwater cable operations in progress until February 16th by M/V Leon Thevesin. Shipping is requested to keep a berth of more than 2 nm of position 33-55N 008-04W.

27 (a) Nautische Warnung. Westliche Ostsee. Verkehrstrennungsgebiet südlich Gedser. Austausch der Betonnung des Tieffahrwasserweges und des Verkehrstrennungsgebietes wird laut Nachrichten für Seefahrer 41/01 vom 28. Mai bis 03. Juni durchgeführt.

Navigational warning. Western Baltic (Sea): Traffic separation scheme south of Gedser. Replacement of buoyage of deep water lane and traffic separation scheme will be carried out from 28 May to 03 June according to German notices to mariners 41/01.

Fragenkatalog SRC

Nachfolgend ist der offizielle Fragenkatalog für die theoretische Prüfung zum Beschränkt Gültigen Funkbetriebszeugnis (SRC) abgedruckt. Der in der Prüfung vorgelegte Prüfungsbogen ist aus diesen Fragen zusammengestellt. Es gibt jeweils nur eine richtige Lösung pro Frage zum Ankreuzen.
Zum Zwecke der Übersicht ist in diesem Fragenkatalog die erste Antwort immer die richtige.
Für weitere Informationen in diesem Buch ist die entsprechende Seite in Klammern hinter der Frage angegeben. Die für die Anpassungsprüfung SRC (siehe Seite 159) relevanten Fragen sind mit einem (A) gekennzeichnet.

1. »Mobiler Seefunkdienst« ist mobiler Funkdienst ... *(Seite 20)*

- ☑ zwischen Küstenfunkstellen und Seefunkstellen bzw. zwischen Seefunkstellen untereinander
- ☐ zwischen tragbaren Funkstellen an Bord eines Seefahrzeuges
- ☐ ausschließlich zwischen Seefunkstellen
- ☐ zwischen Funkstellen, für die keine Zuteilung (Ship Station Licence) notwendig ist

2. Welche Funktion hat das »GMDSS« (Global Maritime Distress and Safety System)? *(Seite 13)*

- ☑ Hilfe in Seenotfällen und Sicherung der Schifffahrt durch schnelle und genaue Alarmierung im Seenotfall
- ☐ Koordinierung der Alarmierung von Seefunkstellen im Seenotfall
- ☐ Positionsbestimmung des Havaristen durch geostationäre Satelliten
- ☐ Störungsfreier Funkverkehr im Seenotfall

3. Zu welchem Zweck wurde das Weltweite Seenot- und Sicherheitsfunksystem (GMDSS) eingeführt? *(Seite 13)*

- ☑ Schnelle und genaue Alarmierung in Not-, Dringlichkeits- und Sicherheitsfällen
- ☐ Schnelle Alarmierung nur in Notfällen
- ☐ Schnelle und genaue Alarmierung in Not- und Dringlichkeitsfällen
- ☐ Schnelle und genaue Alarmierung in Not- und Sicherheitsfällen

4. Welche Aufgabe hat die Internationale Fernmeldeunion (International Telecommunication Union [ITU])?

- ☑ Die Internationale Fernmeldeunion (ITU) legt die grundlegenden Regelungen für die internationale Telekommunikation fest
- ☐ Die Internationale Fernmeldeunion (ITU) legt für alle Nationen der UN, die weltweit Seeschifffahrt betreiben, die Mindeststandards hinsichtlich der Funkausrüstung von Seeschiffen fest.
- ☐ Die Internationale Fernmeldeunion (ITU) führt als internationale Verkehrsbehörde weltweit die Überwachung des Funkverkehrs durch
- ☐ Die Internationale Fernmeldeunion (ITU) rechnet die Gebühren von weltweiten Seefunkgesprächen ab

5. Was regelt die Vollzugsordnung für den Funkdienst (VO Funk, engl. Radio Regulations [RR])?

- ☑ Die Vollzugsordnung für den Funkdienst (RR) regelt u. a. die Zuweisung von Frequenzbereichen an die Funkdienste und die Betriebsverfahren im Seefunkdienst
- ☐ Die Vollzugsordnung für den Funkdienst (RR) regelt die Ausrüstung von Seeschiffen bezüglich der Funkeinrichtung
- ☐ Die Vollzugsordnung für den Funkdienst (RR) regelt den freien Funkverkehr zwischen den Seefahrt betreibenden Nationen
- ☐ Die Vollzugsordnung für den Funkdienst (RR) regelt die Benutzung von Radaranlagen auf Seeschiffen auf See und in Häfen

6. (A) Welche Publikationen des Bundesamtes für Seeschifffahrt und Hydrographie (BSH) enthalten speziell für die Sportschifffahrt Informationen zum Seefunk? *(Seite 28)*

- ☑ Funkdienst für die Klein- und Sportschifffahrt
- ☐ Nautisches Jahrbuch
- ☐ Nachrichten für Seefahrer
- ☐ Mitteilung für Seefunkstellen und Schiffsfunkstellen

7. Was ist eine »Küstenfunkstelle«?

- ☑ Ortsfeste Funkstelle des mobilen Seefunkdienstes
- ☐ Funkstelle an Bord eines Schiffes im Küstenbereich, über die wichtige Informationen für die Seeschifffahrt verbreitet werden
- ☐ Funkstelle des Rundfunkdienstes zur Übermittlung von Wetternachrichten für die Schifffahrt
- ☐ Funkstelle an Bord eines Schiffes für den Empfang von Funkgesprächen aus dem Mobilfunknetz

8. (A) Was bedeutet »öffentlicher Funkverkehr«? *(Seite 21)*

- ☑ Funkverkehr, der der Allgemeinheit zum Austausch von Nachrichten dient
- ☐ Funkverkehr, der im Gegensatz zum nichtöffentlichen Funkverkehr unverschlüsselt abgewickelt wird
- ☐ Funkverkehr, der von jeder Seefunkstelle abgehört werden muss
- ☐ Funkverkehr, der nicht dem Fernmeldegeheimnis und dem Abhörverbot unterliegt

9. (A) Für die Teilnahme am öffentlichen Funkverkehr ist – im Gegensatz zur Teilnahme am Nicht-öffentlichen Funkverkehr – zusätzlich erforderlich ... *(Seite 21)*

- ☑ Vertrag mit einer Abrechnungsgesellschaft
- ☐ Besitz eines Seefunkzeugnisses
- ☐ Zulassung des Funkgeräts
- ☐ Zuteilung (Ship Station Licence)

10. Wodurch erfährt eine Seefunkstelle von einer Küstenfunkstelle, dass dort Nachrichten für sie vorliegen? *(Seite 23)*

- ☑ Individuelle Benachrichtigung oder Abhören von Sammelanrufen
- ☐ Individuelle Benachrichtigung durch die Abrechnungsgesellschaft
- ☐ Individuelle Benachrichtigung mittels SMS oder E-Mail
- ☐ Öffentliche Benachrichtigung mittels NAVTEX

11. (A) Was sind die Abrechnungsgrundlagen für ein Seefunkgespräch über eine deutsche Küstenfunkstelle?

- ☑ Gesprächsdauer und Preis der Verrechnungseinheiten
- ☐ Gesprächsdauer und Entfernung zur Küstenfunkstelle
- ☐ Gesprächsdauer und Frequenznutzungsgebühren
- ☐ Gesprächsdauer und Dringlichkeit des Gesprächs

12. (A) Was ist eine »Sea-Area« im GMDSS? *(Seite 13)*

- ☑ Festgelegtes Seegebiet
- ☐ International festgelegtes Seewarngebiet
- ☐ Im NAVTEX bestimmtes Seegebiet
- ☐ Weltweites Raster zum schnellen Auffinden von verunglückten Fahrzeugen

13. Welche Bezeichnung tragen die Seegebiete, in denen für Schiffe eine bestimmte Funkausrüstung international vorgeschrieben ist? *(Seite 12)*

- ☑ A1, A2, A3, A4
- ☐ A, B, C, D
- ☐ NAVAREAS
- ☐ Küstengewässer, küstennahe Seegewässer, hohe See

14. Eine Yacht befindet sich in einem Seegebiet, das von der Sprechfunkreichweite einer UKW-Küstenfunkstelle abgedeckt wird, die ununterbrochen für DSC-Alarmierungen zur Verfügung steht. In welchem Seegebiet befindet sich das Fahrzeug? *(Seite 12)*

- ☑ Seegebiet A1
- ☐ Seegebiet A2
- ☐ Seegebiet A3
- ☐ Seegebiet A4

15. Welches sind die satellitengestützten Alarmierungssysteme im Weltweiten Seenot- und Sicherheitsfunksystem (GMDSS)? *(Seite 13)*

- ☑ COSPAS-SARSAT, Inmarsat
- ☐ Eutelsat, Globalstar
- ☐ EPIRB, AIS
- ☐ DSC, COSPAS-SARSAT

16. Was wird als »MSI« bezeichnet? *(Seite 50)*

- ☑ Nachricht, die die Sicherheit der Seeschifffahrt betrifft
- ☐ Rufnummer im Seefunkdienst (Maritime Mobile Service Identity)
- ☐ Mittlere Signalstärke des modulierten Eingangssignals
- ☐ Landeskennung einer Seefunkstelle

17. (A) Welche Aussendung wird als »WX« bezeichnet? *(Seite 50)*

- ☑ Wetterbericht
- ☐ Nautische Warnnachricht
- ☐ Aussendung, die zurückgenommen wurde
- ☐ Funktelexaussendung im GMDSS

18. (A) Welche Aussendung wird als »NX« bezeichnet? *(Seite 50)*

- ☑ Nautische Warnnachricht
- ☐ Wetterbericht
- ☐ Aussendung, die zurückgenommen wurde
- ☐ Funktelexaussendung im GMDSS

19. (A) Was versteht man unter »AIS«? *(Seite 52)*

- ☑ Automatisches Schiffsidentifizierungs- und Überwachungssystem, das statische und dynamische Schiffsdaten auf UKW überträgt
- ☐ Automatische Aussendung der Kennung eines Seeschiffes jede Minute bzw. beim Loslassen der Sprechtaste
- ☐ Allgemeines Informationssystem für die Seeschifffahrt
- ☐ Identifizierung eines Schiffes mithilfe von Radarpeilungen und deren Weitergabe an die Schifffahrt zur Kollisionsverhütung

20. (A) Was bedeutet »ETA«?

- ☑ Voraussichtliche Ankunftszeit
- ☐ Voraussichtliche Abfahrtszeit
- ☐ Voraussichtliche Gesamtfahrtzeit
- ☐ Voraussichtliche Restfahrtzeit

21. Wonach richten sich die Zeitangaben im Seefunkdienst?

- ☑ Koordinierte Weltzeit (Universal Time Co-ordinated [UTC])
- ☐ Bordzeit, berichtigt nach Sommer- und Winterzeit
- ☐ Greenwich-Zeit (Greenwich Mean Time [GMT])
- ☐ Ortszeit, bezogen auf den Standort des Schiffes (Local Time [LT])

22. (A) Welche Bedeutung hat die Zeitangabe »LT« (Local Time)?

- ☑ Ortszeit, bezogen auf den Standort des Schiffes
- ☐ Zeitzone entsprechend der geografischen Breite des Schiffsortes
- ☐ Zeit, die bei Funkaussendungen in einem bestimmten Seegebiet zu verwenden ist
- ☐ Zeit, die automatisch durch ein an die Funkanlage angeschlossenes GPS-Gerät übermittelt wird

23. (A) Wie bezeichnet man ein funkärztliches Beratungsgespräch? *(Seite 27)*

- ☑ Medico-Gespräch
- ☐ Emergency-Gespräch
- ☐ Medical-Transport-Gespräch
- ☐ Erste-Hilfe-Gespräch

24. Was ist eine »Seefunkstelle«?

- ☑ Funkstelle des mobilen Seefunkdienstes an Bord eines nicht dauernd verankerten Seefahrzeuges
- ☐ Typgeprüfte Funkstelle, die kein ATIS-Signal aussendet
- ☐ Seefunkgerät samt Antenne, das im UKW- bzw. Grenz- und Kurzwellenbereich betrieben wird
- ☐ Funkstelle, die am GMDSS teilnehmen darf

25. (A) Welches Funkzeugnis ist auf einem mit einer Seefunkanlage ausgerüsteten Sportfahrzeug unter deutscher Flagge für den Schiffsführer vorgeschrieben? *(Seite 19)*

- ☑ Ein Funkzeugnis, das zum Bedienen der eingebauten Anlage berechtigt, z. B. SRC oder LRC
- ☐ Ein SRC bis zur Grenze der Hoheitsgewässer, darüber hinaus ein LRC
- ☐ Keines, es genügt, wenn eine Person an Bord ist, die die Funkanlage bedienen darf
- ☐ Für die Bedienung einer Grenz-/Kurzwellenanlage ist das LRC vorgeschrieben, für die Bedienung einer UKW-Anlage zusätzlich das SRC

26. (A) Welche Funkanlage darf der Inhaber eines Beschränkt Gültigen Funkbetriebszeugnisses (Short Range Certificate [SRC]) bedienen? *(Seite 19)*

- ☑ UKW-Funkanlagen im Seefunkdienst auf nicht funkausrüstungspflichtigen Fahrzeugen und auf Traditionsschiffen
- ☐ UKW-Funkanlagen für See-Luftfunkstellen
- ☐ UKW-Funkanlagen auf Sportbooten im Seefunkdienst und Binnenschifffahrtsfunk
- ☐ UKW-Funkanlagen auf funkausrüstungspflichtigen und nicht funkausrüstungspflichtigen Seeschiffen

27. (A) Welche Sportboote müssen mit einer UKW-Seefunkanlage ausgerüstet sein?* *(Seite 19)*

- ☑ Gewerbsmäßig genutzte Sportboote mit einer Länge über alles von 12 m und mehr
- ☐ Sportboote mit einer Länge über alles von 12 m und mehr
- ☐ Sportboote mit einer Antriebsmaschine von 3,68 kW und mehr
- ☐ Gewerbsmäßig genutzte Sportboote mit einer Antriebsmaschine von 3,68 kW und mehr

28. Welche rechtlichen Voraussetzungen sind für den Betrieb einer Seefunkstelle auf einem Sportfahrzeug und einem Traditionsschiff zu erfüllen? *(Seite 20)*

- ☑ Zuteilung (Ship Station Licence) für den Seefunkdienst zugelassene oder in Verkehr gebrachte Funkgeräte, ausreichendes Seefunkzeugnis des Fahrzeugführers
- ☐ Zuteilung (Ship Station Licence), ausreichendes Seefunkzeugnis und Sportbootführerschein des Fahrzeugführers
- ☐ Zuteilung (Ship Station Licence), ausreichendes Seefunkzeugnis einer Person an Bord
- ☐ Zuteilung (Ship Station Licence) für den Seefunkdienst zugelassene oder in Verkehr gebrachte Funkgeräte, Sportbootführerschein

29. Welche Urkunde und welcher Befähigungsnachweis müssen bei der Überprüfung einer Seefunkstelle auf einem Sportfahrzeug dem Prüfbeamten auf Verlangen vorgelegt werden? *(Seite 20)*

- ☑ Zuteilung (Ship Station Licence) und Seefunkzeugnis des Fahrzeugführers
- ☐ Zuteilung (Ship Station Licence) und Sportbootführerschein des Fahrzeugführers
- ☐ Seefunkzeugnis eines Besatzungsmitgliedes und Internationaler Bootsschein (IBS)
- ☐ Seefunkzeugnis des Fahrzeugführers und Eigentumsnachweis

30. (A) Die Urkunde über die Zuteilung (Ship Station Licence) zum Betreiben einer Seefunkstelle wird in Deutschland ausgestellt durch ... *(Seite 15)*

- ☑ die Bundesnetzagentur (BNetzA), Außenstelle Hamburg
- ☐ die Bundesnetzagentur (BNetzA), Außenstelle Mühlheim an der Ruhr
- ☐ das Bundesamt für Seeschifffahrt und Hydrographie (BSH), Rostock
- ☐ das Wasser- und Schifffahrtsamt, Hamburg

31. Welche Urkunde für die Seefunkstelle muss auf einem Sportfahrzeug mitgeführt werden? *(Seite 15)*

- ☑ Zuteilungsurkunde (im Original)
- ☐ Zuteilungsurkunde (in Kopie)
- ☐ Gerätezulassungsurkunde (im Original)
- ☐ Gerätezulassungsurkunde (in Kopie)

---

* *Abhängig vom Fahrgebiet müssen gewerbsmäßig genutzte Sportboote ab einer Länge von acht Metern mit einer UKW-Seefunkanlage ausgestattet sein. Für Charterschiffe gilt eine Ausrüstungspflicht ab einer Länge von zwölf Metern.*

32. (A) Was und zu welchem Zweck muss ein Schiffseigner bei Änderung des Schiffsnamens in Bezug auf seine Seefunkstelle veranlassen? *(Seite 15)*

- ☑ Namensänderung der Bundesnetzagentur schriftlich mitteilen zwecks Änderung seiner Zuteilungsurkunde (Ship Station Licence)
- ☐ Namensänderung dem Bundesamt für Seeschifffahrt und Hydrographie schriftlich mitteilen zwecks Änderung der Gerätezulassungsurkunde
- ☐ Namensänderung dem Wasser- und Schifffahrtsamt, Hamburg, schriftlich mitteilen zwecks Änderung des Kennzeichenausweises
- ☐ Namensänderung der Zentralen Verwaltungsstelle schriftlich mitteilen zwecks Änderung des Kennzeichenausweises

33. (A) Was muss ein Schiffseigner beim Austausch der UKW-Sprechfunkanlage gegen eine UKW-GMDSS-Funkanlage veranlassen? *(Seite 15)*

- ☑ Schriftliche Mitteilung über die Umrüstung an die Bundesnetzagentur
- ☐ Schriftliche Mitteilung über die Umrüstung an das Bundesamt für Seeschifffahrt und Hydrographie
- ☐ Schriftliche Mitteilung über die Umrüstung an das Amtsgericht
- ☐ Schriftliche Mitteilung über die Umrüstung an die Zentrale Verwaltungsstelle

34. Was ist beim Kauf eines UKW-Sprechfunkgeräts für den Seefunkdienst oder eines UKW-GMDSS-Funkgeräts zu beachten? *(Seite 20)*

- ☑ Das Funkgerät muss für den Seefunkdienst zugelassen oder in Verkehr gebracht worden sein
- ☐ Das Funkgerät muss funktionsfähig und TÜV-geprüft sein
- ☐ Das Funkgerät muss eine NAVTEX-Schnittstelle aufweisen oder Wetterberichte empfangen können
- ☐ Das Funkgerät muss von der Dienststelle Schiffssicherheit der Berufsgenossenschaft Verkehrswirtschaft Post-Logistik Telekommunikation (BG Verkehr) für Sportboote zugelassen sein

---

* *Die Wasser- und Schifffahrtsdirektionen (WSD) wurden im Zuge der im Mai 2013 erfolgten Umstrukturierung der Wasser- und Schifffahrtsverwaltung des Bundes Außenstellen der neu geschaffenen Generaldirektion Wasserstraßen und Schifffahrt (GDWS).*

35. (A) Wer stellt in Deutschland Funksicherheitszeugnisse für Sportboote aus, die gewerbsmäßig genutzt werden? *(Seite 19)*

- ☑ Dienststelle Schiffssicherheit der Berufsgenossenschaft Verkehrswirtschaft Post-Logistik Telekommunikation (BG Verkehr)
- ☐ Bundesamt für Seeschifffahrt und Hydrographie (BSH)
- ☐ Wasser- und Schifffahrtsverwaltung (WSV)
- ☐ Bundesnetzagentur (BNetzA)

36. (A) Ein Sportboot von 12 m Länge und mehr benötigt ein Funksicherheitszeugnis ... *(Seite 19)*

- ☑ bei gewerbsmäßiger Nutzung
- ☐ bei Regattateilnahme
- ☐ bei Auslandsfahrten und in internationalen Gewässern
- ☐ in jedem Fall

37. Welche Sendeleistungen lassen sich bei einer fest installierten UKW-Seefunkanlage schalten? *(Seite 36)*

- ☑ 1 Watt oder maximal 25 Watt
- ☐ 25 Watt oder maximal 50 Watt
- ☐ 0,1 Watt oder maximal 2,5 Watt
- ☐ 1 Watt oder maximal 12 Watt

38. (A) Welche Behörde erteilt in Deutschland sechsstellige Rufzeichen für Seefunkstellen? *(Seite 17)*

- ☑ Bundesnetzagentur (BNetzA), Außenstelle Hamburg
- ☐ Bundesnetzagentur (BNetzA), Außenstelle Mülheim an der Ruhr
- ☐ Bundesamt für Seeschifffahrt und Hydrographie (BSH), Hamburg
- ☐ Wasser- und Schifffahrtsamt (WSA), Hamburg

39. (A) Welche Behörden in Deutschland sind berechtigt, die Funktionsfähigkeit von Seefunkstellen zu überprüfen?* *(Seite 20)*

- ☑ Bundesnetzagentur (BNetzA) und Bundesamt für Seeschifffahrt und Hydrographie (BSH)
- ☐ Wasser- und Schifffahrtsdirektionen
- ☐ Wasserschutzpolizeibehörden der Küstenländer
- ☐ Hafenbehörden in den Seehäfen

40. (A) Welche Behörde teilt einer in das Seeschiffsregister eingetragenen Yacht das mindestens vierstellige Unterscheidungssignal zu? *(Seite 17)*
- ☑ Seeschiffsregister des zuständigen Amtsgerichts
- ☐ Wasser- und Schifffahrtsverwaltung (WSV)
- ☐ Bundesnetzagentur (BNetzA)
- ☐ Bundesamt für Seeschifffahrt und Hydrographie (BSH)

41. (A) Welche Art von Funkstelle hat z. B. das Rufzeichen »DDTW«? *(Seite 17)*
- ☑ Seefunkstelle an Bord eines deutschen Schiffes, eingetragen in einem Seeschiffsregister
- ☐ Küstenfunkstelle des Schiffsmeldedienstes (SMD)
- ☐ Funkstelle des Nichtöffentlichen Funkdienstes
- ☐ Funkstelle an Bord eines SAR-Hubschraubers

42. (A) Das Abhörverbot und das Fernmeldegeheimnis sind geregelt … *(Seite 20)*
- ☑ im Telekommunikationsgesetz (TKG)
- ☐ in der Vollzugsordnung für den Funkdienst (VO Funk)/in den Radio Regulations (RR)
- ☐ in der Schiffsicherheitsverordnung (SchSV)
- ☐ im Gesetz über Funkanlagen und Telekommunikationseinrichtungen (FTEG)

43. (A) Wer ist beim Betrieb einer Seefunkstelle auf einem Sportboot zur Wahrung des Fernmeldegeheimnisses und des Abhörverbotes verpflichtet? *(Seite 20)*
- ☑ Alle Personen, die eine Seefunkstelle beaufsichtigen, bedienen oder Kenntnis über öffentlichen Nachrichtenaustausch erlangt haben
- ☐ Alle Personen, die ständig an Bord sind
- ☐ Alle Personen, die das Funkgerät bedienen können
- ☐ Alle Personen, die vom Schiffsführer ausdrücklich dazu verpflichtet worden sind

44. Welche Nachrichten dürfen uneingeschränkt aufgenommen und verbreitet werden? *(Seite 20)*
- ☑ Aussendungen, die »An alle Funkstellen« gerichtet sind
- ☐ Aussendungen, die von allgemeinem Interesse sind
- ☐ Aussendungen im öffentlichen Seefunkdienst
- ☐ Aussendungen im Seefunkdienst dürfen uneingeschränkt aufgenommen und verbreitet werden

45. (A) Wenn ein Funkgerät ordnungsgemäß in Verkehr gebracht worden ist, trägt es … *(Seite 20)*
- ☑ das CE-Zeichen
- ☐ eine Seriennummer
- ☐ das GS-Prüfzeichen
- ☐ das VDE-Prüfzeichen

46. (A) Zur Teilnahme am Binnenschifffahrtsfunk muss eine Seefunkstelle …
- ☑ mit einer umschaltbaren »Kombi-Anlage für Seefunkdienst und Binnenschifffahrtsfunk« oder einer zusätzlichen Sprechfunkanlage für den Binnenschifffahrtsfunk ausgerüstet werden
- ☐ mit einer weiteren Seefunkanlage ausgerüstet werden
- ☐ nicht geändert werden
- ☐ mit der MMSI auch eine ATIS-Kennung aussenden

47. Das Seefunkgerät nimmt bei Empfang einen Strom von 0,5 Ampere auf. Wie lange kann das Funkgerät im Empfangsbetrieb an einer Batterie ohne Nachladen überschlägig betrieben werden, wenn die Kapazität 60 Amperestunden beträgt? *(Seite 59)*
- ☑ 120 Stunden
- ☐ 30 Stunden
- ☐ 60 Stunden
- ☐ 90 Stunden

48. Welche Auswirkung auf die Betriebsdauer einer Batterie hat der Sendebetrieb einer Seefunkanlage im Vergleich zum Empfangsbetrieb? *(Seite 59)*
- ☑ Betriebsdauer wird verkürzt
- ☐ Betriebsdauer wird halbiert
- ☐ Betriebsdauer wird verlängert
- ☐ Betriebsdauer bleibt gleich

49. Wie hoch ist die mittlere Stromaufnahme einer UKW-Seefunkanlage im Empfangsbetrieb? *(Seite 59)*

- ☑ Je nach Anlage zwischen 0,3 A und 1 A
- ☐ Je nach Anlage zwischen 0,1 A und 0,2 A
- ☐ Je nach Anlage zwischen 1 A und 2 A
- ☐ Je nach Anlage zwischen 2 A und 3 A

50. Wie hoch ist die mittlere Stromaufnahme einer UKW-Seefunkanlage im Sendebetrieb bei 25 Watt Sendeleistung? *(Seite 59)*

- ☑ Zwischen 4 A und 8 A
- ☐ Zwischen 1 A und 2 A
- ☐ Zwischen 2 A und 3 A
- ☐ Zwischen 10 A und 12 A

51. Wozu dient am UKW-Gerät die Rauschsperre (Squelch)? *(Seite 43)*

- ☑ Der Lautsprecher des Empfängers wird nur ab einem Mindest-Empfangssignalpegel aktiviert
- ☐ Das Rauschen kann stufenlos auf einen angenehmen Wert eingestellt werden
- ☐ Die Rauschsperre verbessert die Wiedergabe von schwachen Empfangssignalen
- ☐ Der Lautsprecher des Empfängers wird nur beim Empfang von Notsignalen aktiviert

52. Welche Eigenschaften des »GPS« sind für eine GMDSS-Funkanlage von besonderer Bedeutung? *(Seite 40)*

- ☑ Mithilfe von GPS kann die genaue Position des Fahrzeugs bestimmt und übermittelt werden. Ebenso kann die genaue Zeit bestimmt werden
- ☐ Mithilfe von GPS ist ein weltweiter Funkverkehr über Satellit zwischen Schiffen untereinander bzw. mit Küstenfunkstellen möglich
- ☐ Mithilfe von GPS besteht die Möglichkeit der Kommunikation über Inmarsat bzw. COSPAS-SARSAT
- ☐ Mithilfe von GPS erfolgt die Kommunikation mit der Rettungsleitstelle über Satellit

53. Was bedeutet »DSC« im mobilen Seefunkdienst? *(Seite 37)*

- ☑ Digitaler Selektivruf
- ☐ Funküberwachung auf zwei Funkkanälen (Dual Watch)
- ☐ Gegensprechen auf zwei Frequenzen im Gegensatz zu Wechselsprechen auf einer Frequenz
- ☐ Digitales System für die Telekommunikation an Bord

54. Was ist ein »Digitaler Selektivruf«? *(Seite 43)*

- ☑ Digitale Aussendung, die bei der gerufenen Funkstelle ein optisches und/oder akustisches Signal auslöst
- ☐ Aussendung eines digitalen Anrufs auf Kanal 16
- ☐ Funkaussendung an eine ausgewählte Funkstelle
- ☐ Funkverkehr im GMDSS auf den dafür vorgesehenen Kanälen

55. Welches technische Verfahren im GMDSS ermöglicht einer Seefunkstelle die Verkehrsaufnahme in den Richtungen Schiff–Küstenfunkstelle und Schiff–Schiff? *(Seite 37)*

- ☑ DSC
- ☐ NAVTEX
- ☐ COSPAS-SARSAT
- ☐ SMS

56. Welcher Unterschied besteht in der Reichweite bei analoger (Sprechfunk) und bei digitaler Übertragung (DSC) im UKW-Seefunkbereich? *(Seite 43)*

- ☑ Bei digitaler Übertragung deutlich größere Reichweite im Vergleich zur analogen Übertragung
- ☐ Bei digitaler Übertragung besteht kein Unterschied im Vergleich zur analogen Übertragung
- ☐ Bei digitaler Übertragung vierfache Reichweite im Vergleich zur analogen Übertragung
- ☐ Bei digitaler Übertragung kürzere Reichweite im Vergleich zur analogen Übertragung

57. Welcher UKW-Kanal wird im Weltweiten Seenot- und Sicherheitsfunksystem (GMDSS) für die digitale Ankündigung einer Dringlichkeitsmeldung benutzt? *(Seite 54)*
- ☑ Kanal 70
- ☐ Kanal 16
- ☐ Kanal 10
- ☐ Kanal 06

58. Auf welchem UKW-Kanal erfolgt die Alarmierung mittels DSC? *(Seite 54)*
- ☑ Kanal 70
- ☐ Kanal 16
- ☐ Kanal 06
- ☐ Kanal 10

59. Wie wird eine mit DSC-Einrichtungen ausgerüstete Seefunkstelle gekennzeichnet? *(Seiten 17, 18)*
- ☑ Schiffsname, Rufzeichen, Rufnummer des mobilen Seefunkdienstes (MMSI)
- ☐ Rufnummer des mobilen Seefunkdienstes (MMSI), Schiffsname
- ☐ Schiffsname, Heimathafen, Rufzeichen
- ☐ Registriernummer des Schiffszertifikates, Rufzeichen

60. Der mit einem DSC-Gerät aufgenommene Notalarm wird ... *(Seite 43)*
- ☑ automatisch gespeichert
- ☐ manuell gespeichert
- ☐ gespeichert, wenn im Speicher noch genügend Platz ist
- ☐ nicht gespeichert, sondern ausgedruckt

61. Was wird als »Maritime Mobile Service Identity (MMSI)« bezeichnet? *(Seite 18)*
- ☑ Rufnummer im Seefunkdienst
- ☐ Maritimes Informationssystem
- ☐ Landeskennung einer Seefunkstelle (z. B. 211)
- ☐ Aussendung, die die Sicherheit der Schifffahrt betrifft

62. Wie lauten die Maritime Identification Digits (MID) für die Bundesrepublik Deutschland? *(Seite 18)*
- ☑ 211 und 218
- ☐ 211 und 219
- ☐ 218 und 224
- ☐ 218 und 226

63. Welche Urkunde enthält die eigene Seefunkstellen-Rufnummer (MMSI)? *(Seite 20)*
- ☑ Zuteilungsurkunde (Ship Station Licence)
- ☐ Gerätezulassungsurkunde
- ☐ Internationaler Bootsschein
- ☐ Schiffszertifikat

64. Wie setzt sich die Seefunkstellen-Rufnummer (MMSI) zusammen? *(Seite 18)*
- ☑ Neun Ziffern, wobei die ersten drei Ziffern die Seefunkkennzahl (MID) enthalten
- ☐ Drei Buchstaben und sechs Ziffern
- ☐ Sieben Ziffern, wobei die ersten beiden Ziffern Nullen sein müssen
- ☐ Neun Ziffern, wobei die erste Ziffer eine Null ist

65. Wie setzt sich die Küstenfunkstellen-Rufnummer (MMSI) zusammen? *(Seite 18)*
- ☑ Neun Ziffern, die ersten beiden Ziffern Nullen, die nächsten drei Ziffern enthalten die Seefunkkennzahl (MID)
- ☐ Neun Ziffern, die ersten drei Ziffern enthalten die Seefunkkennzahl (MID)
- ☐ Geografischer Ortsname der Küstenfunkstelle, gefolgt von drei Ziffern, die die Seefunkkennzahl (MID) bilden
- ☐ Internationale Telefon-Vorwahlnummer des Landes, in dem sich die Küstenfunkstelle befindet, gefolgt von fünf besonders festgelegten Ziffern

66. Welche Art von Funkstelle des Seefunkdienstes kennzeichnet die Ziffernfolge 002111240? *(Seite 18)*
- ☑ Deutsche Küstenfunkstelle
- ☐ Deutsche Seefunkstelle
- ☐ Deutsches SAR-Fahrzeug
- ☐ Deutsche EPIRB

67. Woran ist die Nationalität der Seefunkstelle in der MMSI erkennbar? *(Seite 18)*
- ☑ Seefunkkennzahl (MID)
- ☐ Länderkennung, bestehend aus drei Buchstaben
- ☐ Letzte drei Ziffern der MMSI
- ☐ Mittlere drei Ziffern der MMSI

68. Durch die Verbindung mit welchem Gerät ist gewährleistet, dass bei einem DSC-Notalarm die aktuelle Position automatisch mit ausgesendet wird? *(Seite 40)*

- ☑ GPS-Empfänger
- ☐ NAVTEX-Empfänger
- ☐ Radargerät
- ☐ UKW-Wachempfänger

69. Wie wird der Frequenzbereich von 30 bis 300 MHz bezeichnet? *(Seite 33)*

- ☑ Ultrakurzwelle (UKW/VHF)
- ☐ Langwelle (LW/LF)
- ☐ Mittelwelle (MW/MF)
- ☐ Kurzwelle (KW/HF)

70. (A) Welches Funkzeugnis muss der Führer eines Sportfahrzeugs oder Traditionsschiffes, das mit einer UKW-Seefunkstelle ausgerüstet ist, mindestens besitzen, um am GMDSS teilnehmen zu können? *(Seite 19)*

- ☑ Beschränkt Gültiges Funkbetriebszeugnis (Short Range Certificate)
- ☐ Allgemeines Sprechfunkzeugnis für den Seefunkdienst
- ☐ UKW-Sprechfunkzeugnis für den Binnenschifffahrtsfunk
- ☐ Allgemeines Betriebszeugnis für Funker (General Operator's Certificate)

71. (A) An welchem Funkdienst darf der Inhaber eines Beschränkt Gültigen Funkbetriebszeugnisses (SRC) teilnehmen?

- ☑ Mobiler Seefunkdienst auf UKW/VHF
- ☐ Mobiler Seefunkdienst auf Ultrakurzwelle (UKW/VHF) einschließlich Satellitenfunk
- ☐ Mobiler Seefunkdienst auf Kurzwelle (KW/HF) und Grenzwelle (GW/MF), außer Satellitenfunk
- ☐ Mobiler Seefunkdienst auf Ultrakurzwelle (UKW/VHF) einschließlich Grenzwelle/Kurzwelle

72. Was kennzeichnet die Betriebsart »Duplex«? *(Seite 57)*

- ☑ Gegensprechen auf zwei Frequenzen
- ☐ Wechselsprechen auf einer Frequenz
- ☐ Gegensprechen auf einer Frequenz
- ☐ Wechselsprechen auf zwei Frequenzen

73. Was kennzeichnet die Betriebsart »Simplex«? *(Seite 57)*

- ☑ Wechselsprechen auf einer Frequenz
- ☐ Gegensprechen auf einer Frequenz
- ☐ Wechselsprechen auf zwei Frequenzen
- ☐ Gegensprechen auf zwei Frequenzen

74. Welche Betriebsart wird als »Semi-Duplex« bezeichnet? *(Seite 57)*

- ☑ Wechselsprechen auf zwei Frequenzen
- ☐ Gegensprechen auf zwei Frequenzen
- ☐ Gegensprechen auf einer Frequenz
- ☐ Wechselsprechen auf einer Frequenz

75. Welche UKW-Kanäle sind international ausschließlich für den Funkverkehr zwischen Seefunkstellen vorgesehen? *(Seiten 53, 54)*

- ☑ Kanäle 06, 08, 72 und 77
- ☐ Kanäle 15 und 17
- ☐ Kanäle 16, 69, 70 und 82
- ☐ Kanäle 16, 18, ersatzweise 70

76. Für welchen Funkverkehr dürfen die UKW-Kanäle 75 und 76 benutzt werden? *(Seite 54)*

- ☑ Funkverkehr, der ausschließlich die Navigation betrifft
- ☐ Funkverkehr, der ausschließlich See-Land-Verbindungen betrifft
- ☐ Funkverkehr unter Behördenfahrzeugen
- ☐ Funkverkehr, der ausschließlich Land-See-Verbindungen betrifft

77. Atmosphärische Störungen des Funkverkehrs sind ...

- ☑ im Seefunkverkehr im VHF-Bereich kein Problem
- ☐ im Seefunkverkehr im VHF-Bereich ein großes Problem
- ☐ gleichzeitig im VHF-Bereich und beim NAVTEX-Empfang vorhanden
- ☐ im VHF-Bereich nur bei Verwendung von nicht vertikal angebrachten Antennen vorhanden

78. Wie breiten sich Ultrakurzwellen (UKW/VHF) aus? *(Seiten 33, 34)*

- ☑ Geradlinig und quasioptisch
- ☐ Abhängig von der Wetterlage
- ☐ Der Erdkrümmung folgend bis weit hinter den Horizont
- ☐ In der Ionosphäre reflektiert

79. Wie werden die internationalen Kanäle im UKW-Seefunkbereich bezeichnet? *(Seite 58)*

☑ Kanal 1 bis 28 und 60 bis 88
☐ Kanal 1 bis 20 und 68 bis 88
☐ Kanal 1 bis 28 und 60 bis 87
☐ Kanal 1 bis 28 und 68 bis 88

80. Wovon hängt die Reichweite einer UKW-Funkanlage hauptsächlich ab? *(Seite 33)*

☑ Antennenhöhe
☐ Bordnetzspannung
☐ Tageszeit
☐ Wetter

81. Wie sollen UKW-Antennen ausgerichtet werden? *(Seite 35)*

☑ Vertikal
☐ Horizontal
☐ Radial
☐ Diagonal

82. Wodurch kann die Abstrahlung der Sendeenergie einer UKW-Anlage auf einem Schiff wesentlich beeinträchtigt werden? *(Seite 35)*

☑ Metallische Gegenstände in der Nähe der Antenne
☐ Schräglage des Schiffes
☐ Metallische Gegenstände in der Nähe des Antennenkabels
☐ Wetter

83. Was hat keinen Einfluss auf die Reichweite eines UKW-Handsprechfunkgerätes?

☑ Schlechtes Wetter
☐ Niedrige Antennenhöhe
☐ Geringer Ladezustand des Akkus
☐ Geringe Sendeleistung

84. Ist das Senden auf UKW in ausländischen Häfen gestattet?

☑ Abhängig von entsprechenden Vorschriften des Landes
☐ Es ist immer gestattet
☐ Nur am Tage, in der Nacht herrscht Funkstille
☐ Außer in Notfällen ist es überall verboten

85. Wie ist die Rangfolge der Aussendungen im Seefunkdienst festgelegt? *(Seite 64)*

☑ Not, Dringlichkeit, Sicherheit, Routine
☐ Not, Sicherheit, Dringlichkeit, Routine
☐ Routine, Sicherheit, Dringlichkeit, Not
☐ Routine, Dringlichkeit, Sicherheit, Not

86. Welche Vorkommnisse im Seefunkdienst sollen im Schiffstagebuch dokumentiert werden?

☑ Der Not-, Dringlichkeits- und Sicherheitsverkehr sowie wichtige Vorkommnisse, die den Seefunkdienst betreffen
☐ Der Not-, Dringlichkeits- und Sicherheitsverkehr sowie der Routineverkehr zwischen Seefunkstellen und Küstenfunkstellen
☐ Der gesamte DSC-Verkehr sowie wichtige Vorkommnisse, die den Seefunkdienst betreffen
☐ Der GMDSS-Verkehr zwischen Seefunkstellen sowie Fehlalarme und andere wichtige Vorkommnisse, die den Seefunkdienst betreffen

87. Welchem Funkverkehr ist der Nachrichtenaustausch zwischen Küstenfunkstellen des Revier- und Hafenfunkdienstes und Seefunkstellen zuzuordnen? *(Seite 21)*

☑ Nichtöffentlicher Funkverkehr
☐ On Board Traffic
☐ Port Radio
☐ Öffentlicher Funkverkehr

88. Wozu dient der Revier- und Hafenfunkdienst? *(Seite 23)*

☑ Übermittlung von Nachrichten, die ausschließlich das Führen, die Fahrt und die Sicherheit von Schiffen auf dem Revier, innerhalb oder in der Nähe von Häfen betreffen
☐ Zuweisung von Liegeplätzen innerhalb oder in der Nähe von Häfen
☐ Verbreitung von Wetternachrichten auf dem Revier, innerhalb oder in der Nähe von Häfen
☐ Nachrichtenaustausch innerhalb oder in der Nähe von Häfen über das öffentliche Netz

89. Welcher Funkdienst gehört neben dem Revier- und Hafenfunkdienst ebenfalls zum Sicherheitsfunkdienst innerhalb des mobilen Seefunkdienstes? *(Seite 21)*

- ☑ Schiffslenkungsfunkdienst
- ☐ Lotsenfunk
- ☐ Schleusenfunk
- ☐ Binnenschifffahrtsfunk

90. Wer bestimmt bei einer Verbindung zwischen See- und Küstenfunkstelle den für die weitere Verkehrsabwicklung zu benutzenden Arbeitskanal?

- ☑ Küstenfunkstelle
- ☐ Seefunkstelle
- ☐ On-Scene Co-ordinator (OSC)
- ☐ Rufende Funkstelle

91. Wie ist eine Küstenfunkstelle des Revier- und Hafenfunkdienstes gekennzeichnet? *(Seite 21)*

- ☑ Geografischer Name des Ortes, dem die Art des Dienstes und das Wort Radio folgen
- ☐ Wort Radio, dem die Art des Dienstes und der geografische Name des Ortes folgen
- ☐ Geografischer Name des Ortes, dem das Wort Radio und die Art des Dienstes folgen
- ☐ Radio, dem der geografische Name des Ortes und die Art des Dienstes folgen

92. Welche Funkstelle wird mit dem Rufnamen »Warnemünde Traffic« gerufen? *(Seite 21)*

- ☑ Küstenfunkstelle des Revierfunkdienstes in Warnemünde
- ☐ Wasserschutzpolizei Warnemünde
- ☐ Seefunkstelle der DGzRS-Station Warnemünde
- ☐ Funkstelle des Hafenmeisters der Marina in Warnemünde

93. Was zeigt das Dringlichkeitszeichen an? *(Seite 98)*

- ☑ Die rufende Funkstelle hat eine sehr dringende Meldung auszusenden, welche die Sicherheit einer mobilen Einheit oder einer Person betrifft
- ☐ Die rufende Funkstelle hat eine Meldung auszusenden, dass ein Schiff von einer ernsten und unmittelbaren Gefahr bedroht ist und sofortige Hilfe benötigt
- ☐ Die rufende Funkstelle hat eine eilige Meldung auszusenden, die eine nautische Warnnachricht zum Inhalt hat
- ☐ Die rufende Funkstelle hat eine wichtige Meldung auszusenden, welche den Empfang einer Seenotfunkbake (EPIRB) bestätigt

94. Wie lautet das Dringlichkeitszeichen im Sprechfunk? *(Seite 98)*

- ☑ PAN PAN
- ☐ SÉCURITÉ
- ☐ MAYDAY
- ☐ URGENCY

95. Was wird im Sprechfunk durch das Zeichen PAN PAN angekündigt? *(Seite 98)*

- ☑ Dringlichkeitsmeldung
- ☐ Notmeldung
- ☐ Sicherheitsmeldung
- ☐ Routinemeldung

96. Wie ist im GMDSS zu verfahren, wenn eine dringende Meldung im UKW-Bereich auszusenden ist, welche die Sicherheit einer Person betrifft? *(Seite 98)*

- ☑ Ankündigung per Digitalen Selektivruf (DSC) auf Kanal 70 und Aussendung der Dringlichkeitsmeldung im Sprechfunk auf Kanal 16
- ☐ Ankündigung und Aussendung der Dringlichkeitsmeldung im Sprechfunk auf Kanal 16
- ☐ Ankündigung im Sprechfunk auf Kanal 16 und Aussendung der Dringlichkeitsmeldung auf einem Schiff-Schiff-Kanal
- ☐ Ankündigung per Digitalen Selektivruf (DSC) auf Kanal 70 und Aussendung der Dringlichkeitsmeldung auf einem Schiff-Schiff-Kanal

97. Was bedeutet im DSC-Controller die Anzeige »URGENCY«? *(Seite 98)*

- ☑ Die nachfolgende Meldung ist dringend und betrifft die Sicherheit einer mobilen Einheit oder einer Person
- ☐ Die nachfolgende Meldung ist eine Notmeldung und die Seefunkstelle erbittet sofortige Hilfe
- ☐ Die nachfolgende Meldung ist dringend und die Seefunkstelle erbittet nautische Beratung
- ☐ Die nachfolgende Meldung ist eine Wetterwarnung und betrifft die Sicherheit der Schifffahrt

98. An wen dürfen Dringlichkeitsmeldungen im Seefunkdienst grundsätzlich gerichtet werden? *(Seite 98)*

- ☑ An alle Funkstellen oder an eine bestimmte Funkstelle
- ☐ An alle Funkstellen im Seegebiet A1 oder an eine bestimmte Funkstelle im Seegebiet A1
- ☐ An alle Küstenfunkstellen oder an alle Funkstellen im Seegebiet A1
- ☐ An alle Küstenfunkstellen oder die Seenotleitung (MRCC)

99. Wie ist zu verfahren, wenn eine an alle Funkstellen ausgesendete Dringlichkeitsmeldung erledigt ist? *(Seite 99)*

- ☑ Dringlichkeitsmeldung muss durch eine Meldung an alle Funkstellen aufgehoben werden
- ☐ Dringlichkeitsmeldung muss bei dem Fall »Mensch über Bord« durch eine Meldung an alle Funkstellen aufgehoben werden
- ☐ Dringlichkeitsmeldung muss durch eine Meldung an die nächste Küstenstelle aufgehoben werden
- ☐ Dringlichkeitsmeldung muss durch die Meldung SILENCE FINI aufgehoben werden

100. Wie lautet das Sicherheitszeichen im Seefunkdienst? *(Seite 100)*

- ☑ SÉCURITÉ
- ☐ URGENCY
- ☐ PAN PAN
- ☐ MAYDAY

101. Welche Meldung wird mit SÉCURITÉ eingeleitet? *(Seite 100)*

- ☑ Sicherheitsmeldung
- ☐ Notmeldung
- ☐ Dringlichkeitsmeldung
- ☐ Routinemeldung

102. Welchen Inhalt kann eine Sicherheitsmeldung haben? *(Seite 100)*

- ☑ Wichtige nautische Warnnachricht oder eine wichtige Wetterwarnung
- ☐ Wichtige nautische Warnnachricht oder die Weiterleitung eines Notalarms
- ☐ Aufhebung eines Fehlalarms oder eine wichtige Wetterwarnung
- ☐ Aufhebung einer Dringlichkeitsmeldung oder ein Medico-Gespräch

103. Welche UKW-Kanäle benutzen Sportfahrzeuge für den Funkverkehr untereinander vorzugsweise in den deutschen Hoheitsgewässern? *(Seite 54)*

- ☑ Kanäle 69 und 72
- ☐ Kanäle 69 und 70
- ☐ Kanäle 10 und 13
- ☐ Kanäle 06 und 16

104. Für welche Verkehrsabwicklung werden UKW-Handsprechfunkgeräte vorzugsweise verwendet?

- ☑ Funkverkehr an Bord, Funkverkehr Schiff–Überlebensfahrzeug
- ☐ Funkverkehr Schiff–Schiff, Funkverkehr Schiff–SAR-Hubschrauber
- ☐ Funkverkehr an Bord, Funkverkehr Schiff–Hafen
- ☐ Funkverkehr mit Küstenfunkstellen, Funkverkehr Schiff–Überlebensfahrzeug

105. Was ist bei Testsendungen im Sprech-Seefunkdienst zu beachten? *(Seite 76)*

- ☑ Die Aussendungen dürfen 10 Sekunden nicht überschreiten, müssen mit dem Wort »Test« und mit einer Kennung des Schiffes ausgestrahlt werden
- ☐ Die Aussendungen dürfen 20 Sekunden nicht überschreiten und müssen mit einer Kennung des Schiffes ausgestrahlt werden
- ☐ Die Aussendungen dürfen nur einmal nach Einbau des Gerätes ohne Antenne erfolgen und müssen mit dem Wort »Test« gekennzeichnet werden
- ☐ Die Aussendungen dürfen nur außerhalb der Hoheitsgewässer erfolgen

106. Welche Betriebsart wird für den Schiff–Schiff-Verkehr auf UKW im Sprechfunkverfahren verwendet? *(Seite 57)*

- ☑ Wechselsprechen auf einer Frequenz
- ☐ Gegensprechen auf einer Frequenz
- ☐ Wechselsprechen auf zwei Frequenzen
- ☐ Gegensprechen auf zwei Frequenzen

107. Der UKW-Kanal 70 dient ausschließlich dem Zweck der Aussendung ...

- ☑ des Digitalen Selektivrufs
- ☐ von Peilzeichen
- ☐ von Positionsmeldungen
- ☐ von Küstenfunkstellen

108. Welchen Zwecken dient der UKW-Kanal 16 (156,8 MHz) im Seefunkdienst?

- ☑ Notverkehr, Dringlichkeitsmeldung, Ankündigung einer Sicherheitsmeldung, Anrufkanal
- ☐ Notverkehr, Ankündigung einer Sicherheitsmeldung, Routineverkehr, Anrufkanal
- ☐ Aussendung des Digitalen Selektivrufs
- ☐ Funkverkehr zwischen Fischereifahrzeugen

109. Auf welchem UKW-Kanal muss ein Sportfahrzeug empfangsbereit sein, wenn es sich auf See befindet und mit einer GMDSS-Seefunkanlage ausgerüstet ist? *(Seite 73)*

- ☑ Kanal 70
- ☐ Kanal 16
- ☐ Kanal 69
- ☐ Kanal 72

110. Auf welchem UKW-Kanal sollte ein Sportfahrzeug in der Regel empfangsbereit sein, wenn es sich auf See befindet und nur mit einer UKW-Sprechfunkanlage ausgerüstet ist? *(Seite 73)*

- ☑ Kanal 16
- ☐ Kanal 70
- ☐ Kanal 69
- ☐ Kanal 06

111. Welcher UKW-Kanal ist vorzugsweise für den Schiff–Schiff-Verkehr und für koordinierte Such- und Rettungseinsätze (SAR) vorgesehen? *(Seite 53)*

- ☑ Kanal 06
- ☐ Kanal 10
- ☐ Kanal 16
- ☐ Kanal 72

112. Welchen Zwecken dienen der Anrufkanal und ein Arbeitskanal?

- ☑ Anrufkanal zur Verbindungsaufnahme, Arbeitskanal zur Abwicklung des weiteren Funkverkehrs
- ☐ Anrufkanal zur Verbindungsaufnahme, Arbeitskanal nur zur Abwicklung von Notfällen
- ☐ Anrufkanal zur Verbindungsaufnahme, Arbeitskanal zur Abwicklung von Reiseplanungen
- ☐ Anrufkanal zur Verbindungsaufnahme mit Teilnehmern an Land, Arbeitskanal zur Zuweisung des Schleusenranges

113. Auf welchem Kanal ist eine Küstenfunkstelle zu rufen, die sowohl auf dem Kanal 70 als auch auf Kanal 16 sowie auf einem veröffentlichten Arbeitskanal empfangsbereit ist?

- ☑ Kanal 70 oder Arbeitskanal
- ☐ Kanal 16 oder Kanal 70
- ☐ Kanal 70 oder Kanal 72
- ☐ Kanal 16 oder Arbeitskanal

114. Auf welchem Kanal wird eine Küstenfunkstelle ohne DSC im Routineverkehr gerufen?

- ☑ Arbeitskanal
- ☐ Kanal 16
- ☐ Ankündigung auf Kanal 16, dann Wechsel zum Arbeitskanal
- ☐ Kanal 70

115. Was ist vor dem Anruf auf einem Arbeitskanal zu beachten?

- ☑ Der laufende Funkverkehr darf nicht gestört werden
- ☐ Die geringste Sendeleistung muss eingestellt werden
- ☐ Die Küstenfunkstelle muss den Arbeitskanal freigeben
- ☐ Der laufende Funkverkehr muss aufgefordert werden, den Funkverkehr zu beenden

116. Was bedeutet »NAVTEX«? *(Seite 49)*

- ☑ Nautische Warnnachrichten im Funktelexverfahren
- ☐ Navigationssystem, das Vorgaben im Funktelexverfahren erhält
- ☐ MW-Empfänger an Bord eines Seeschiffes zur Aufzeichnung von Wetterberichten
- ☐ Satellitengestütztes Navigationssystem für den Seenotfall

117. Wie heißt der Dienst, in dem Nachrichten für die Sicherheit der Seeschifffahrt (MSI) über terrestrische Frequenzen verbreitet werden? *(Seite 50)*

- ☑ NAVTEX
- ☐ SafetyNET
- ☐ AIS
- ☐ AMVER

118. (A) Welchen Dienst bieten der Deutsche Wetterdienst (DWD) und das Bundesamt für Seeschifffahrt und Hydrographie (BSH) auf den Frequenzen 518 kHz und 490 kHz gemeinsam an? *(Seite 49)*

- ☑ NAVTEX
- ☐ SafetyNET
- ☐ TELEX
- ☐ AMVER

119. Bis zu welcher Entfernung vom Standort des Senders können Sicherheitsmeldungen für die Seeschifffahrt im NAVTEX-Dienst empfangen werden?* *(Seite 50)*

- ☑ Ca. 600 sm
- ☐ Ca. 30 sm
- ☐ Ca. 1000 sm
- ☐ Ca. 1500 sm

120. Worauf muss beim Einstellen eines NAVTEX-Empfängers geachtet werden? *(Seite 50)*

- ☑ Einstellen der jeweiligen NAVTEX-Sender und Auswählen der Art der benötigten Meldungen
- ☐ Auswählen der gewünschten NAVTEX-Sender und Eingeben der MMSI-Rufnummer
- ☐ Eingeben der eigenen Position und Auswählen der Art der benötigten Meldungen
- ☐ Auswählen der Sprache, in der die Nachricht empfangen werden soll, und Unterdrücken nicht benötigter Meldungen

121. Welche Informationen können bei der Programmierung eines NAVTEX-Empfängers nicht unterdrückt werden? *(Seite 50)*

- ☑ Navigationswarnungen, Meteorologische Warnungen und SAR-Meldungen
- ☐ Navigationswarnungen, Wettervorhersagen und SAR-Meldungen
- ☐ Sat-Nav-Warnungen, Meteorologische Warnungen und Navigationswarnungen
- ☐ Meteorologische Warnungen, Revierinformationen und SAR-Meldungen

122. In welcher Sprache werden Nachrichten für die Sicherheit der Schifffahrt (MSI) im NAVTEX-Dienst auf 490 kHz verbreitet? *(Seite 49)*

- ☑ Landessprache der Funkstelle
- ☐ Englisch
- ☐ Niederländisch
- ☐ Französisch

---

* *Das NAVTEX-Manual gibt zur Reichweite 400 sm an.*

123. (A) In welchen Zeitabständen werden die regelmäßigen NAVTEX-Informationen von deutschen NAVTEX-Sendern ausgesendet? *(Seite 50)*
- ☑ 4 Stunden
- ☐ 1 Stunde
- ☐ 12 Stunden
- ☐ 24 Stunden

124. (A) Was bezeichnet »NAVAREA«? *(Seite 50)*
- ☑ International festgelegtes Vorhersage- und Seewarngebiet
- ☐ Internationales Seegebiet, das nicht befahren werden darf
- ☐ Internationales Seegebiet, das in vier Gruppen eingeteilt ist (A1 bis A4)
- ☐ Internationales Seegebiet, das von Seeschiffen befahren werden darf

125. Was bezeichnet »SAR«? *(Seite 27)*
- ☑ Suche und Rettung
- ☐ Seenotfunkbake
- ☐ Sanitätsdienst
- ☐ Radartransponder

126. Welche Aufgabe hat ein »RCC« im Seenotfall? *(Seite 27)*
- ☑ Koordinierung der im Seenotfall zur Verfügung stehenden Kräfte und Abwicklung des Notverkehrs
- ☐ Stationierung von Seenotrettungskreuzern rund um die Uhr
- ☐ Alarmierung von SAR-Fahrzeugen im Seenotfall über Satellit
- ☐ Erteilung von Ratschlägen an den Havaristen

127. (A) Welche Aufgabe hat ein »MRCC« im Seenotfall? *(Seite 27)*
- ☑ Koordinierung der im Seenotfall zur Verfügung stehenden Kräfte
- ☐ Bereithaltung von Rettungsfahrzeugen im Seenotfall
- ☐ Erarbeitung von Richtlinien für das Verhalten im Seenotfall
- ☐ Erteilung von Ratschlägen an den Havaristen

128. (A) Was ist »On-Scene Communication«? *(Seite 27)*
- ☑ Funkverkehr vor Ort im Seenotfall
- ☐ Funkverkehr in Reichweite einer Küstenfunkstelle für UKW
- ☐ Funkverkehr im Hafenfunk (Port Radio)
- ☐ Funkverkehr von Behördenfahrzeugen

129. Welche Aufgabe hat der »On-Scene Co-ordinator« (OSC) im SAR-Fall? *(Seite 25)*
- ☑ Leitung der Such- und Rettungsmaßnahmen vor Ort
- ☐ Kooperation mit der nächstgelegenen Küstenfunkstelle des Revierfunkdienstes
- ☐ Festlegung der DSC-Kanäle zur Verständigung der SAR-Einheiten
- ☐ Verbreitung wichtiger SAR-Meldungen rund um die Uhr

130. Was bedeutet »Funkverkehr vor Ort«? *(Seite 25)*
- ☑ Funkverkehr zwischen dem Schiff in Not und den Fahrzeugen, die Hilfe leisten, sowie dem Schiff in Not und dem Fahrzeug, das die Suche und Rettung koordiniert
- ☐ Funkverkehr zwischen dem Fahrzeug, das die Suche und Rettung koordiniert, und der Küstenfunkstelle
- ☐ Funkverkehr zwischen der Küstenfunkstelle und dem On-Scene Co-ordinator
- ☐ Funkverkehr zwischen dem Schiff in Not und in der Nähe befindlichen Luftfunkstellen

131. Wer darf das Aussenden einer Notmeldung im Seefunkdienst veranlassen?
- ☑ Fahrzeugführer
- ☐ Crewmitglied
- ☐ Rudergänger
- ☐ Rettungsleitstelle

132. Auf welchem UKW-Kanal müssen alle mit DSC ausgerüsteten seegehenden Schiffe im Weltweiten Seenot- und Sicherheitsfunksystem (GMDSS) empfangsbereit sein? *(Seite 73)*
- ☑ Kanal 70
- ☐ Kanal 16
- ☐ Kanal 06
- ☐ Kanal 10

133. Wie lautet das Notzeichen im Sprechfunk? *(Seite 89)*
- ☑ MAYDAY
- ☐ PAN PAN
- ☐ DISTRESS
- ☐ SOS

134. Womit wird der Notverkehr im Sprechfunk eingeleitet? *(Seite 89)*
- ☑ MAYDAY
- ☐ Schiffsname
- ☐ DISTRESS
- ☐ SOS

135. Wann liegt ein Seenotfall vor, der das Aussenden des Notzeichens im Sprechfunk rechtfertigt?
- ☑ Wenn ein Schiff oder eine Person von einer ernsten und unmittelbaren Gefahr bedroht ist und sofortige Hilfe benötigt
- ☐ Wenn ein Schiff manövrierbehindert ist und Hilfe benötigt
- ☐ Wenn eine nautische Warnnachricht vorliegt, die unbedingt beachtet werden muss
- ☐ Wenn ein medizinischer Notfall vorliegt, der unmittelbare funkärztliche Beratung erfordert

136. Welche Priorität der Alarmierung ist zu wählen, wenn sich eine Person in Lebensgefahr befindet und Hilfe benötigt?
- ☑ Notfall
- ☐ Dringlichkeit
- ☐ Sicherheit
- ☐ Routine

137. Welche Frequenzen dürfen neben den Notfrequenzen für die Aussendung einer Notmeldung im Seefunkdienst benutzt werden?
- ☑ Jede andere verfügbare und geeignete Frequenz
- ☐ UKW-Kanal 06 (internationaler Verkehr)
- ☐ Keine andere Frequenz
- ☐ Nur Schiff–Schiff-Frequenzen

138. Auf welchem UKW-Kanal findet der Notverkehr* vorzugsweise statt? *(Seite 66)*
- ☑ Kanal 16
- ☐ Kanal 70
- ☐ Kanal 69
- ☐ Kanal 06

139. Welche Meldungen dürfen im Weltweiten Seenot- und Sicherheitsfunksystem (GMDSS) auf UKW-Kanal 16 (156,8 MHz) übermittelt werden? *(Seite 66)*
- ☑ Notmeldungen, Dringlichkeitsmeldungen und die Ankündigung von Sicherheitsmeldungen
- ☐ Dringlichkeitsmeldungen und Meldungen im öffentlichen Funkverkehr
- ☐ Sicherheits-, Dringlichkeitsmeldungen und Nichtöffentlicher Funkverkehr
- ☐ Notmeldungen und Routinemeldungen

140. Wann und warum wird die Einleitung eines Notverkehrs wiederholt?
- ☑ Wenn die aussendende Seefunkstelle keine Antwort auf ihren DSC-Alarm oder ihre Notmeldung erhalten hat oder wenn sie es aus anderen Gründen für notwendig hält
- ☐ Wenn der DSC-Notalarm nur von einer Küstenfunkstelle bestätigt worden ist
- ☐ Die Einleitung des Notverkehrs darf nicht wiederholt werden, um Fehlalarme zu vermeiden
- ☐ Die Einleitung des Notverkehrs wird nach 6 Minuten wiederholt, wenn keine Bestätigung erfolgt ist

141. An wen soll eine Seefunkstelle den Notalarm für ein anderes in Not befindliches Schiff richten?
- ☑ Grundsätzlich an die nächstgelegene Küstenfunkstelle oder sonst an alle Funkstellen
- ☐ Grundsätzlich an alle Seefunkstellen in der Nähe
- ☐ Grundsätzlich an das Maritime Lagezentrum beim Havariekommando
- ☐ Grundsätzlich an ein Local User Terminal oder sonst an alle Seefunkstellen

* *Der Notverkehr findet im Sprechfunk statt und wird über Kanal 16 abgewickelt. Die Notalarmierung erfolgt per DSC auf UKW-Kanal 70.*

142. Welche Voraussetzung muss eine Seefunkstelle erfüllen, die den Empfang eines DSC-Notalarms auf UKW im Sprechfunkverfahren bestätigt?

- ☑ Sie muss Hilfe leisten können
- ☐ Eine sichere Funkverbindung muss möglich sein
- ☐ Sie muss die Seefunkstelle in Not spätestens nach einer Stunde erreichen können
- ☐ Notalarme werden in jedem Fall bestätigt

143. Wann darf eine Seefunkstelle, wenn sie Hilfe leisten kann, den Empfang eines DSC-Notalarms auf UKW im Sprechfunkverfahren bestätigen?

- ☑ Nach Bestätigung durch eine Küstenfunkstelle oder einer angemessenen Wartefrist
- ☐ Sofort nach Empfang des DSC-Notalarms
- ☐ Nach einer Wartefrist von 3 Minuten
- ☐ DSC-Notalarme dürfen grundsätzlich nur von Küstenfunkstellen bestätigt werden

144. Auf welchem UKW-Kanal und in welchem Verfahren bestätigt eine Seefunkstelle den auf Kanal 70 empfangenen Notalarm? *(Seite 66)*

- ☑ Kanal 16, Sprechfunkverfahren
- ☐ Kanal 70, DSC
- ☐ Arbeitskanal, Sprechfunkverfahren
- ☐ Kanal 16, DSC

145. Wann wird im Seefunkdienst die Aufforderung SILENCE MAYDAY ausgesendet?

- ☑ Wenn die Funkstelle, die den Notverkehr leitet, störende Funkstellen zur Einhaltung der Funkstille auffordert
- ☐ Wenn die Situation des Schiffes in Not besonders kritisch ist
- ☐ Wenn die Funkstelle, die den Notverkehr leitet, die Beendigung des Notverkehrs ankündigen will
- ☐ Wenn eine Funkstelle sich besondere Aufmerksamkeit für die Verbreitung einer Dringlichkeits- oder Sicherheitsmeldung erbittet

146. Wer fordert in einem Seenotfall eine störende Funkstelle mit den Wörtern SILENCE MAYDAY zur Einhaltung der Funkstille auf?

- ☑ Die Funkstelle, die den Notverkehr leitet
- ☐ Die Funkstelle in Not oder eine Hilfe leistende Luftfunkstelle
- ☐ Die Funkstelle, die die störende Funkstelle als erste empfangen hat
- ☐ Die Funkstelle, die der störenden Funkstelle nächstgelegen ist

147. Welche Aufgaben übernimmt die Seenotleitung (Maritime Rescue Co-ordination Centre [MRCC]) nach Eingang eines Notalarms? *(Seite 24)*

- ☑ Koordinierung und Information über die SAR-Maßnahmen
- ☐ Leitung des Notverkehrs auf Kanal 70
- ☐ Bestimmung des On-Scene Co-ordinators (OSC)
- ☐ Überwachung Kanäle 16 und 70 sowie Dokumentation der SAR-Maßnahmen

148. (A) Auf welchen UKW-Kanälen ist Bremen Rescue Radio empfangsbereit? *(Seite 26)*

- ☑ Kanal 16 (Sprechfunk), Kanal 70 (DSC)
- ☐ Kanal 10 (Sprechfunk), Kanal 70 (DSC)
- ☐ Kanal 16 (Sprechfunk), Kanal 10 (DSC)
- ☐ Kanal 06 (Sprechfunk), Kanal 70 (DSC)

149. (A) Nach welchem Betriebsverfahren wird der Funkverkehr in Notfällen zwischen Seefunkstellen und SAR-Hubschraubern abgewickelt?

- ☑ Betriebsverfahren des mobilen Seefunkdienstes
- ☐ Betriebsverfahren des mobilen Flugfunkdienstes
- ☐ Betriebsverfahren des Navigationsfunkdienstes
- ☐ Betriebsverfahren des Revierfunkdienstes

150. (A) Welche Veröffentlichung enthält Angaben zu Verfahren, Abkürzungen und international entwickelten Redewendungen für Notfälle?* *(Seite 30)*
- ☑ Handbuch »Suche und Rettung«
- ☐ Handbuch »Funkdienst für die Klein- und Sportschifffahrt«
- ☐ Nachrichten für Seefahrer
- ☐ Mitteilungen für Seefunkstellen und Schiffsfunkstellen

151. In welchem Frequenzbereich kann mit SAR-Einheiten Seefunkverkehr abgewickelt werden?
- ☑ UKW-Bereich
- ☐ UHF-Bereich
- ☐ MW-Bereich
- ☐ VLF-Bereich

152. Im Funkverkehr zwischen Seefunkstellen und SAR-Hubschraubern gilt das Betriebsverfahren ...
- ☑ des Seefunkdienstes
- ☐ des Flugfunkdienstes
- ☐ der Rettungsdienste
- ☐ des Binnenschifffahrtsfunks

153. Auf welchen UKW-Kanälen dürfen zu Sicherheitszwecken Seefunkstellen mit SAR-Hubschraubern Funkverkehr vorzugsweise abwickeln? *(Seite 53)*
- ☑ Kanal 16, Kanal 06
- ☐ Kanal 16, Kanal 10
- ☐ Kanal 06, Kanal 10
- ☐ Kanal 70, Kanal 16

154. Wodurch werden in der Regel bei einer Rettungsaktion mit SAR-Hubschraubern die Kanäle 16 und 06 überwacht?
- ☑ Zweikanal-Überwachung (Dual Watch)
- ☐ Zwei unabhängige Seefunkgeräte
- ☐ Regelmäßiges manuelles Umschalten
- ☐ Bedarfsweises manuelles Umschalten

155. Welchen UKW-Kanal soll ein Schiff in Not bis zur Ankunft eines SAR-Hubschraubers abhören?
- ☑ Kanal 16
- ☐ Kanal 06
- ☐ Kanal 10
- ☐ Kanal 70

156. Wie ist zu verfahren, wenn während eines Notverkehrs auf Kanal 16 die Ankündigung einer Dringlichkeits- oder Sicherheitsmeldung »An alle Funkstellen« vorgenommen werden soll?
- ☑ Ankündigung mittels Digitalen Selektivrufs (DSC) auf Kanal 70, Ankündigung während einer Pause im Notverkehr auf Kanal 16, Aussendung der Meldung auf einem Schiff-Schiff-Kanal
- ☐ Ankündigung auf Kanal 06, Information an die Küstenfunkstelle/RCC über den Inhalt der Meldung auf einem Arbeitskanal
- ☐ Ankündigung mittels Digitalen Selektivrufs (DSC) auf Kanal 70, Information »An alle Funkstellen« über den Inhalt der Meldung auf Kanal 16
- ☐ Ankündigung auf Kanal 16 während einer Pause im Notverkehr, Aussendung auf einem Schiff-Schiff-Kanal

157. Was ist zu tun, wenn irrtümlich von einer Seefunkstelle ein Notalarm auf Kanal 70 ausgelöst worden ist? *(Seite 93)*
- ☑ a) Gerät umgehend zurücksetzen, b) Wenn möglich, den Fehlalarm per DSC zurücknehmen, c) Mit Meldung auf Kanal 16 »An alle Funkstellen« den Fehlalarm zurücknehmen
- ☐ a) Gerät ausschalten, um weitere Sendungen zu verhindern, b) Eintragung der irrtümlichen Aussendung im Schiffstagebuch, c) Zuständiges MRCC telefonisch informieren
- ☐ a) Ankündigung der Rücknahme des Notalarms mit DSC, b) Mit Meldung auf Kanal 16 »An alle Funkstellen« den Fehlalarm zurücknehmen, c) Schiffsführer informieren
- ☐ a) Gerät umgehend zurücksetzen, b) Ankündigung der Rücknahme des Notalarms mit DSC, c) Mit Meldung auf Kanal 13 »An alle Funkstellen« den Fehlalarm zurücknehmen

---

* *Die Publikation »Suche und Rettung«, herausgegeben vom BSH, enthält nur eine Auswahl von Redewendungen zum Funkverkehr Schiff–Hubschrauber beim Winschen.*

158. Womit können im Notfall nach dem Verlassen des havarierten Schiffes keine Such- und Rettungsarbeiten ausgelöst bzw. erleichtert werden?

- ☑ UKW-Empfänger
- ☐ Transponder für Suche und Rettung (SART)
- ☐ Seenotfunkbake (EPIRB)
- ☐ Handsprechfunkgerät

159. Welche Komponenten des Weltweiten Seenot- und Sicherheitsfunksystems (GMDSS) werden für die Aussendung von Signalen zur Ortsbestimmung eingesetzt?

- ☑ SART, EPIRB
- ☐ NAVTEX, EGC
- ☐ DSC, EPIRB
- ☐ NAVTEX, SART

160. Wo soll eine Satelliten-Seenotfunkbake (EPIRB) an Bord eines Sportbootes installiert werden? *(Seite 45)*

- ☑ Im äußeren Decksbereich
- ☐ In der Backskiste
- ☐ In mindestens 1 m Entfernung von Metallteilen
- ☐ Geschützt unter Deck

161. Wann darf eine Satelliten-Seenotfunkbake (EPIRB) für eine Aussendung aktiviert werden? *(Seite 46)*

- ☑ Nur im Notfall
- ☐ Zu Testzwecken
- ☐ Im Notfall und zu Testzwecken
- ☐ Beim Herannahen von Rettungsfahrzeugen

162. Wie kann eine Satelliten-Seenotfunkbake (EPIRB) im Notfall aktiviert werden?* *(Seite 45)*

- ☑ Manuell oder automatisch
- ☐ Nur manuell
- ☐ Nur automatisch
- ☐ Durch das COSPAS-SARSAT-System

* *EPIRBs der Kategorie I können manuell oder automatisch ausgelöst werden. Kategorie-II-Modelle können nur manuell ausgelöst werden.*

163. Wodurch wird eine EPIRB im Seenotfall automatisch aktiviert?* *(Seite 45)*

- ☑ Wasserdruckauslöser
- ☐ Rüttelkontakt
- ☐ GPS-Signale
- ☐ Radar-Signale

164. Welche Informationen enthält die Aussendung einer Satelliten-Seenotfunkbake (EPIRB)? *(Seite 45)*

- ☑ a) Notsignal, b) Identifikationsmerkmal, c) Position mittels GPS, wenn vorhanden
- ☐ a) Notsignal, b) Schiffstyp, c) Art des Notfalls
- ☐ a) Position mittels GPS, wenn vorhanden, b) Identifikationsmerkmal, c) Zielhafen
- ☐ a) Art des Notfalls, b) Position mittels GPS, wenn vorhanden, c) Rufzeichen

165. Wie lange dauert es in den Seegebieten A1 bis A3, bis der Alarm einer COSPAS-SARSAT-Satelliten-Seenotfunkbake (EPIRB) bei der zuständigen Seenotleitung (MRCC) aufläuft? *(Seite 46)*

- ☑ Wenige Minuten
- ☐ Bis zu 30 Minuten
- ☐ Bis zu 2 Stunden
- ☐ Bis zu 4 Stunden

166. Wie lange kann es unter ungünstigen Bedingungen von der Aktivierung einer COSPAS-SARSAT-Satelliten-Seenotfunkbake ohne GPS bis zum Empfang der Position im MRCC dauern? *(Seite 46)*

- ☑ Bis zu 4 Stunden
- ☐ Bis zu 8 Stunden
- ☐ Bis zu 12 Stunden
- ☐ Bis zu einem Tag

* *Ausgelöst werden EPIRBs durch Wasserkontakt. Baken in einem im Decksbereich angebrachten Container werden durch einen Wasserdruckauslöser abgesprengt.*

167. Warum dauert es unter ungünstigen Bedingungen von der Aktivierung einer COSPAS-SARSAT-Satelliten-Seenotfunkbake ohne GPS bis zum Empfang der Position im MRCC bis zu vier Stunden? *(Seite 45)*

- ☑ Es müssen Überflüge der umlaufenden COSPAS-SARSAT-Satelliten (LEOSAR) abgewartet werden
- ☐ Die niedrige Datenrate im Uplink ermöglicht keine hohe Übertragungsgeschwindigkeit
- ☐ Hoher Seegang behindert die Funkwellenausbreitung zum geostationären COSPAS-SARSAT-Satelliten (GEOSAR)
- ☐ Schlechte Wetterverhältnisse behindern die Übertragung der Daten vom COSPAS-SARSAT-Satelliten zur Bodenstation (LUT)

168. Wie groß ist die maximale Abweichung der ermittelten von der tatsächlichen Position einer COSPAS-SARSAT-Seenotfunkbake (EPIRB) ohne GPS?

- ☑ 2 sm
- ☐ 10 sm
- ☐ 100 sm
- ☐ 150 sm

169. Zu welchem Zweck benutzen Satelliten-Seenotfunkbaken (EPIRB) die Frequenzen 121,5 MHz und 406 MHz? *(Seiten 44, 45)*

- ☑ 121,5 MHz zur Zielfahrt (Homing), 406 MHz zur Alarmierung und Positionsbestimmung
- ☐ 121,5 MHz zur Zielfahrt (Homing), 406 MHz zur Kommunikation
- ☐ 121,5 MHz zur Identifikation, 406 MHz zur Zielfahrt (Homing)
- ☐ 121,5 MHz zur Kommunikation, 406 MHz zur Alarmierung und Positionsbestimmung

170. Welche Informationen müssen an einer Satelliten-Seenotfunkbake (EPIRB) erkennbar sein? *(Seite 46)*

- ☑ a) Schiffsname/Rufzeichen/MMSI oder anderes Identifikationsmerkmal, b) Seriennummer, c) Haltbarkeitsdatum der Batterie, d) Haltbarkeitsdatum des Wasserdruckauslösers
- ☐ a) Herstellerfirma, b) Haltbarkeitsdatum des Wasserdruckauslösers, c) Zulassungsdatum der EPIRB, d) Kurzanleitung
- ☐ a) Herstellerfirma, b) Schiffsname/Rufzeichen/MMSI oder anderes Identifikationsmerkmal, c) Prüfdatum, d) Sendefrequenz
- ☐ a) Kurzanleitung, b) Zulassungsdatum der EPIRB c) Schiffsname/Rufzeichen/MMSI oder anderes Identifikationsmerkmal, d) Haltbarkeitsdatum der Batterie

171. Was ist zu tun, bevor die Satelliten-Seenotfunkbake (EPIRB) für Wartungszwecke aus ihrer Halterung entfernt werden soll? *(Seiten 45, 46)*

- ☑ Sicherstellen, dass kein Fehlalarm ausgelöst wird
- ☐ Sicherung lösen
- ☐ MRCC informieren
- ☐ Keine besonderen Vorkehrungen treffen

172. Welche Prüfungen sind an einer Satelliten-Seenotfunkbake (EPIRB) durchzuführen? *(Seiten 45, 46)*

- ☑ Haltbarkeitsdatum der Batterie, Haltbarkeitsdatum des Wasserdruckauslösers, Funktion entsprechend den Herstellerangaben
- ☐ Haltbarkeitsdatum der Batterie, Haltbarkeitsdatum des Wasserdruckauslösers, Befestigung am Schiffskörper
- ☐ Funktion entsprechend den Herstellerangaben, Haltbarkeitsdatum der Batterie, Festigkeit der Sicherheitsleine
- ☐ Haltbarkeitsdatum des Wasserdruckauslösers, Lesbarkeit der Beschriftung, Kontakte der Batterien

173. Wie erscheint die Aussendung eines Transponders für Suche und Rettung (SART) auf einem Radarbildschirm? *(Seite 48)*

- ☑ Als Linie von mindestens zwölf Zeichen
- ☐ Die Aussendung eines Transponders ist auf dem Radarschirm nicht sichtbar
- ☐ Als lange aus einem Zeichen bestehende Linie
- ☐ Als Linie von mindestens drei Zeichen

174. Welches Navigationsgerät empfängt das Signal eines aktivierten Transponders für Suche und Rettung (SART)? *(Seite 48)*

- ☑ Radargerät
- ☐ GPS-Empfänger
- ☐ DSC-Controller
- ☐ NAVTEX-Gerät

175. Welche Vorteile hat eine UKW-Seefunkanlage gegenüber einem Mobiltelefon in einer Notsituation? *(Seite 26)*

- ☑ Allgemeine und sichere Alarmierungsmöglichkeit
- ☐ Hohe und gleichbleibende Sprachqualität
- ☐ Wahrung des Fernmeldegeheimnisses und des Abhörverbots
- ☐ Digitale und sichere Sprachübertragung

176. Welchen Vorteil hat eine UKW-Seefunkanlage gegenüber einem Mobiltelefon, wenn in einer Notsituation andere Fahrzeuge in Sicht sind und um Hilfe gebeten werden sollen? *(Seite 26)*

- ☑ Erreichbarkeit aller in Funkreichweite befindlichen Seefunkstellen
- ☐ Erreichbarkeit aller Seefunkstellen im Seegebiet A1
- ☐ Erreichbarkeit aller Rettungsfahrzeuge in Küstennähe
- ☐ Erreichbarkeit aller Seefunkstellen in den Seegebieten A1 und A2

177. Warum ist ein Mobiltelefon gegenüber einer UKW-Seefunkanlage keine Alternative, wenn in einer Notsituation die Such- und Rettungsmaßnahmen anderen Fahrzeugen bekannt gemacht werden müssen? *(Seite 26)*

- ☑ Telefongespräche können von weiteren Fahrzeugen nicht mitgehört werden, wichtige Informationen zur Hilfeleistung und Rettung sind nicht für alle Beteiligten verfügbar
- ☐ Telefongespräche können von weiteren Fahrzeugen nicht bestätigt werden, der Seenotleitung (MRCC) fehlen daher wichtige Informationen
- ☐ Telefongespräche können von Küstenfunkstellen nicht bestätigt werden, wichtige Informationen fehlen daher für die Koordination vor Ort
- ☐ Telefongespräche können vom On-Scene Co-ordinator (OSC) nicht mitgehört werden, wichtige Informationen sind nur bei der Seenotleitung (MRCC) vorhanden

178. Mit welcher Meldung werden die Funkstellen davon unterrichtet, dass der Notverkehr beendet ist? *(Seite 93)*

- ☑ Meldung, die mit SILENCE FINI abschließt
- ☐ Meldung, die mit SILENCE MAYDAY abschließt
- ☐ Meldung, die mit OVER AND OUT abschließt
- ☐ Meldung, die mit MASTER abschließt

179. Welche Funktion hat ein Transponder für Suche und Rettung (Search and Rescue Transponder [SART])? *(Seite 48)*

- ☑ Aussendung von Ortungsfunksignalen, die im Seenotfall das Auffinden des verunglückten Fahrzeuges mittels Radar erleichtern sollen
- ☐ Automatische Aussendung der Notposition über UKW an Küsten- bzw. Schiffsfunkstellen
- ☐ Automatische Übermittlung der Position des in Not befindlichen Fahrzeuges über die COSPAS-SARSAT-Satelliten
- ☐ Reflexion von Radarstrahlen und Erzeugung eines deutlichen Echos auf Radarbildschirmen

180. Welche Funktion hat eine Satelliten-Seenotfunkbake (Emergency Position-Indicating Radio Beacon [EPIRB])? *(Seite 44)*

- ☑ Alarmierung und Kennzeichnung der Notposition
- ☐ Kommunikation im VHF-Band zwischen Überlebungsfahrzeug und SAR-Fahrzeugen bzw. dem MRCC
- ☐ Aussendung einer Notmeldung auf den Notfrequenzen der Luftfahrt (121,5 MHz bzw. 243 MHz), die von den Luftfahrzeugen bestätigt wird
- ☐ Ermöglichen der Ortung mittels Radar und Erleichterung des Auffindens des Havaristen

Fragenkatalog UBI

Nachfolgend ist der offizielle Fragenkatalog für die theoretische Prüfung zum UKW-Sprechfunkzeugnis für den Binnenschifffahrtsfunk (UBI) abgedruckt. Der in der Prüfung vorgelegte Prüfungsbogen ist aus diesen Fragen zusammengestellt. Es gibt jeweils nur eine richtige Lösung pro Frage zum Ankreuzen.

Zum Zwecke der Übersicht ist in diesem Fragenkatalog die erste Antwort immer die richtige.

Für weitere Informationen in diesem Buch ist die entsprechende Seite in Klammern hinter der Frage angegeben. Die für die Ergänzungsprüfung UBI (siehe Seite 160) relevanten Fragen sind mit einem (E) gekennzeichnet.

1. (E) Was ist Binnenschifffahrtsfunk?

- ☑ Internationaler mobiler UKW/VHF-Sprechfunkdienst auf Binnenschifffahrtsstraßen
- ☐ Nationaler mobiler UKW/VHF-Sprechfunkdienst auf Binnenschifffahrtsstraßen
- ☐ Internationales UKW/VHF-Sprechfunkverfahren im Binnenbereich
- ☐ Nationales UKW/VHF-Sprechfunkverfahren im Binnenbereich

2. (E) Wozu dient der Binnenschifffahrtsfunk?

- ☑ Funkverkehr für bestimmte Zwecke auf vereinbarten Kanälen (Verkehrskreise) und nach einem festgelegten Betriebsverfahren
- ☐ Funkverkehr für Schiffsfunkstellen zu bestimmten Zwecken auf vereinbarten Kanälen (Verkehrskreise) und nach einem festgelegten Betriebsverfahren
- ☐ Funkverkehr zu Landfunkstellen für bestimmte Zwecke auf vereinbarten Kanälen (Verkehrskreise) und nach einem festgelegten Betriebsverfahren
- ☐ Funkverkehr für Schiffsfunkstellen über Landfunkstellen auf vereinbarten Kanälen (Verkehrskreise) und nach einem festgelegten Betriebsverfahren

3. (E) Wo findet man Angaben über die grundsätzlichen Regelungen für den Binnenschifffahrtsfunk in Europa?* *(Seite 101)*

- ☑ Regionale Vereinbarung über den Binnenschifffahrtsfunk (RAINWAT)
- ☐ International Convention for the Safety of Life at Sea (SOLAS)
- ☐ Verwaltungsvereinbarung über die Koordinierung von Frequenzen (HCM)
- ☐ Binnenschifffahrt-Sprechfunkverordnung (BinSchSprFunkV)

4. Was ist eine »ortsfeste Funkstelle«?

- ☑ Funkstelle, die an Land betrieben wird
- ☐ Funkstelle, die von der Fernmeldebehörde betrieben wird
- ☐ Funkstelle, die an Bord eines nicht dauernd festgemachten Binnenschiffes betrieben wird
- ☐ Funkstelle, die im Verkehrskreis »Funkverkehr an Bord« betrieben wird

5. (E) Was ist eine »Revierzentrale«? *(Seiten 104, 105)*

- ☑ Zentrale Landfunkstelle des Verkehrskreises Nautische Information
- ☐ Zentrale Schiffsfunkstelle der Wasserstraßen- und Schifffahrtsverwaltung
- ☐ Zentrale Telematikdienste zur Datenübermittlung von AIS
- ☐ Zentrale Seefunkstelle zur Schiffslenkung

** RAINWAT = Regional Arrangement concerning the radiotelephone service on INland WATerways*

6. (E) Was ist ein »Verkehrsposten«? *(Seite 105)*

- ☑ Zentrale ortsfeste Funkstelle in den Niederlanden
- ☐ Zentrale mobile Funkstelle in den Niederlanden
- ☐ Zentrale ortsfeste Funkstelle in den Niederlanden und in Frankreich
- ☐ Zentrale mobile Funkstelle in den Niederlanden und in Frankreich

7. (E) Was ist ein »Blockkanal«? *(Seite 105)*

- ☑ Funkkanal für sicherheitsrelevante Meldungen der Verkehrsposten und Schiffsfunkstellen in den Niederlanden
- ☐ Funkkanal für Routinegespräche der Verkehrsposten und Schiffsfunkstellen in den Niederlanden
- ☐ Gesperrter Funkkanal der Verkehrsposten und Verkehrszentralen in den Niederlanden
- ☐ Funkkanal für öffentlichen Nachrichtenaustausch zwischen den Verkehrsposten in den Niederlanden

8. (E) Was bedeutet »MIB«?

- ☑ Melde- und Informationssystem in der Binnenschifffahrt
- ☐ Maritimes Identifikationssystem in der Binnenschifffahrt
- ☐ Mobiles Informationssystem in der Binnenschifffahrt
- ☐ Melde- und Identifikationssystem in der Binnenschifffahrt

9. (E) Wo darf der Inhaber eines in Deutschland erworbenen UKW-Sprechfunkzeugnisses für den Binnenschifffahrtsfunk am Funkverkehr teilnehmen?

- ☑ In allen Ländern, die der Regionalen Vereinbarung über den Binnenschifffahrtsfunk beigetreten sind
- ☐ In allen Mitgliedsstaaten der EU
- ☐ In allen Staaten, die die Vollzugsordnung für den Funkdienst ratifiziert haben
- ☐ In allen deutschsprachigen Ländern

10. (E) Wo berechtigt das UKW-Sprechfunkzeugnis für den Binnenschifffahrtsfunk (UBI) auch zur Teilnahme am mobilen Seefunkdienst? *(Seite 102)*

- ☑ Wasserstraßen der Zonen 1 bis 2
- ☐ Wasserstraßen der Zonen 2 bis 4
- ☐ Wasserstraßen der Zonen 1 bis 4
- ☐ Wasserstraßen der Zonen 2 bis 3

11. (E) Wer erteilt neben der zuständigen Stelle des Bundes das UKW-Sprechfunkzeugnis für den Binnenschifffahrtsfunk (UBI)? *(Seite 158)*

- ☑ Prüfungsausschüsse des Deutschen Motoryachtverbandes e.V. (DMYV) und des Deutschen Segler-Verbandes e.V. (DSV)
- ☐ Bundesnetzagentur (BNetzA) und das Bundesamt für Seeschifffahrt und Hydrographie (BSH)
- ☐ Zentrale Verwaltungsstelle (ZVST) und Generaldirektion Wasserstraßen und Schifffahrt (GDWS)
- ☐ Wasserstraßen- und Schifffahrtsamt (WSA) und Bundesnetzagentur (BNetzA)

12. (E) Welches Funkzeugnis berechtigt nicht zur Teilnahme am Weltweiten Seenot- und Sicherheitsfunksystem (GMDSS)? *(Seite 102)*

- ☑ UKW-Sprechfunkzeugnis für den Binnenschifffahrtsfunk (UBI)
- ☐ Beschränkt Gültiges Funkbetriebszeugnis (SRC)
- ☐ Allgemeines Funkbetriebszeugnis (LRC)
- ☐ Allgemeines Betriebszeugnis für Funker (GOC)

13. (E) Welches Funkzeugnis berechtigt nicht zur Teilnahme am Binnenschifffahrtsfunk? *(Seite 102)*

- ☑ Amateurfunkzeugnis
- ☐ UKW-Sprechfunkzeugnis für den Binnenschifffahrtsfunk (UBI)
- ☐ Allgemeines Sprechfunkzeugnis für den Seefunkdienst
- ☐ Beschränkt Gültiges Betriebszeugnis für Funker I (BZ I)

14. (E) Worauf ist bei der Teilnahme am Binnenschifffahrtsfunk in anderen Ländern zu achten? *(Seite 101)*

- ☑ Die Bestimmungen im Regionalen Teil des Handbuchs Binnenschifffahrtsfunk sind zu beachten
- ☐ Die Bestimmungen der Binnenschiff-fahrt-Sprechfunkverordnung sind zu beachten
- ☐ Die Bestimmungen der EU-Kommission sind zu beachten
- ☐ Die Bestimmungen der Binnenschiff-fahrtsstraßen-Ordnung sind zu beachten

15. Wo findet man grundsätzliche Bestimmungen über den Sprechfunk auf den jeweiligen Bundeswasserstraßen? *(Seite 104)*

- ☑ Schifffahrtspolizeiverordnungen
- ☐ Binnenschifffahrtpatentverordnung
- ☐ Binnenschifffahrt-Sprechfunkverordnung
- ☐ Binnenschiffsuntersuchungsordnung

16. (E) Wo findet man z. B. Angaben über die Ausrüstungspflicht mit Funkanlagen auf Binnenschiffen? *(Seite 104)*

- ☑ Binnenschifffahrtsstraßen-Ordnung
- ☐ Binnenschifffahrt-Sprechfunkverordnung
- ☐ Binnenschifferpatentverordnung
- ☐ Schiffssicherheitsverordnung

17. (E) Wo findet man Angaben über die Funkbenutzungspflicht für Fahrzeuge auf bestimmten Binnenschifffahrtsstraßen? *(Seite 104)*

- ☑ Regionale Teile des Handbuchs Binnenschifffahrtsfunk
- ☐ Allgemeiner Teil des Handbuchs Binnenschifffahrtsfunk
- ☐ Binnenschifffahrt-Sprechfunkverordnung
- ☐ Binnenschifferpatentverordnung

18. (E) Das Abhörverbot und das Fernmeldegeheimnis sind geregelt … *(Seite 19)*

- ☑ im Telekommunikationsgesetz (TKG)
- ☐ in der Binnenschifffahrt-Sprechfunk-verordnung (BinSchSprFunkV)
- ☐ in der Schiffssicherheitsverordnung (SchSV)
- ☐ im Gesetz über Funkanlagen und Tele-kommunikationsendeinrichtungen (FTEG)

19. Was unterliegt dem Fernmeldegeheimnis? *(Seite 19)*

- ☑ Inhalt des Funkverkehrs und seine näheren Umstände, insbesondere die Tatsache, ob jemand an der Abwicklung des Funkverkehrs beteiligt ist oder war
- ☐ Inhalt des Funkverkehrs und seine näheren Umstände, insbesondere konkrete Daten wie z. B. der ATIS-Code
- ☐ Inhalt des Funkverkehrs und seine näheren Umstände, sofern es sich um Nachrichtenaustausch mit einer Revierzentrale handelt
- ☐ Inhalt des Funkverkehrs und seine näheren Umstände, sofern es sich um Nachrichtenaustausch im Rahmen des Not-, Dringlichkeits- und Sicherheitsverkehrs handelt

20. Welche Nachrichten dürfen uneingeschränkt aufgenommen und verbreitet werden? *(Seite 19)*

- ☑ Aussendungen, die »An alle Funkstellen« gerichtet sind
- ☐ Aussendungen des Öffentlichen Nachrichtenaustauschs
- ☐ Aussendungen im Verkehrskreis »Funkverkehr an Bord«
- ☐ Aussendungen im Binnenschifffahrtsfunk dürfen uneingeschränkt aufgenommen und verbreitet werden

21. (E) Welche Folgen kann die Verletzung des Fernmeldegeheimnisses haben?

- ☑ Strafrechtliche Verfolgung
- ☐ Ordnungswidrigkeitsverfahren
- ☐ Schriftliche Verwarnung
- ☐ Einzug der Funkanlage

22. Welchen Frequenzbereich nutzt der Binnenschifffahrtsfunk?

- ☑ Ultrakurzwelle (UKW/VHF)
- ☐ Kurzwelle (KW/HF)
- ☐ Grenzwelle (GW/MF)
- ☐ Langwelle (LW/LF)

23. Wie breiten sich Ultrakurzwellen aus? *(Seite 36)*

- ☑ Geradlinig und quasioptisch
- ☐ Abhängig von der Tageszeit
- ☐ Der Erdkrümmung folgend bis weit hinter den Horizont
- ☐ In der Ionosphäre reflektiert

24. Welche Faktoren können die Ausbreitung der Ultrakurzwellen beeinflussen?

- ☑ Hindernisse, z. B. Berge oder hohe Bauwerke
- ☐ Niederschläge, z. B. Schnee- oder Regenschauer
- ☐ Tag- und Nachtschwankungen
- ☐ Kurs und Geschwindigkeit des Schiffes

25. (E) Was ist eine »Schiffsfunkstelle«?

- ☑ Mobile Funkstelle des Binnenschifffahrtsfunks
- ☐ Mobile Funkstelle des mobilen Seefunkdienstes
- ☐ Ortsfeste Funkstelle des Binnenschifffahrtsfunks
- ☐ Ortsfeste Funkstelle des mobilen Seefunkdienstes

26. Was ist eine »Seefunkstelle«?

- ☑ Funkstelle des Mobilen Seefunkdienstes an Bord eines nicht dauernd verankerten Seefahrzeuges
- ☐ Funkstelle des Mobilen Seefunkdienstes, die an Land als Küstenfunkstelle betrieben wird
- ☐ Funkstelle des Binnenschifffahrtsfunks, die im Seebereich an Bord eines Seeschiffes betrieben wird
- ☐ Funkstelle des Mobilen Seefunkdienstes, die im Verkehrskreis »Nautische Information« betrieben wird

27. (E) Wer darf eine Schiffsfunkstelle bedienen?

- ☑ Inhaber eines gültigen Sprechfunkzeugnisses für den Binnenschifffahrtsfunk (UBI) oder eines gleichwertigen Zeugnisses
- ☐ Personen, die ohne Aufsicht eines Funkzeugnisinhabers am Funkverkehr teilnehmen, sofern sie älter als 16 Jahre sind
- ☐ Nur der Schiffsführer, sofern er über ein gültiges Sprechfunkzeugnis für den Binnenschifffahrtsfunk (UBI) verfügt
- ☐ Personen, die über einen gültigen Sportbootführerschein-Binnen und über die Erlaubnis des Schiffsführers verfügen

28. Wer stellt in Deutschland die Zuteilungsurkunde (Ship Station Licence) für eine Schiffsfunkstelle aus? *(Seite 15)*

- ☑ Bundesnetzagentur (BNetzA)
- ☐ Bundesamt für Seeschifffahrt und Hydrographie (BSH)
- ☐ Generaldirektion Wasserstraßen- und Schifffahrt (GDWS)
- ☐ Wasserstraßen- und Schifffahrtsamt (WSA)

29. (E) Der Betrieb einer Schiffsfunkstelle ohne Zuteilungsurkunde (Ship Station Licence) verstößt gegen Vorschriften ...

- ☑ des Telekommunikationsgesetzes (TKG)
- ☐ der Binnenschifffahrtsstraßen-Ordnung (BinSchStrO)
- ☐ des Gesetzes über Funkanlagen und Telekommunikationsendeinrichtungen (FTEG)
- ☐ der Binnenschifffahrt-Sprechfunkverordnung (BinSchSprFunkV)

30. (E) Die Bedienung einer Schiffsfunkstelle ohne Erlaubnis (UKW-Sprechfunkzeugnis) verstößt gegen Vorschriften ...

- ☑ der Binnenschifffahrt-Sprechfunkverordnung (BinSchSprFunkV)
- ☐ der Binnenschifffahrtsstraßen-Ordnung (BinSchStrO)
- ☐ des Gesetzes über Funkanlagen und Telekommunikationsendeinrichtungen (FTEG)
- ☐ des Telekommunikationsgesetzes (TKG)

31. (E) Welches amtliche Dokument für eine Schiffsfunkstelle muss sich an Bord befinden? *(Seite 15)*

- ☑ Zuteilungsurkunde (Ship Station Licence)
- ☐ UKW-Sprechfunkzeugnis (UBI)
- ☐ UKW-Betriebszeugnis
- ☐ Zulassungsurkunde

32. Die telekommunikationsrechtliche Überprüfung einer Schiffsfunkstelle wird durchgeführt von ... *(Seite 15)*

- ☑ Bundesnetzagentur (BNetzA)
- ☐ Bundesamt für Seeschifffahrt und Hydrographie (BSH)
- ☐ Generaldirektion Wasserstraßen und Schifffahrt (GDWS)
- ☐ Wasserstraßen- und Schifffahrtsamt (WSA)

33. Wer ist bei Eignerwechsel eines Binnenschiffes in Bezug auf die Schiffsfunkstelle zu benachrichtigen?* *(Seite 15)*

- ☑ Bundesnetzagentur (BNetzA)
- ☐ Bundesamt für Seeschifffahrt und Hydrographie (BSH)
- ☐ Generaldirektion Wasserstraßen und Schifffahrt (GDWS)
- ☐ Wasserstraßen- und Schifffahrtsamt (WSA)

34. Wer ist bei technischen Änderungen an einer Schiffsfunkstelle, z. B. bei Änderung des Gerätebestands, schriftlich zu informieren?* *(Seite 15)*

- ☑ Bundesnetzagentur (BNetzA)
- ☐ Bundesamt für Seeschifffahrt und Hydrographie (BSH)
- ☐ Generaldirektion Wasserstraßen und Schifffahrt (GDWS)
- ☐ Wasserstraßen- und Schifffahrtsamt (WSA)

35. Wer kann die Einstellung des Betriebes einer Schiffsfunkstelle anordnen?* *(Seite 15)*

- ☑ Bundesnetzagentur (BNetzA)
- ☐ Bundesamt für Seeschifffahrt und Hydrographie (BSH)
- ☐ Generaldirektion Wasserstraßen und Schifffahrt (GDWS)
- ☐ Wasserstraßen- und Schifffahrtsamt (WSA)

36. (E) Welche Teile des Handbuchs Binnenschifffahrtsfunk müssen bei einer Schiffsfunkstelle mitgeführt werden? *(Seite 101)*

- ☑ Allgemeiner Teil sowie Regionale Teile für die Strecken, in denen die Schiffsfunkstelle am Binnenschifffahrtsfunk teilnimmt
- ☐ Regionale Teile für die Strecke, in der sich die Schiffsfunkstelle gerade befindet
- ☐ Regionale Teile für alle europäischen Wasserstraßen
- ☐ Allgemeiner Teil sowie Regionale Teile des Landes, in dem die Schiffsfunkstelle angemeldet wurde

37. (E) Woraus besteht das Rufzeichen für eine deutsche Schiffsfunkstelle? *(Seite 17)*

- ☑ Zwei Buchstaben der Rufzeichenreihe für Deutschland, gefolgt von vier Ziffern
- ☐ Vier Buchstaben der Rufzeichenreihe für Deutschland, gefolgt von vier Ziffern
- ☐ Zwei Buchstaben der Rufzeichenreihe für Deutschland, gefolgt von zwei Ziffern
- ☐ Vier Buchstaben der Rufzeichenreihe für Deutschland, gefolgt von zwei Ziffern

38. Welches der nachfolgend angegebenen Rufzeichen kennzeichnet eine Schiffsfunkstelle? *(Seite 103)*

- ☑ DA 5005
- ☐ DABC 55
- ☐ DA5 0BC
- ☐ DA 505B

39. (E) Was bedeutet »ATIS«? *(Seite 103)*

- ☑ Automatisches Senderidentifizierungssystem
- ☐ Automatisches Schiffsidentifizierungssystem
- ☐ Automatisches Verkehrsinformationssystem
- ☐ Automatisches Transponderabfragesystem

40. (E) Welchem Zweck dient die Aussendung eines ATIS-Codes? *(Seite 103)*

- ☑ Identifizierung einer Schiffsfunkstelle
- ☐ Identifizierung einer Seefunkstelle
- ☐ Identifizierung des Bedieners der Schiffsfunkstelle
- ☐ Identifizierung des Verkehrskreises

41. Wie setzt sich der ATIS-Code zusammen? *(Seite 103)*

- ☑ Aus 10 Ziffern: der Ziffer 9, der dreistelligen Seefunkkennzahl (MID) und 6 Ziffern
- ☐ Aus 10 Ziffern: der dreistelligen Seefunkkennzahl (MID), 6 Ziffern
- ☐ Aus 10 Ziffern: der Ziffer 9, zwei Nullen, der dreistelligen Seefunkkennzahl (MID) und 4 Ziffern
- ☐ Aus 10 Ziffern: zwei Nullen, der dreistelligen Seefunkkennzahl (MID) und 5 Ziffern

42. (E) Wann wird das ATIS-Signal ausgesendet? *(Seite 103)*

- ☑ Automatisch nach dem Loslassen der Sprechtaste
- ☐ Automatisch beim Drücken der Sprechtaste
- ☐ Automatisch alle 10 Minuten
- ☐ Automatisch beim Kanalwechsel

43. (E) Welchen ATIS-Code sendet eine tragbare Funkanlage aus?

- ☑ ATIS-Code der Schiffsfunkstelle, zu der sie gehört
- ☐ ATIS-Code, der ihr gesondert mit der Zuteilungsurkunde (Ship Station Licence) zugewiesen wurde
- ☐ ATIS-Code der ortsfesten Funkstelle
- ☐ ATIS-Code der Schiffsfunkstelle und die Gerätenummer

44. (E) Was ist ein »ATIS-Killer«? *(Seite 103)*

- ☑ Zusatzeinrichtung in der Funkanlage zur akustischen Unterdrückung des empfangenen ATIS-Signals
- ☐ Zusatzeinrichtung in der Funkanlage zur optischen Unterdrückung des empfangenen ATIS-Signals
- ☐ Zusatzeinrichtung in der Funkanlage zur Unterdrückung der versehentlichen Aussendung des ATIS-Signals
- ☐ Zusatzeinrichtung in der Funkanlage zur Unterdrückung der Aussendung des ATIS-Signals

45. (E) Was versteht man unter »AIS«? *(Seite 52)*

- ☑ Automatisches Schiffsidentifizierungs- und Überwachungssystem, das statische, dynamische und reisebezogene Informationen auf UKW überträgt
- ☐ Allgemeines Informationssystem für die Binnenschifffahrt
- ☐ Automatische Aussendung der Kennung eines Binnenschiffes beim Loslassen der Sprechtaste
- ☐ Identifizierung eines Schiffes mithilfe von Radarpeilungen und deren Weitergabe an die Schifffahrt zur Kollisionsverhütung

46. Welche Informationen werden bei AIS automatisch ausgetauscht? *(Seite 52)*

- ☑ Statische Informationen (z. B. Schiffsname), dynamische Informationen (z. B. Kurs) und reisebezogene Informationen (z. B. Bestimmungsort)
- ☐ Statische Informationen (z. B. Schiffsname), notfallbezogene Informationen (z. B. Notalarme) und reisebezogene Informationen (z. B. Bestimmungsort)
- ☐ Statische Informationen (z. B. Schiffsname), reisebezogene Informationen (z. B. Bestimmungsort) und dringende Informationen (z. B. Treibstoffmangel)
- ☐ Statische Informationen (z. B. Schiffsname), dynamische Informationen (z. B. Kurs) und notfallbezogene Informationen (z. B. Notalarme)

47. (E) Was ist beim Betrieb einer Amateurfunkstelle an Bord eines Binnenschiffes, das mit einer Schiffsfunkstelle ausgerüstet ist, zu beachten?

- ☑ Die Amateurfunkstelle darf nur mit Zustimmung des Schiffsführers betrieben werden und keine schädlichen Störungen bei der Schiffsfunkstelle oder bei sonstigen nautischen und technischen Einrichtungen des Fahrzeugs verursachen
- ☐ Die Amateurfunkstelle darf nur mit Zustimmung des Schiffsführers und zur Vermeidung von schädlichen Störungen nur mit einer Leistung von bis zu 5 Watt betrieben werden
- ☐ Die Amateurfunkstelle darf nur mit Zustimmung der Revierzentrale betrieben werden und keine schädlichen Störungen bei der Schiffsfunkstelle oder bei sonstigen nautischen und technischen Einrichtungen des Fahrzeugs verursachen
- ☐ Die Amateurfunkstelle darf nur nach Eintragung in die Zuteilungsurkunde (Ship Station Licence) der Schiffsfunkstelle betrieben werden und keine schädlichen Störungen bei der Schiffsfunkstelle oder bei sonstigen nautischen und technischen Einrichtungen des Fahrzeugs verursachen

48. Was bedeutet die Angabe »Betriebsspannung 10,8 – 14,6 V=« in der Bedienungsanleitung für eine Funkanlage? *(Seite 59)*

- ☑ Es ist eine Gleichspannung zwischen 10,8 und 14,6 Volt für den Betrieb erforderlich
- ☐ Es ist eine Wechselspannung zwischen 10,8 und 14,6 Volt für den Betrieb erforderlich
- ☐ Es ist eine Gleichspannung von 12,7 Volt (Mittelwert zwischen 10,8 und 14,6 Volt) für den Betrieb erforderlich
- ☐ Es ist eine Wechselspannung von 12,7 Volt (Mittelwert zwischen 10,8 und 14,6 Volt) für den Betrieb erforderlich

49. Was ist beim Kauf eines UKW-Sprechfunkgerätes für den Binnenschifffahrtsfunk zu beachten?

- ☑ Das Funkgerät muss zugelassen oder für die Teilnahme am Binnenschifffahrtsfunk in Verkehr gebracht worden sein
- ☐ Das Funkgerät muss funktionsfähig und für die Teilnahme am Binnenschifffahrtsfunk TÜV-geprüft sein
- ☐ Das Funkgerät muss für die Teilnahme am Binnenschifffahrtsfunk eine ATIS-Schnittstelle besitzen und Wetterberichte empfangen können
- ☐ Das Funkgerät muss gemäß der Binnenschifffahrt-Sprechfunkverordnung für die Teilnahme am Binnenschifffahrtsfunk zugelassen sein

50. Je höher die Antenne angebracht ist, desto... *(Seite 36)*

- ☑ größer ist die Reichweite
- ☐ größer ist die erforderliche Sendeleistung
- ☐ wetterunabhängiger ist der Funkverkehr
- ☐ größer wird die Gefährdung von Personen in elektromagnetischen Feldern

51. Bei einer Beschädigung der äußeren Isolierung (Mantel) des Antennenkabels sollte das Antennenkabel ... *(Seite 36)*

- ☑ umgehend erneuert werden
- ☐ bei Gelegenheit erneuert werden
- ☐ umgehend hilfsweise durch ein Stromkabel ersetzt werden
- ☐ bei Gelegenheit gegen eindringende Feuchtigkeit gesichert werden

52. Eine Schiffsfunkstelle empfängt auf allen UKW-Kanälen nur starkes Rauschen. Was könnte die mögliche Ursache für die Störung sein? *(Seite 36)*

- ☑ Die Antenne oder das Antennenkabel ist möglicherweise beschädigt
- ☐ Der Empfang wird durch atmosphärische Störungen beeinträchtigt
- ☐ Eine unbeabsichtigte Aussendung einer anderen Schiffsfunkstelle blockiert die UKW-Kanäle
- ☐ Die Funkantenne wurde in zu geringer Nähe zur Radarantenne angebracht

53. Worauf ist beim Austausch einer defekten UKW-Antenne bei einer Schiffsfunkstelle durch eine Ersatzantenne zu achten? *(Seite 36)*

- ☑ Die Ersatzantenne muss für den Frequenzbereich des Binnenschifffahrtsfunks ausgelegt sein
- ☐ Die Ersatzantenne muss wettergeschützt angebracht werden
- ☐ Die Ersatzantenne muss außerhalb des Abdeckungsbereichs des Radars angebracht werden
- ☐ Die Ersatzantenne muss am höchsten Punkt des Fahrzeugs angebracht werden

54. Wozu dient am UKW-Gerät die Rauschsperre (Squelch)? *(Seite 38)*

- ☑ Die Wiedergabe des Empfängers wird nur bei einem brauchbaren Empfangssignal aktiviert
- ☐ Das Rauschen kann stufenlos auf einen angenehmen Wert eingestellt werden
- ☐ Die Rauschsperre verbessert die Wiedergabe von schwachen Empfangssignalen
- ☐ Die Wiedergabe des Empfängers wird nur beim Empfang von Notsignalen aktiviert

55. (E) Wozu dient ein »Verkehrskreis« im Binnenschifffahrtsfunk? *(Seite 103)*

- ☑ Zuordnung von Sprechfunk-Kanälen für bestimmte Zwecke
- ☐ Zuordnung von Sprechfunk-Kanälen für bestimmte Schiffsfunkstellen
- ☐ Zuordnung der Rangfolge von bestimmten Arten von Funkgesprächen
- ☐ Zuordnung von Sprechfunk-Rufzeichen für bestimmte Funkstellen

56. (E) Welche Verkehrskreise werden im Binnenschifffahrtsfunk betrieben? *(Seite 103)*

- ☑ Schiff–Schiff, Nautische Information, Schiff–Hafenbehörde, Funkverkehr an Bord
- ☐ Schiff–Schiff, Schiff–Verkehrszentrale, Schiff–Hafenbehörde, Funkverkehr an Bord
- ☐ Schiff–Schiff, Nautische Information, Schiff–Hafenbehörde, Schiff–Verkehrsposten
- ☐ Schiff–Schiff, Nautische Information, Schiff–Hafenbehörde, Schiff–Landfunkstelle

57. (E) Wo findet man Angaben über die Verkehrskreise des Binnenschifffahrtsfunks?

- ☑ Binnenschifffahrt-Sprechfunkverordnung
- ☐ Regionaler Teil Deutschland des Handbuchs Binnenschifffahrtsfunk
- ☐ Gesetz über Funkanlagen und Telekommunikationsendeinrichtungen (FTEG)
- ☐ Binnenschifffahrtsstraßen-Ordnung

58. (E) Die Verkehrskreise »Nautische Information« und »Schiff–Hafenbehörde« werden ...

- ☑ nicht auf allen Bundeswasserstraßen angeboten
- ☐ auf allen Bundeswasserstraßen angeboten
- ☐ in Häfen und ausgewiesenen Liegestellen angeboten
- ☐ auf dem Rhein, auf der Donau und auf der Mosel angeboten

59. (E) Wozu dient der Verkehrskreis »Schiff–Schiff«? *(Seite 103)*

- ☑ Funkverkehr zwischen Schiffsfunkstellen
- ☐ Funkverkehr zwischen Schiffsfunkstellen und Funkstellen der Behörden, die für die Betriebsdienste auf Binnenwasserstraßen zuständig sind
- ☐ Funkverkehr von Schiffsfunkstellen über Landfunkstellen mit dem öffentlichen Telekommunikationsnetz
- ☐ Funkverkehr zwischen Handfunkgeräten auf einem Schiff

60. Welche Nachrichten werden im Verkehrskreis »Schiff–Schiff« übermittelt? *(Seite 103)*

- ☑ Nachrichten, die sich auf den Schutz von Personen oder auf die Fahrt oder auf die Sicherheit von Schiffen beziehen
- ☐ Nachrichten über den Zustand der Wasserstraßen, über Verkehrsberatung und zur Verkehrslenkung zwischen Schiffsfunkstellen und Landfunkstellen
- ☐ Nachrichten über die Zuweisung von Liegeplätzen oder über die Fahrt in den Häfen
- ☐ Nachrichten über schiffsbetriebliche Angelegenheiten, die sich auf die Sicherheit von Schiffen beziehen

61. Welche Funkstelle ist nicht dem Verkehrskreis »Schiff–Schiff« zugeordnet? *(Seite 103)*

- ☑ Duisburg Hafen
- ☐ Segelyacht Robbe DA 5005
- ☐ Spey Fähre
- ☐ MS Mainz

62. Welche Funkstelle kann am Verkehrskreis »Schiff–Schiff« teilnehmen? *(Seite 103)*

- ☑ Segelyacht Robbe DA 5005
- ☐ Lauenburg Schleuse
- ☐ Duisburg Hafen
- ☐ Minden Revierzentrale

63. (E) Wozu dient der Verkehrskreis »Nautische Information«? *(Seite 103)*

- ☑ Funkverkehr zwischen Schiffsfunkstellen und Funkstellen der Behörden, denen der Betrieb der Bundeswasserstraßen obliegt
- ☐ Funkverkehr von Schiffsfunkstellen über Landfunkstellen mit dem öffentlichen Telekommunikationsnetz
- ☐ Funkverkehr zwischen Schiffsfunkstellen
- ☐ Funkverkehr zwischen Schiffsfunkstellen und Landfunkstellen von Hafenbehörden

64. (E) Welche Nachrichten werden im Verkehrskreis »Nautische Information« übermittelt? *(Seite 103)*

- ☑ Nachrichten über den Zustand der Wasserstraßen, über Verkehrsberatung und zur Verkehrslenkung
- ☐ Nachrichten über die Zuweisung von Liegeplätzen oder über die Fahrt in den Häfen
- ☐ Nachrichten, die sich auf Funkverkehr zwischen Schiffsfunkstellen beziehen
- ☐ Nachrichten über schiffsbetriebliche Angelegenheiten

65. (E) Wodurch kann bei einem nicht funkausrüstungspflichtigen Fahrzeug die ununterbrochene Teilnahme am Verkehrskreis »Nautische Information« sichergestellt werden? *(Seite 104)*

- ☑ Zusätzliche UKW-Funkanlage für den Binnenschifffahrtsfunk
- ☐ Zweikanalüberwachung (Dual Watch)
- ☐ Ununterbrochene Empfangsbereitschaft auf Kanal 10
- ☐ Einschalten des Kanals der Funkstelle der zuständigen Hafenbehörde

66. (E) Welche Funkstelle ist nicht dem Verkehrskreis »Nautische Information« zugeordnet?* *(Seite 103)*

- ☑ Neuss Hafen
- ☐ Iffezheim Schleuse
- ☐ Gerstheim Ecluse
- ☐ Oberwesel Revierzentrale

67. (E) Welche Funkstelle ist dem Verkehrskreis »Nautische Information« zugeordnet?** *(Seite 103)*

- ☑ Iffezheim Schleuse
- ☐ Neuss Hafen
- ☐ Diffenébrücke Mannheim
- ☐ Mannheim Hafenschleuse

68. Wozu dient der Verkehrskreis »Schiff–Hafenbehörde«? *(Seite 103)*

- ☑ Funkverkehr zwischen Schiffsfunkstellen und Landfunkstellen von Hafenbehörden
- ☐ Funkverkehr von Schiffsfunkstellen über Landfunkstellen mit dem öffentlichen Telekommunikationsnetz
- ☐ Funkverkehr zwischen Schiffsfunkstellen in Häfen
- ☐ Funkverkehr an Bord eines Schiffes oder innerhalb einer Gruppe von Fahrzeugen, die geschleppt oder geschoben werden

69. (E) Welche Nachrichten werden im Verkehrskreis »Schiff–Hafenbehörde« übermittelt? *(Seite 103)*

- ☑ Nachrichten über die Zuweisung von Liegeplätzen oder über die Fahrt in den Häfen
- ☐ Nachrichten über den Zustand der Wasserstraßen, über Verkehrsberatung und zur Verkehrslenkung
- ☐ Nachrichten, die sich auf Funkverkehr zwischen Schiffsfunkstellen beziehen
- ☐ Nachrichten über schiffsbetriebliche Angelegenheiten

70. (E) Welchem Verkehrskreis ist die Landfunkstelle Düsseldorf Marina zugeordnet?*** *(Seite 103)*

- ☑ Schiff–Hafenbehörde
- ☐ Schiff–Schiff
- ☐ Nautische Information
- ☐ Funkverkehr an Bord

71. Welche Funkstelle ist nicht dem Verkehrskreis »Schiff–Hafenbehörde« zugeordnet?* ** *(Seite 103)*

- ☑ Gerstheim Ecluse
- ☐ Mannheim Hafenschleuse
- ☐ Segelyacht Robbe DA 5005
- ☐ Duisburg Hafen

72. Welche Funkstelle ist dem Verkehrskreis »Schiff–Hafenbehörde« zugeordnet?* **** *(Seite 103)*

- ☑ Duisburg Hafen
- ☐ Gerstheim Ecluse
- ☐ Rothensee Hebewerk
- ☐ Lauenburg Schleuse

---

* *Écluse = Schleuse (franz.)*

** *Die Hafenschleuse Mannheim und Diffenébrücke gehören zum Hafen Mannheim und daher zum Verkehrskreis Schiff–Hafenbehörde.*

*** *Der Name einer Landfunkstelle setzt sich zusammen aus dem geografischen Namen und dem Dienst. Der offizielle Rufname ist »Marina Düsseldorf Port«.*

**** *Ein Schiffshebewerk gehört zum Schleusenfunk und somit zum Verkehrskreis Nautischer Informationsfunk.*

73. Wozu dient der Verkehrskreis »Funkverkehr an Bord«? *(Seite 103)*

- ☑ Funkverkehr an Bord eines Schiffes oder innerhalb einer Gruppe von Fahrzeugen, die geschleppt oder geschoben werden
- ☐ Funkverkehr zwischen Schiffsfunkstellen und Landfunkstellen von Hafenbehörden
- ☐ Funkverkehr von Schiffsfunkstellen über Landfunkstellen mit dem öffentlichen Telekommunikationsnetz
- ☐ Funkverkehr zwischen Schiffsfunkstellen in Häfen

74. (E) Welche Nachrichten werden im Verkehrskreis »Funkverkehr an Bord« übermittelt? *(Seite 103)*

- ☑ Nachrichten über schiffsbetriebliche Angelegenheiten sowie bei Anweisungen für das Arbeiten mit Leinen und für das Ankern
- ☐ Nachrichten über die Zuweisung von Liegeplätzen oder über die Fahrt in den Häfen
- ☐ Nachrichten über den Zustand der Wasserstraßen, über Verkehrsberatung und zur Verkehrslenkung zwischen Schiffsfunkstellen und Landfunkstellen
- ☐ Nachrichten, die sich auf den Schutz von Personen und auf die Fahrt oder auf die Sicherheit von Schiffen beziehen

75. (E) Welche UKW-Kanäle dürfen im Verkehrskreis »Funkverkehr an Bord« benutzt werden? *(Seite 103)*

- ☑ 15 und 17
- ☐ 72 und 77
- ☐ 06 und 16
- ☐ 18 und 22

76. In welchem Verkehrskreis dürfen tragbare Funkanlagen in Deutschland benutzt werden?

- ☑ Funkverkehr an Bord
- ☐ Schiff–Hafenbehörde
- ☐ Nautische Information
- ☐ Schiff–Schiff

77. Welche Fahrzeuge/Schiffe mit Schiffsfunkstellen dürfen nicht am Verkehrskreis »Funkverkehr an Bord« teilnehmen? *(Seite 103)*

- ☑ Kleinfahrzeuge
- ☐ Schlepp- und Schubschiffe
- ☐ Behördenfahrzeuge
- ☐ Fahrgastschiffe

78. (E) Welche Kennung müssen Schiffsfunkstellen in den Verkehrskreisen »Schiff–Schiff«, »Nautische Information« und »Schiff–Hafenbehörde« im Sprechfunkverkehr verwenden? *(Seite 106)*

- ☑ Schiffsname und Rufzeichen
- ☐ ATIS-Kennung
- ☐ Rufnummer im Seefunkdienst (MMSI)
- ☐ Heimathafen

79. (E) In welchen Verkehrskreisen müssen Schiffsfunkstellen, außer auf Kleinfahrzeugen, während der Fahrt empfangsbereit sein?

- ☑ Mindestens in zwei der Verkehrskreise Schiff–Schiff, Nautische Information oder Schiff–Hafenbehörde
- ☐ Mindestens in drei der Verkehrskreise Schiff–Schiff, Nautische Information, Funkverkehr an Bord oder Schiff–Hafenbehörde
- ☐ Mindestens in einem der Verkehrskreise Schiff–Schiff, Nautische Information oder Schiff–Hafenbehörde
- ☐ Mindestens abwechselnd in einem der Verkehrskreise Schiff–Schiff, Nautische Information, Funkverkehr an Bord oder Schiff–Hafenbehörde

80. (E) Wo findet man Regelungen über die Abwicklung des Binnenschifffahrtsfunks? *(Seite 101)*

- ☑ Allgemeiner Teil des Handbuchs Binnenschifffahrtsfunk
- ☐ Regionaler Teil Deutschland des Handbuchs Binnenschifffahrtsfunk
- ☐ Binnenschifffahrt-Sprechfunkverordnung
- ☐ Binnenschifffahrtsstraßen-Ordnung

81. (E) Wo findet man die empfohlenen fremdsprachlichen Redewendungen für die Abwicklung des Binnenschifffahrtsfunks? *(Seite 101)*

- ☑ Regionale Teile des Handbuchs Binnenschifffahrtsfunk
- ☐ Allgemeiner Teil des Handbuchs Binnenschifffahrtsfunk
- ☐ Binnenschifffahrt-Sprechfunkverordnung
- ☐ Binnenschifffahrtsstraßen-Ordnung

82. (E) Wozu dient die Internationale Buchstabiertafel im Binnenschifffahrtsfunk? *(Seiten 60, 62)*

- ☑ Zum Buchstabieren schwieriger Wörter, Namen und Bezeichnungen innerhalb von Meldungen, um Übermittlungsfehler zu vermeiden
- ☐ Zum Buchstabieren schwieriger Wörter, Namen und Bezeichnungen, um die Vorschriften der Binnenschifffahrt-Sprechfunkverordnung zu erfüllen
- ☐ Zum Buchstabieren schwieriger Wörter, Namen und Bezeichnungen, um die Wichtigkeit der buchstabierten Begriffe zu betonen
- ☐ Zum Buchstabieren schwieriger Wörter, Namen und Bezeichnungen, um Informationen zu verschlüsseln

83. (E) Wo findet man Angaben über die UKW-Kanäle, die im Binnenschifffahrtsfunk in bestimmten Regionen benutzt werden sollen? *(Seite 101)*

- ☑ Regionale Teile des Handbuchs Binnenschifffahrtsfunk
- ☐ Schifffahrtspolizeiverordnungen, z. B. Rheinschifffahrtspolizeiverordnung
- ☐ Binnenschifffahrtsstraßen-Ordnung
- ☐ Binnenschifffahrt-Sprechfunkverordnung

84. Was bedeutet die Betriebsart »Simplex«? *(Seite 57)*

- ☑ Wechselsprechen
- ☐ Gegensprechen
- ☐ Sprechen über Ober- und Unterband
- ☐ Sprechen mit einem Funkgerät

85. Wie erfolgt die Verkehrsabwicklung in der Betriebsart »Simplex«? *(Seite 57)*

- ☑ Jeder Gesprächspartner kann entweder senden oder empfangen
- ☐ Beide Gesprächspartner können gleichzeitig senden und empfangen
- ☐ Nach den Vorgaben der Revierzentrale
- ☐ Der Funkverkehr kann nur in Richtung Landfunkstelle–Schiffsfunkstelle betrieben werden

86. Was bedeutet die Betriebsart »Duplex«? *(Seite 57)*

- ☑ Gegensprechen
- ☐ Wechselsprechen
- ☐ Sprechen mit zwei Funkgeräten
- ☐ Sprechen auf einer Frequenz

87. Was bedeutet Semi-Duplex? *(Seite 57)*

- ☑ Wechselsprechen auf einem Duplex-Kanal
- ☐ Wechselsprechen auf einem Simplex-Kanal
- ☐ Gegensprechen auf einem Duplex-Kanal
- ☐ Gegensprechen auf einem Simplex-Kanal

88. Warum kann die Hörbereitschaft auf zwei Kanälen im Binnenschifffahrtsfunk nicht durch die Zweikanalüberwachung (Dual Watch) wahrgenommen werden?

- ☑ Die Zweikanalüberwachung ermöglicht nicht den gleichzeitigen Empfang auf zwei Funkkanälen
- ☐ Die Zweikanalüberwachung vermindert die Empfangsreichweite der Funkanlage
- ☐ Die Zweikanalüberwachung wertet die ATIS-Kennungen anderer Funkstellen nicht aus
- ☐ Die Zweikanalüberwachung funktioniert nur in bestimmten Verkehrskreisen

89. (E) Wie erfolgt die Leistungsreduzierung beim Sendebetrieb einer Schiffsfunkstelle auf dem UKW-Kanal 10? *(Seite 103)*

- ☑ Automatisch
- ☐ Manuell
- ☐ Durch die Revierzentrale
- ☐ Durch längeres Drücken der Sendetaste

90. (E) Mit welcher Leistung sendet eine Schiffsfunkstelle auf UKW-Kanal 10?
- ☑ 0,5 bis 1 Watt
- ☐ 2 bis 5 Watt
- ☐ 0,5 bis 25 Watt
- ☐ 10 bis 25 Watt

91. (E) Auf welchem UKW-Kanal müssen Schiffsfunkstellen – unabhängig von dem befahrenen Streckenabschnitt – während der Fahrt ständig empfangsbereit sein? *(Seite 104)*
- ☑ 10
- ☐ 72
- ☐ 20
- ☐ 13

92. (E) Welcher UKW-Kanal darf im Binnenschifffahrtsfunk auf den Bundeswasserstraßen der Zonen 3 und 4 nicht benutzt werden? *(Seite 107)*
- ☑ 16
- ☐ 72
- ☐ 10
- ☐ 77

93. (E) Wozu dienen im Binnenschifffahrtsfunk die UKW-Kanäle 72 und 77? *(Seite 106)*
- ☑ Funkverkehr sozialer Art
- ☐ Nautische Absprachen
- ☐ Funkverkehr mit einer Revierzentrale
- ☐ Anrufe an eine Schleuse

94. Welche UKW-Kanäle dürfen für »Nachrichten sozialer Art« benutzt werden?* *(Seite 106)*
- ☑ 72 und 77
- ☐ 15 und 17
- ☐ 06 und 16
- ☐ 20 und 22

95. (E) Welche Fahrzeuge unterliegen auf bestimmten Wasserstraßen und an bestimmten Stellen einer Meldepflicht?
- ☑ Gefahrgutschiffe und Sondertransporte
- ☐ Motorfahrzeuge mit einer Gesamtlänge von mehr als 20 Metern
- ☐ Fahrgastschiffe mit mehr als 20 Passagieren
- ☐ Sportboote unter Segel

---
* *In den Niederlanden und in der Tschechischen Republik darf Kanal 72 nicht für Nachrichten sozialer Art verwendet werden.*

96. (E) Vor jeder Aussendung ist durch kurzzeitiges Öffnen der Rauschsperre sicherzustellen, dass ... *(Seite 64)*
- ☑ kein anderer Funkverkehr gestört wird
- ☐ die Sendeleistung auf 25 Watt eingestellt ist
- ☐ die ATIS-Kennung zuvor ausgesendet wird
- ☐ der DSC-Controller ausgeschaltet ist

97. Die längere Aussendung einer anderen Schiffsfunkstelle auf Kanal 10 kann ...
- ☑ nicht unterbrochen werden
- ☐ jederzeit unterbrochen werden
- ☐ durch Schiffsfunkstellen desselben Verkehrskreises unterbrochen werden
- ☐ jederzeit durch Landfunkstellen unterbrochen werden

98. Längere Aussendungen auf Kanal 10 sollen vermieden werden, weil sie ...
- ☑ nicht durch andere Schiffsfunkstellen unterbrochen werden können
- ☐ durch Landfunkstellen nur im Notfall unterbrochen werden können
- ☐ den Empfang des ebenfalls im UKW-Bereich arbeitenden AIS stören können
- ☐ in der Nähe von Landesgrenzen andere Funkdienste im Ausland stören können

99. Was hat eine Schiffsfunkstelle im Verkehr mit einer Funkstelle des Verkehrskreises Nautische Information zu beachten?
- ☑ Anweisungen der Funkstelle des Verkehrskreises Nautische Information sind zu befolgen
- ☐ Nachrichten mit der Funkstelle des Verkehrskreises Nautische Information sind auf Kanal 16 auszutauschen
- ☐ Sendeleistung ist zu reduzieren
- ☐ Hörbereitschaft auf Kanal 13 ist sicherzustellen

100. (E) Was kann die Funkverbindung zwischen einer Schiffsfunkstelle und einer Seefunkstelle beeinträchtigen?

- ☑ Die Schiffsfunkstelle sendet auf bestimmten UKW-Kanälen nur mit automatisch reduzierter Leistung
- ☐ Die Seefunkstelle sendet auf bestimmten UKW-Kanälen nur mit automatisch reduzierter Leistung
- ☐ Die Schiffsfunkstelle kann die AIS-Aussendung der Seefunkstelle auf bestimmten UKW-Kanälen nicht auswerten
- ☐ Die Seefunkstelle kann die ATIS-Aussendung der Schiffsfunkstelle auf bestimmten UKW-Kanälen nicht auswerten

101. (E) Warum dürfen Seefunkstellen mit ihrer Seefunkanlage nicht am Binnenschifffahrtsfunk teilnehmen? *(Seite 103)*

- ☑ Seefunkanlagen verfügen weder über eine automatische Sendeleistungsreduzierung auf bestimmten UKW-Kanälen noch können sie einen ATIS-Code aussenden
- ☐ Seefunkanlagen nutzen ein anderes Frequenzband als Binnenschifffahrtsfunkanlagen
- ☐ Seefunkanlagen verfügen über einen DSC-Controller, der mit dem ATIS-System nicht kompatibel ist
- ☐ Seefunkanlagen ermöglichen die Hörbereitschaft auf den UKW-Kanälen 16 und 70

102. (E) Die Verwendung des Digitalen Selektivrufs (DSC) ist …

- ☑ im Binnenschifffahrtsfunk nicht zulässig
- ☐ eingeführt zur Verbindungsaufnahme mit anderen Schiffsfunkstellen
- ☐ eingeführt zur Identifizierung von Schiffsfunkstellen
- ☐ im Binnenschifffahrtsfunk zulässig für Notalarme

103. (E) Welche Sprache muss bei Verbindungen zwischen deutschen Schiffsfunkstellen und ausländischen Landfunkstellen benutzt werden?

- ☑ Sprache des Landes, in dem sich die Landfunkstelle befindet
- ☐ Heimatsprache des Funkers
- ☐ Vorrangig Englisch
- ☐ Vorrangig Deutsch

104. Was ist bei Testsendungen im Binnenschifffahrtsfunk zu beachten? *(Seite 76)*

- ☑ Die Aussendungen dürfen 10 Sekunden nicht überschreiten; sie müssen den Rufnamen der aussendenden Funkstelle enthalten, gefolgt von dem Wort »Test«
- ☐ Die Aussendungen dürfen 20 Sekunden nicht überschreiten und müssen mit einer Kennung des Schiffes ausgestrahlt werden
- ☐ Die Aussendungen dürfen nur einmal nach Einbau des Gerätes ohne Antenne erfolgen und müssen mit dem Wort »Test« gekennzeichnet werden
- ☐ Die Aussendungen dürfen nur außerhalb der Hoheitsgewässer erfolgen

105. Wann müssen Meldungen grundsätzlich bestätigt werden?

- ☑ Auf Verlangen
- ☐ Immer
- ☐ Nie
- ☐ Bei Verständigungsschwierigkeiten

106. Woran erkennt man beim Befahren von Binnenwasserstraßen, welcher UKW-Kanal im Schleusenbereich zu benutzen ist? *(Seite 105)*

- ☑ Tafelzeichen
- ☐ Schwimmende Schifffahrtszeichen
- ☐ Durchsage der Revierzentrale
- ☐ Lichtzeichen der Schleuse

107. (E) Welche Bedeutung hat ein weißes Tafelzeichen mit rotem Rand und der schwarzen Aufschrift »UKW 20« oder »VHF 20«? *(Seite 104)*

- ☑ Gebot, UKW-Kanal 20 zu benutzen
- ☐ Gebot, eine Sendeleistung von 20 Watt zu gewährleisten
- ☐ Hinweis, dass der Verkehrskreis »Schiff-Schiff« auf UKW-Kanal 20 abzuwickeln ist
- ☐ Hinweis, dass der UKW-Kanal 20 für die Nutzung durch die Berufsschifffahrt vorgesehen ist

108. Welche Bedeutung hat ein blaues Tafelzeichen mit der weißen Aufschrift »UKW 18« oder »VHF 18«? *(Seite 104)*

- ☑ Hinweis auf den Nautischen Informationsfunk (NIF) auf UKW-Kanal 18
- ☐ Gebot, UKW-Kanal 18 statt 10 für die Verkehrsabwicklung zu benutzen
- ☐ Hinweis, dass der Verkehrskreis »Schiff–Schiff« auf UKW-Kanal 18 abzuwickeln ist
- ☐ Hinweis, dass der UKW-Kanal 18 für die Nutzung durch die Sportschifffahrt vorgesehen ist

109. (E) Welche Landfunkstellen sind zur Einleitung von Rettungsmaßnahmen vorzugsweise anzurufen? *(Seite 107)*

- ☑ Revierzentralen
- ☐ Rettungsleitstellen
- ☐ Schiffsfunkstellen
- ☐ Polizeifunkstellen

110. (E) Wie ist die Rangfolge des Funkverkehrs im Binnenschifffahrtsfunk? *(Seite 106)*

- ☑ Notverkehr, Dringlichkeitsverkehr, Sicherheitsverkehr, Routineverkehr
- ☐ Dringlichkeitsverkehr, Notverkehr, Sicherheitsverkehr, Routineverkehr
- ☐ Sicherheitsverkehr, Dringlichkeitsverkehr, Notverkehr, Routineverkehr
- ☐ Notverkehr, Dringlichkeitsverkehr, Routineverkehr, Sicherheitsverkehr

111. (E) Wie heißt das Notzeichen im Sprechfunk? *(Seite 106)*

- ☑ MAYDAY
- ☐ PAN PAN
- ☐ SOS
- ☐ SÉCURITÉ

112. Ein Notverkehr im Binnenschifffahrtsfunk muss eingeleitet werden, wenn eine unmittelbare Gefährdung von Mensch oder Schiff gegeben ist oder …

- ☑ eine Gefahrenabwehr an Land notwendig ist
- ☐ das Schiff manövrierunfähig ist
- ☐ gefährliche Wetterlagen auftreten
- ☐ eine Behinderung der Schifffahrt droht

113. (E) Welcher Funkverkehr ist einzuleiten, wenn sich an Bord eine lebensgefährlich verletzte Person befindet? *(Seite 106)*

- ☑ Notverkehr
- ☐ Dringlichkeitsverkehr
- ☐ Sicherheitsverkehr
- ☐ Routineverkehr

114. (E) Welcher Funkverkehr ist einzuleiten, wenn eine Person über Bord gefallen ist? *(Seite 106)*

- ☑ Notverkehr
- ☐ Dringlichkeitsverkehr
- ☐ Sicherheitsverkehr
- ☐ Routineverkehr

115. Welcher Funkverkehr ist einzuleiten, wenn das Fahrzeug in gefährlicher Weise zu kentern droht? *(Seite 106)*

- ☑ Notverkehr
- ☐ Dringlichkeitsverkehr
- ☐ Sicherheitsverkehr
- ☐ Routineverkehr

116. (E) Wer bestätigt eine Notmeldung im Verkehrskreis »Nautische Information«? *(Seite 103)*

- ☑ Ortsfeste Funkstelle
- ☐ Behördenfahrzeug
- ☐ In der Nähe befindliche Schiffsfunkstelle
- ☐ Der Schiffsführer

117. (E) Wer bestätigt eine Notmeldung im Verkehrskreis »Schiff–Schiff«? *(Seite 106)*

- ☑ In der Nähe befindliche Schiffsfunkstelle
- ☐ Ortsfeste Funkstelle
- ☐ Verkehrsposten
- ☐ Der Schiffsführer

118. (E) Was bedeuten die Worte MAYDAY RELAY? *(Seite 109)*

- ☑ Aussendung einer Notmeldung durch eine Funkstelle, die sich selbst nicht in Not befindet
- ☐ Beendigung einer Notmeldung durch die Funkstelle, die den Notverkehr leitet
- ☐ Bestätigung des Empfangs einer Notmeldung
- ☐ Notmeldung an eine Landstation mit der Bitte um Leitung des Notverkehrs

119. (E) Was bedeuten die Worte SILENCE FINI? *(Seite 109)*

- ☑ Der Notverkehr ist beendet
- ☐ Einer Funkstelle, die den Notverkehr stört, wird Funkstille geboten
- ☐ Dringlichkeits- und Sicherheitsverkehr darf wieder aufgenommen werden
- ☐ Alle Funkstellen müssen Funkstille einhalten

120. (E) Was bedeuten die Worte SILENCE MAYDAY? *(Seite 108)*

- ☑ Die Funkstelle in Not gebietet den nicht am Notverkehr beteiligten Funkstellen Funkstille
- ☐ Der Notverkehr ist beendet
- ☐ Die am Notverkehr beteiligten Funkstellen genießen Vorrang
- ☐ Eine Notmeldung folgt

121. Woraus besteht das Dringlichkeitszeichen im Sprechfunk? *(Seite 110)*

- ☑ PAN PAN
- ☐ MAYDAY
- ☐ SÉCURITÉ
- ☐ URGENT

122. (E) Wann liegt ein Dringlichkeitsfall vor? *(Seite 110)*

- ☑ Wenn dringende Nachrichten übermittelt werden sollen, welche die Besatzung und/oder das Schiff betreffen, ohne dass eine unmittelbare Gefährdung gegeben ist
- ☐ Wenn eine unmittelbare Gefährdung von Mensch oder Schiff gegeben ist oder eine Gefahrenabwehr an Land notwendig ist
- ☐ Wenn dringende Nachrichten übermittelt werden sollen, welche den Empfang eines Notzeichens betreffen
- ☐ Wenn dringende Nachrichten übermittelt werden sollen, welche die Unterstützung durch die Wasserschutzpolizei betreffen

123. Welche Meldungen können beispielsweise mit dem Dringlichkeitszeichen angekündigt werden? *(Seite 110)*

- ☑ Meldungen, die sich auf Krankheiten beziehen, die keine Lebensgefahr bedeuten, oder auf Schäden an Fahrzeugen, ohne dass davon eine unmittelbare Gefahr ausgeht
- ☐ Meldungen, die sich auf eine unmittelbare Gefährdung von Mensch oder Schiff oder eine Gefahrenabwehr an Land beziehen
- ☐ Meldungen, die sich auf Krankheiten beziehen, die keine Lebensgefahr bedeuten, oder auf Schäden an Fahrzeugen, von denen eine unmittelbare Gefahr ausgeht
- ☐ Meldungen, die sich auf lebensgefährliche Krankheiten oder auf Schäden an Fahrzeugen oder Anlagen beziehen

124. Welcher Funkverkehr ist einzuleiten, wenn bei einer Person an Bord eine nicht lebensbedrohliche Verletzung festgestellt wurde, die kurzfristig ärztlicher Versorgung bedarf? *(Seite 110)*

- ☑ Dringlichkeitsverkehr
- ☐ Notverkehr
- ☐ Sicherheitsverkehr
- ☐ Routineverkehr

125. Welcher Funkverkehr ist grundsätzlich einzuleiten, wenn das Fahrzeug einen Maschinenschaden hat, der die Sicherheit des Schiffsverkehrs gefährden könnte? *(Seite 110)*

- ☑ Dringlichkeitsverkehr
- ☐ Notverkehr
- ☐ Sicherheitsverkehr
- ☐ Routineverkehr

126. (E) Wie lautet das Sicherheitszeichen im Sprechfunk? *(Seite 111)*

- ☑ SÉCURITÉ
- ☐ MAYDAY
- ☐ PAN PAN
- ☐ SOS

127. (E) Welche Meldungen werden mit dem Sicherheitszeichen SÉCURITÉ angekündigt? *(Seite 111)*

- ☑ Nachrichten, die eine wichtige nautische Warnnachricht oder eine wichtige Wetterwarnung beinhalten
- ☐ Nachrichten, die eine wichtige nautische Warnnachricht oder den Radareinsatz bei unsichtigem Wetter beinhalten
- ☐ Nachrichten, die eine wichtige Wetterwarnung oder eine Warnung zur Vermeidung von Umweltschäden beinhalten
- ☐ Nachrichten, die eine wichtige nautische Warnnachricht oder eine dringende medizinische Meldung beinhalten

128. (E) Welche Meldung ist zu verbreiten, wenn ein treibender Baumstamm beobachtet wird, der eine Gefahr für den Verkehr darstellt? *(Seite 111)*

- ☑ Sicherheitsmeldung
- ☐ Notmeldung
- ☐ Dringlichkeitsmeldung
- ☐ Keine Meldung

129. (E) Welche Meldung ist zu verbreiten, wenn eine vertriebene Tonne beobachtet wird? *(Seite 111)*

- ☑ Sicherheitsmeldung
- ☐ Notmeldung
- ☐ Dringlichkeitsmeldung
- ☐ Keine Meldung

130. (E) Wer entscheidet über die Art der auszusendenden Sprechfunkmeldung?

- ☑ Schiffsführer
- ☐ Bediener der Funkanlage
- ☐ Wasserschutzpolizei
- ☐ Revierzentrale

Prüfung

Die Prüfungen für das Beschränkt Gültige Funkbetriebszeugnis (SRC) und das UKW-Sprechfunkzeugnis für den Binnenschifffahrtsfunk (UBI) werden in Deutschland von den Prüfungsausschüssen des Deutschen Motoryachtverbandes (DMYV), des Deutschen Segler-Verbandes (DSV) sowie der Fachstelle der Wasser- und Schifffahrtsverwaltung für Verkehrstechniken (FVT) abgenommen.

Voraussetzungen

Für die Anmeldung zur Prüfung wird Folgendes vorausgesetzt und benötigt:
- Mindestalter 15 Jahre (Ausstellung des Scheins) bzw. 14 Jahre + 9 Monate am Tag der Prüfung
- Antrag zur Prüfung (bei den Prüfungsausschüssen erhältlich/ggf. auch als Download)
- Lichtbild (35 x 45 mm) auf Fotopapier
- Kopie des Personalausweises (Vorder- und Rückseite) oder Reisepasses
- Prüfungsgebühren (beim Prüfungsausschuss zu erfragen)
- ggf. eine Kopie des Beschränkt Gültigen Betriebszeugnisses für Funker II (BZ II) oder des UKW-Betriebszeugnisses für Funker (UBZ)

Die Unterlagen müssen in der Regel 14 Tage vor der Prüfung beim Prüfungsausschuss vorliegen.

Beschränkt Gültiges Funkbetriebszeugnis (SRC)

Der Ablauf der Prüfung für das Funkbetriebszeugnis SRC ist wie folgt:
- Beantwortung eines von 12 Multiple-Choice-Fragebogen in 30 Minuten. Dieser Prüfungsteil gilt als bestanden, wenn 19 der 24 Fragen richtig beantwortet wurden.
- Aufnahme einer von 27 Not-, Dringlichkeits- oder Sicherheitsmeldungen in englischer Sprache mit anschließender fehlerfreier Übersetzung ins Deutsche innerhalb von 15 Minuten
- Fehlerfreie Übersetzung einer von 27 Meldungen vom Deutschen ins Englische innerhalb von 15 Minuten
- ggf. mündliche Prüfung
- Prüfung an der Funkanlage bestehend aus Pflichtaufgaben und sonstigen Fertigkeiten (innerhalb von maximal 15 Minuten):

Pflichtaufgaben:
1. Editieren des Controllers und Senden eines Notalarms oder Speicherabfrage und Bestätigung des Empfangs eines DSC-Notalarms,
2. Aussenden einer Notmeldung oder Weiterleiten eines Notalarms bzw. einer Notmeldung per Sprechfunk (Distress Relay),

3. Beenden des Notverkehrs oder Aufhebung eines Fehlalarms,
4. Editieren des Controllers, Senden eines Dringlichkeits- oder Sicherheitsanrufes und Abgabe einer Dringlichkeits- bzw. Sicherheitsmeldung.

Sonstige Fertigkeiten:
DSC-Speicherabfrage und Empfangsbestätigung, Abwicklung des Notverkehrs, Funkstille gebieten, Abwicklung des Funkverkehrs vor Ort, Aufhebung der Dringlichkeitsmeldung, DSC-Controller editieren und Senden eines Routineanrufes an eine See- bzw. Küstenfunkstelle, Kanalwechsel, Abwicklung eines Routineverkehrs mit einer See- bzw. Küstenfunkstelle, Einstellung des DSC-Controllers (Datum, Position, Zeitversatz zu UTC, MMSI überprüfen, ...).
Für alle Prüfungsteile sind Hilfsmittel nicht zulässig.

Ergänzungsprüfung SRC

Als Inhaber eines UKW-Betriebszeugnisses für Funker (UBZ) oder eines Beschränkt Gültigen Betriebszeugnisses für Funker II (BZ II) kann eine Ergänzungsprüfung abgelegt werden, um das SRC zu erlangen. Diese besteht aus der Aufnahme einer Meldung und den beiden Übersetzungsteilen der SRC-Prüfung (wie oben beschrieben).
Für Inhaber von Funkzeugnissen ohne Kenntnisse über den DSC-Controller (Beschränkt Gültiges Sprechfunkzeugnis für UKW [USZ], Allgemein Gültiges Sprechfunkzeugnis [ASZ]) gibt es keine Ergänzungsprüfung, um das SRC zu erwerben. Diese berechtigen allerdings weiterhin zur Teilnahme am Binnenschifffahrtsfunk.

UKW-Sprechfunkzeugnis für den Binnenschifffahrtsfunk (UBI)

Der Ablauf der Prüfung für das Funkbetriebszeugnis UBI ist wie folgt:

- Beantwortung eines von 12 Multiple-Choice-Fragebogen in 60 Minuten. Dieser Prüfungsteil gilt als bestanden, wenn 17 der 22 Fragen richtig beantwortet wurden.
- Aufnahme und Abgabe einer Not-, Dringlichkeits- oder Sicherheitsmeldung in deutscher Sprache
- Prüfung am Funkgerät: Kenntnis von Grundfunktionen, Verkehrsabwicklung in deutscher Sprache (Not-, Dringlichkeits-, Sicherheits- und Routineverkehr [Anruf einer Schiffsfunkstelle, Schleuse, Hafen, etc.] und Beantwortung dieser Anrufe), Kenntnisse über Verkehrskreise und Dienstbehelfe

Ergänzungsprüfung UBI

Der Ablauf der Prüfung für die Ergänzungsprüfung des Funkbetriebszeugnisses UBI ist wie folgt:

- Beantwortung eines von 12 Multiple-Choice-Fragebogen in 30 Minuten. Dieser Prüfungsteil gilt als bestanden, wenn 8 der 10 Fragen richtig beantwortet wurden.
- Prüfung am Funkgerät: Kenntnis von Grundfunktionen, Verkehrsabwicklung in deutscher Sprache (Not-, Dringlichkeits-, Sicherheit- und Routineverkehr [Anruf einer Schiffsfunkstelle, Schleuse, Hafen, etc.] und Beantwortung dieser Anrufe), Kenntnisse über Verkehrskreise und Dienstbehelfe

Inhaber eines SRC können eine UBI-Ergänzungsprüfung ablegen.
Die 79 Fragen für die Ergänzungsprüfung sind durch ein (E) hinter der Fragennummer im UBI-Fragenkatalog gekennzeichnet.

Anpassungsprüfung SRC

Inhaber eines nicht allgemein anerkannten ausländischen Funkzeugnisses müssen aus einem von 12 verkürzten Multiple-Choice-Fragebogen mindestens 6 von 8 Fragen in 20 Minuten richtig beantworten.
Die 37 Fragen für die Anpassungsprüfung sind durch ein (A) hinter der Fragennummer im SRC-Fragenkatalog gekennzeichnet.
Die Prüfungsteile Übersetzung, praktische Prüfung und ggf. mündliche Prüfung entsprechen denen der SRC Prüfung.

INTERNET

WWW: anpassungspruefung

Prüfungsausschüsse

Die zuständigen Behörden für die Prüfungen der Funkzeugnisse sind das Bundesministerium für Verkehr und digitale Infrastruktur (BMVI) für die Seefunkzeugnisse und die Fachstelle der Wasser- und Schifffahrtsverwaltung für Verkehrstechniken (FVT) für die Binnenfunkzeugnisse.
Der Deutsche Motoryachtverband (DMYV) und der Deutsche Segler-Verband (DSV) führen die Prüfungen für die Sportschifffahrt im Auftrag der genannten Behörden durch.
Die DMYV-Prüfungsausschüsse bzw. Prüfungszentren Berlin-Potsdam, Bodensee, Bremen, Hannover, Koblenz, Leer, Mannheim/Darmstadt, München, Nordrhein-Westfalen, Schleswig-Holstein und Stuttgart sind für die SRC- und UBI-Prüfungen zuständig.
Die DSV-Prüfungsausschüsse Berlin, Bremen, Hamburg, Leipzig, Mecklenburg-Vorpommern, München, Rhein-Ruhr & Deggendorf/ Ausland sind für SRC und UBI zuständig. Der PA Bodensee nur für UBI und die PAs Niedersachsen-Nord und Stuttgart nur für SRC.

INTERNET

WWW: pruefungsausschuss

Register

Jacques Salomé

Contes à aimer
Contes à s'aimer

Illustrations
de Dominique de Mestral

ÉDITIONS FRANCE LOISIRS

Édition du club France Loisirs, Paris
avec l'autorisation des Editions Albin Michel

Éditions France Loisirs
123, boulevard de Grenelle, Paris
www.franceloisirs.com

ISBN: 2-7441-5620-5

N° éditeur : 37059

Dépôt légal : juin 2002

INTRODUCTION

Aujourd'hui les contes existent dans toutes les cultures dites primitives, que nous appelons primordiales. Malheureusement en Occident ou dans les cultures policées et technologiquement avancées, nous nous sommes coupés de notre relation au symbolique et par là même aux contes qui nous reliaient justement dans leur dimension métaphorique aux grands mystères de l'univers.

La plupart des contes ont pour héros le courage, l'amour, l'espoir, la ténacité, la tendresse ou la compassion, et surtout, surtout, la vie sous toutes ses formes. La vie ardente qui ne se décourage jamais, qui au-delà de toutes les maltraitances, de toutes les ignorances ou des violences dont elle est l'objet, fait face, se redresse, tient le coup, rayonne et se multiplie.

Au travers de ces nouveaux contes, j'ai surtout tenté de donner la parole à la vie qui est en chacun, de lui permettre de s'exprimer plus librement et d'inviter ainsi au dialogue avec elle et peut-être aussi à l'éveil de nos sens subtils.

Les contes, nous le savons maintenant, nous aident à guérir. Ils permettent de nommer l'indicible, de dénouer les contradictions, de réparer les blessures de notre histoire présente et passée. Ils nous aident à grandir, à croître et à nous harmoniser. Ils favorisent à l'intérieur de nous la réconciliation entre différents états de notre condition humaine, le psychisme, le corps et l'esprit qui parfois se révèlent antagonistes et contradictoires.

Ils contiennent des mots qui nous enveloppent, nous caressent et nous serrent dans une amicale clarté ; ils nous proposent des associations qui nous illuminent dans une limpide atmosphère et nous déposent, plus apaisés, aux confins de l'imaginaire et du réel.

Les contes sont pour les enfants, comme pour les adultes, un outil de maturation extraordinaire. En stimulant notre imaginaire, ils nous conduisent vers les recoins et les zones les plus inexplorés de notre histoire.

Ils ont ce pouvoir de s'adresser directement à l'inconscient, sans intermédiaire, sans écran, et en cela ils remplissent deux fonctions essentielles : celle de nous relier aux forces vives de notre créativité et celle de favoriser des reliances, des ponts, des passerelles entre différents moments de notre histoire.

Outre des accompagnants et des guides spirituels, qui s'appuient sur des métaphores et des contes, je connais des médecins, des thérapeutes qui n'hésitent pas à soigner, oui à soigner, certaines souffrances du corps et de l'âme en racontant une histoire, en induisant une image, en proposant une stimulation symbolique.

Un jour viendra où des ordonnances relationnelles accompagneront et compléteront les ordonnances médicamenteuses, voire chirurgicales, car si la médecine sait aujourd'hui réparer et soigner avec une redoutable efficacité, elle ne sait pas encore guérir. Pour guérir il conviendrait de pouvoir accéder au sens d'une mise en maux qui surgit dans le corps d'un humain pour lui parler avec une violence qui, dans un premier temps, peut le déséquilibrer et, dans un deuxième temps, l'interpeller suffisamment pour lui permettre de... s'entendre.

Mais peut-être que je me raconte des contes en disant tout cela ! Quoi qu'il en soit, chacun de ces contes a aidé des enfants ou des ex-enfants appelés adultes à oser plus, à aller vers le meilleur d'eux-mêmes, à retrouver plus d'autonomie dans leur corps, plus de liberté dans leur façon d'être au monde.

Nous avons tous, à un moment ou à un autre, besoin de ces mots murmurés, chuchotés, chantés un soir au creux de notre oreille, avant d'affronter l'aventure incertaine de la nuit. Parfois ils seront offerts à des yeux étonnés à l'occasion d'une lecture, par une personne aimée, dans un moment de paix et d'abandon.

Avez-vous remarqué que les contes ont besoin de la douceur du silence et d'une écoute ardente pour s'inscrire au plus profond ? Ils sont semblables à des baisers tendres et joyeux, blottis contre la joue d'un enfant, dans un premier sommeil. D'autres fois ils ouvrent à la rêverie, éveillent des sourires, font retrouver le goût des vacances ou la sève du vent et vont nous entraîner tout au bord du temps, là où les rêves se mélangent à la réalité. Parfois encore ils vont bousculer, irriter, provoquer une mise à distance tellement ils vont déclencher d'interrogations et peut-être des prises de conscience douloureuses. Les bienfaits d'un conte ne se mesurent pas au bien-être d'une première lecture.

Certains contes peuvent éclore dans l'instant et d'autres chemineront plus lentement, plus longuement. D'autres encore semblent se perdre, alors qu'ils s'installent confortablement dans les pays de notre enfance pour resurgir aux détours de notre vie d'adulte, traversant irrésistiblement toute la mémoire de nos oublis.

Les contes portent en eux des énergies essentielles à la

vie, qui s'appellent épreuve, persévérance, ombre et lumière, amour et compassion.

J'ai tenté dans cet ouvrage de faire le tour des interrogations fondamentales qui agitent, traversent, bousculent ou vivifient tout être humain, en relation avec des événements clés de son enfance ou de sa vie d'adulte. Je souhaite que ce livre éveille, touche et stimule tous ceux qui aspirent à un mieux-être, ceux qui veulent retrouver cette part de liberté intérieure sans laquelle la vie n'a pas le goût d'être vivante.

Il est possible de le recevoir comme un cadeau, au-delà d'une lecture dérangeante, ou encore de l'accueillir comme un tremplin vers plus d'amour pour soi-même et pour autrui.

Le conte de l'amour en colère

Le malamour détruit l'amour comme la malbouffe peut détruire notre santé.

L'Amour un jour se révolta. Une immense colère le saisit et l'emporta loin des humains. « Trop c'est trop, murmurait-il, en fuyant la terre. Cela fait des millénaires que j'existe et quand je vois ce que les hommes d'aujourd'hui font de moi ! Quand je sens comment on me maltraite, comment on me pervertit, comment on me trompe, comment on me ment ou comment on me fossilise dans des représentations médiocres, dans des films insipides et même dans des romans modernes qui ne sont plus à l'eau de rose mais au fiel de la violence, cela n'est plus supportable, c'est trop difficile, trop douloureux, je préfère renoncer. »

L'Amour cheminait ainsi dans le désert du non-amour qui l'entourait. Plus seul que n'importe quel être vivant au monde, sans la moindre personne à laquelle se confier, partager ou échanger.

Je sais, je sais, certains d'entre vous ne demanderaient pas mieux que de dialoguer avec lui, de le rassurer peut-être et même de l'aimer, mais même cette opportunité lui aurait paru dérisoire tant son désarroi et sa détresse infinie l'oppressaient.

Je vais vous confier le plus terrible : l'Amour, désespéré,

déprimé, avait même pensé mettre fin à ses jours. Il avait envisagé de se suicider. Oui, oui, je sais, vous ne me croyez pas. Vous imaginez que j'exagère ou que l'Amour est plus fort que tout, qu'il peut triompher de tous les obstacles, vaincre la violence et la médiocrité de l'époque. Vous êtes persuadés, peut-être, que l'Amour est invincible, éternel, qu'il est d'un courage ou d'une bonne volonté inusables, à toute épreuve !

Seulement, souvenez-vous, rappelez-vous tout dernièrement ces tempêtes, cette colère du ciel, cette période de grands froids qui dura plus longtemps que d'habitude, cette humidité, triste et tenace, cette non-appétence de vie, cette baisse d'énergie, souvenez-vous de l'irruption de plus de violences, d'incohérences, d'injustices, d'incompréhensions, de guerres, de famines, de tortures qui traversa le monde il y a si peu de temps encore.

Essayez de retrouver vos sensations de l'époque. Vous pensiez peut-être que c'était le hasard. Un concours de circonstances, une faiblesse de l'univers, un moment d'inattention des dieux, un oubli du divin, ou encore un trou dans le filet de la vie, une hémorragie du cosmos... ou plus directement le fait de quelques dictateurs ou tyrans.

Non ! C'était tout simplement l'Amour qui, découragé, épuisé, lâchait prise, renonçait. Je vous le confirme, l'Amour démissionnait !

Il préférait en finir avec cette existence de fou, il voulait, dois-je vous le dire vraiment : oui, il voulait se tuer !

Heureusement que l'Amour était un novice en la matière. C'était la première fois de sa vie fabuleuse qu'il voulait mourir et il ne savait pas comment s'y prendre. Il se sentait vaguement éternel, mais ignorait comment se supprimer, comment disparaître à jamais en mettant fin à ses jours.

Autour de lui il voyait bien des hommes et des femmes

en amour, totalement inconscients, aveugles sur le drame qui se jouait en eux, entre eux et autour d'eux.

Car le propre de l'Amour, vous l'ai-je dit ? c'est que dans son immense générosité, son abondance fondamentale, l'Amour se donne, s'offre, se dépose sans contrepartie dans chaque être vivant. Il se donne gratuitement pour que chacun puisse, au cours de sa vie, s'embellir, s'agrandir, s'amplifier avec lui. A la fin d'un cycle de vie, il se sépare de celui ou de celle qui l'a ainsi porté, et rejoint dans le Cosmos le Tout, pour se relier ainsi à l'Amour Universel.

Vous allez me demander : « Alors il y a de l'Amour déposé partout dans le vivant, même dans un arbre, une fleur, un légume ? »

Oui bien sûr, dans tout être vivant sans exception, il y a de l'Amour.

C'est la mission première de l'Amour, de s'offrir, de s'abandonner sans réticence, sans condition, incroyablement confiant en tout ce qui est vivant.

Mais je suppose que chacun sait cela, et je vous en prie, ne commencez pas à m'interrompre avec des questions futiles.

Je disais donc que l'Amour, déçu, abattu, meurtri de ne plus se sentir respecté par les hommes et les femmes qu'il avait aimés, cherchait le meilleur moyen de mettre fin à ses jours, je veux dire à ses réincarnations successives ou à ses voyages, si vous préférez appeler chacun des cycles de sa vie comme ça.

Si je vous confiais qu'il fut très près de réussir son suicide, vous comprendriez mieux aujourd'hui toute cette désespérance qui vous habite et qui se répand de plus en plus souvent autour de vous, sur cette terre. Avez-vous remarqué combien l'Amour a perdu de sa réalité, comment il est abusivement idéalisé pour les enfants et quelques adultes naïfs, comment il est échangé, vendu, mis en conserve, proposé en kit, en prêt à porter, bradé après quelques années de vie commune dans certains couples… que sais-je encore ?

Je peux vous le confirmer : l'Amour est en convalescence. Tout faible, amaigri, il s'est réfugié dans le rêve. Il attend des jours meilleurs. Il est devenu prudent, réservé, presque timide.

Je vous disais qu'il attendait, oh non pas de façon passive, il cherche quand même, il cherche des êtres susceptibles de devenir Amour à leur tour, pour alimenter la grande roue du temps. Il ne veut plus habiter des hommes et des femmes qui sont dans le besoin d'être aimés ou la peur de ne plus l'être, il ne veut plus être exploité par ceux qui le réclament, l'exigent, il ne veut plus être maltraité par tous ceux qui le consomment au travers de l'amour d'un autre.

Il ne veut plus se développer et fleurir chez des êtres qui vont l'offrir à un être sans vie, à une évaporée, à une cupide qui se contentera d'être aimée ou à un volage qui le consommera au fast-food de son existence pressée.

Il ne veut plus qu'on lui dicte comment il doit être. Il ne veut plus servir d'alibi à la pratique d'un terrorisme relationnel visant à s'approprier, à contrôler ou à asservir l'autre à ses propres désirs ou besoins, ou encore à l'enfermer dans ses peurs.

Il est devenu exigeant, l'Amour ! Il veut des êtres libres de l'accueillir pour l'agrandir jusqu'au cœur de la vie.

Que puis-je vous dire de plus ?

Qu'il est temps de se réconcilier avec l'Amour !

Qu'il est nécessaire de réinventer notre relation à lui !

Qu'il est urgent de lui donner la place qu'il mérite, qu'il attend pour se manifester pleinement, de lui offrir un lieu d'épanouissement, de liberté et de créativité en chacun de nous. En quelques mots, puis-je vous inviter, chacun d'entre vous, à oser à votre tour… devenir Amour ?

Le conte de la femme en marche vers sa propre vie

La vie nous demande souvent non pas de la suivre aveuglément, mais de la précéder joyeusement.

Il était une fois une femme qui, après avoir traversé toute une vie de femme, habitée par différents amours, puis par une relation essentielle avec un homme qui fut son mari, après avoir porté et élevé des enfants et exercé une profession passionnante, se retrouva au bord de l'existence, devant l'immense vide de sa solitude, celle de sa rencontre manquée avec elle-même.

Comment est-ce possible ? Comment se retrouver ainsi en solitude au mitan de sa vie, vide de projets, dévitalisée d'avoir trop donné, dépossédée de tous ses rêves car ils avaient été déposés en vain et à fonds perdus chez ceux qu'elle avait tant aimés ?

Comment continuer le chemin en se sentant habitée par une immense fatigue d'être, une profonde lassitude à simplement se réveiller le matin, à ouvrir les yeux, à respirer, se laver, s'habiller, affronter le regard aveugle de tant d'inconnus ? Comment avoir l'énergie d'esquisser des gestes qui n'ont plus de sens, de commencer quelques phrases avortées en imaginant tout de suite que demain est déjà périmé ?

Cela est plus fréquent qu'on ne peut l'imaginer dans le monde des femmes et des hommes d'aujourd'hui.

Au début elle manqua de vaciller devant la béance du désert de sa vie, la violence de la solitude, le vide de l'incompréhension qu'elle sentait tout autour d'elle. Souvent par la suite elle désespéra, quand des pensées malignes infectaient son corps, quand des douleurs tenaillaient son dos, déchiraient son ventre, harcelaient son cœur, quand son mal-être était si fort qu'elle imaginait ne pouvoir tenir debout, qu'elle aspirait à se coucher et mourir de lassitude et de désespoir de vivre.

Elle ne savait pas encore que sa vie n'attendait que ce moment pour se rappeler à elle. Une émotion, qui contenait tout un monde à elle seule, s'éveilla, remonta, chemina par les chemins secrets de sa sensibilité, jusqu'à sa conscience, vint éclore dans ses pensées pour devenir lueur, lumière, soleil avant de se transformer en énergie vivifiante.

Un matin, une petite phrase scintilla dans sa tête, dansa sous ses paupières, fredonna à ses oreilles :

« Prends soin de ta vie, prends soin de ta vie, prends soin de ta vie… »

Mais d'autres voix, celles des vieux démons, des habitudes anciennes, vexées de se voir délogées par un courant de vie nouveau, tentèrent de prendre le dessus, de recouvrir la petite phrase par leur propre rengaine.

– Fais attention, en osant t'aventurer sur le chemin de tes désirs, en voulant te découvrir toute seule, tu prends le risque de te perdre, de révéler des aspects de toi inacceptables.

– Tes désirs sont trompeurs.

– Tu crois avoir tout, tu n'as rien, tu n'es rien, tu n'as pas été capable de retenir ton mari, de garder tes enfants près de toi, de maintenir ton statut de femme aimée…

– Tu es transformation, chantait la petite voix du début.

– Tu es affabulation, répétaient les voix d'une ancienne vie.

– Je peux m'aimer et me respecter.

– Pas du tout, tu as besoin d'être aimée, tu ne dois donner ton amour que si tu es aimée en retour !

– Je sens que je peux m'aimer et aimer sans avoir nécessairement un retour… pour le plaisir d'être.

– Non, ton cœur n'est pas suffisamment ouvert pour aimer, simplement aimer. Réfléchis bien, tu sais combien ton ego ne supporte pas de vivre le seul bien-être, le plaisir partagé. Il te faut des sentiments, des serments, du solide, du durable à toute épreuve…

– Je ne suis ni dans le manque, ni dans le besoin, je suis dans le plein !

– Tu te montes la tête et bientôt tu le regretteras, tu verras.

– Je suis musique, je recherche et je trouve mes accords.

– Tout est dérisoire, temps perdu, illusions trompeuses. Ne recommence pas à espérer ce que tu n'atteindras jamais.

– J'existe, j'existe enfin pour moi.

– Non, tu survis, tu végètes. Accepte ton sort sans révolte, sans rêve inutile, tu es sur la pente descendante de ta vie, reste tranquille ! Tout est joué, tu as perdu, tu mérites le repos.

– Je me rencontre… J'ai lâché le superflu.

– Tu vas manquer de l'essentiel : la sécurité !

– Face à l'impuissance j'apprivoise des forces secrètes, face à l'urgence je fais confiance à mes états intérieurs, face au chaos j'écoute ma propre voix. Je suis sur ce chemin-là.

Étonnée, elle n'entendit plus les autres voix, alors elle décida de s'écouter. A partir de ce jour-là, elle ne fut plus seule. Le dialogue qui l'accompagna l'ouvrit à de multiples rencontres.

Le conte de la femme qui aimait deux hommes en même temps

En matière d'amour nous vivons le plus souvent en état d'auto-privation.

Il était une fois une femme qui avait fait un mariage d'amour. Cela arrive parfois aux humains de se marier sur cette base très irrationnelle, un peu mystérieuse, si attachante, tout au moins au début d'une relation amoureuse ! Je veux dire par là qu'elle avait épousé l'homme qu'elle aimait et admirait, portée par ses sentiments, alors qu'il y avait des différences assez importantes dans leurs personnalités parfois antagonistes.

Lui, Equi, ébloui par la spontanéité, la liberté d'être d'Ellnida, avait été très attiré par elle et s'était engagé, au début avec quelques restrictions, puis de plus en plus pleinement. Il avait même dû se battre contre sa propre famille qui n'approuvait pas ce choix. Son père en particulier, homme riche et puissant, pensait que son fils méritait mieux que cette jeune fille. Elle lui paraissait un peu trop belle et surtout pleine d'une sensualité qui faisait plaisir à voir, mais inquiétait et mettait mal à l'aise les hommes, lesquels avaient du mal à réprimer leurs propres désirs devant elle.

Ellnida, avec un imaginaire débordant, un enthousiasme toujours vivace, une pétillance joyeuse, stimula beaucoup son mari plus réservé, plus intériorisé. Et je dois vous le dire : ils s'accordèrent fort bien sur le plan de la tendresse, de la sexualité et du partage de leurs émotions.

Equi par son calme, sa pondération, sa gentillesse, son talent d'organisateur lui apporta beaucoup, stabilisa ses angoisses et apaisa sa peur des hommes. Ellnida, elle, l'éveilla à toute une démarche de changement pour des relations plus vivantes, plus créatives, à des interrogations sur les beautés de la vie.

Quelques années plus tard, Ellnida rencontra un homme très différent de son mari. Quelqu'un de fantastique, de fantaisiste, d'imprévisible dans sa créativité tous azimuts, qui s'appelait Libre.

Et dès leur première rencontre, elle devint amoureuse de cet homme qui répondit à son élan, avec une fougue tout aussi joyeuse et vivace.

Vous avez donc compris la situation : d'un côté Ellnida aimait Equi, son mari, et de l'autre elle était passionnément amoureuse de Libre, son ami de cœur. Dans cette nouvelle relation, beaucoup de choses rapprochaient Ellnida et Libre dans une improvisation permanente, joyeuse, un peu folle et si tentante par la liberté de leurs possibles.

Peut-être ne le savez-vous pas, mais s'il est possible d'aimer simultanément deux êtres d'un amour fort, profond, il n'est pas possible d'être amoureux de deux personnes en même temps.

La situation d'Ellnida devint difficile à vivre, un peu périlleuse et parfois douloureuse et confuse. Equi, son mari, dont l'amour guidait chaque action, accepta cette situation. Il se sentait toujours aimé par Ellnida, et confiant en elle. Mais celle-ci était amoureuse d'un autre.

Peut-être l'avez-vous déjà vécu, le sentiment amoureux est semblable à un raz de marée, un tourbillon qui déstabilise, emporte tout sur son passage. Ellnida se sentait emportée vers Libre, avec parfois tous ses sens éveillés, sa raison endormie, ses jugements en folie.

Elle vivait ces contradictions et ces paradoxes avec une générosité telle qu'elle pouvait affronter la part d'insupportable et de douloureux qui parfois se réveillait dans son cœur. Ainsi, à certains moments, elle ne voulait pas remettre en cause les deux relations. Toutes les deux aussi importantes pour elle, l'une que l'autre. A d'autres instants (très courts), elle pensait renoncer à la relation amoureuse et tentait de se convaincre que la relation première avec son mari était à maintenir coûte que coûte.

A d'autres moments encore, qui devenaient de plus en plus fréquents, elle se disait qu'elle devait choisir, trancher, faire un choix de vie nouveau, et aller vers ce qui occupait le plus son esprit, son cœur et son corps. Elle était déchirée, mais si pleine d'amour qu'elle supportait ce qui aurait paru impossible à d'autres.

Je ne sais si vous avez déjà eu, dans votre vie, à vivre quelque chose d'aussi contradictoire, d'aussi violent, d'aussi déstabilisant. Si c'est le cas, vous devez comprendre les enthousiasmes et les déchirements d'Ellnida.

En fait, au travers de ces deux amours, Ellnida rejouait, répétait les contradictions fondamentales de toute son histoire d'enfant, d'adolescente et de femme. D'un côté un besoin de sécurité, un cadre de référence, un ancrage sûr qui répondait à un besoin très fort de stabilité et de cohérence, de l'autre un besoin de s'échapper, de laisser son imaginaire créer un monde à la mesure de ses désirs, de se réaliser dans toutes ses potentialités d'amour. Tout se passait comme si elle avait besoin à la fois d'Equi et de Libre.

Ce qu'elle ne savait pas encore, c'est la nécessité secrète qu'il y avait en elle d'un équilibre à trouver, non pas entre deux hommes, mais à l'intérieur d'elle-même, pour ne pas exploser, s'égarer ou se perdre.

Le véritable conflit se montrait à l'extérieur, mais se

jouait à l'intérieur, car il était plus ancien que l'apparent conflit actuel.

Il est parfois des périodes dans une vie où il semble impossible de faire des choix de fidélité et de cohérence par rapport à soi, tant les forces qui nous habitent se combattent et se paralysent.

Alors, cela se joue sur la scène des amours inespérés qui peuvent s'enflammer jusqu'à rencontrer le divin qui est en chacun, mais s'accordent mal aux exigences d'un quotidien.

Le conte de la petite sauterelle qui avait tout réussi

Réussir sa vie au détriment de son existence, c'est risquer de passer à côté de sa destinée.

Il était une fois une petite sauterelle qui avait tout réussi dans sa vie. Ses rêves de petite fille sauterelle, ses jeux, ses amitiés, ses études, ses projets… elle réussissait tout. Quand elle souhaitait quelque chose, il était bien rare qu'elle ne l'obtienne pas. Elle était vive, intelligente, très sociable, et le regard qu'elle avait sur la vie était plein d'enthousiasme et de joie.

Le regard et l'écoute de son entourage sur elle étaient aussi très positifs. Et comme on dit parfois dans le monde des hommes : elle avait tout pour être heureuse ! Et cependant il y avait un grand doute en elle. Il y avait quelque chose qu'elle n'avait pas réussi à obtenir.

Dans cette situation-là, elle avait vécu un profond sentiment d'échec. Ce sentiment était d'autant plus fort qu'elle n'avait jamais pu en parler à personne. Ni à son père, ni à sa mère, ni à une amie, elle gardait cela comme une blessure ouverte, qui saignait lentement, inexorablement au profond d'elle-même.

Toute sa volonté, toutes ses ressources, tout son courage avaient échoué là où justement il aurait été si important pour elle de réussir, de gagner, de faire la preuve de ses capacités et de l'immense amour qu'elle portait en elle.

Vous allez me demander : mais de quoi s'agit-il ? Quel événement, quelle situation peuvent avoir une importance aussi vitale pour une sauterelle ?

Il faut remonter un peu dans son histoire. Peut-être que vous ne le savez pas, mais au pays des sauterelles, il arrive que des couples mariés depuis des années, ayant tout pour être heureux (tiens, tiens, eux aussi !), partageant beaucoup de choses, de tendresse, d'affinités, arrivent cependant à ne plus s'aimer ou à ne plus s'entendre et soient amenés à prendre la décision de se séparer.

Ce fut le cas pour les parents de cette petite sauterelle. Mais dans sa tête, dans son cœur, dans ses tripes, je veux dire dans tout son corps, cette petite sauterelle s'était imaginé que tout l'amour qu'elle avait pour son papa le retiendrait, l'empêcherait de partir.

« D'accord, il ne s'entend plus avec maman, ils disent qu'ils ne s'aiment plus, qu'ils ne peuvent plus vivre ensemble, mais moi il m'aime, moi je l'aime ! Il ne va quand même pas oublier cela, il ne va pas faire comme si je n'existais pas. Mon amour pour lui est assez fort pour le retenir, pour l'empêcher de faire la bêtise de quitter notre maison, son foyer… »

Je ne sais si vous imaginez tout ce qui peut se passer dans la tête d'une petite sauterelle qui aime son papa, comme seules les sauterelles savent le faire.

Vous sentez bien que tout cela travaillait fort dans son imaginaire, mille pensées et images contradictoires se combattaient tous les soirs dans sa tête, dans tout son corps. Elle s'accrochait à certaines. Elle revoyait clairement toutes les situations où elle avait eu la preuve que son père l'aimait très fort, qu'il tenait à elle, qu'elle était importante pour lui… Alors l'espoir renaissait, elle imaginait qu'il allait se reprendre, revenir sur sa décision, trouver un accord avec sa femme, bref qu'il allait rester.

Tout cela, elle l'avait envisagé des centaines de fois,

durant cette période douloureuse, chaotique, parfois violente où un couple envisage de se séparer, quand ils sont encore ensemble sans l'être tout à fait.

Et puis son père était quand même parti, le mariage avait été dissous, et comme c'est souvent le cas au pays des sauterelles, la petite était restée chez sa mère. Mais avec au fond d'elle-même, ce sentiment terrible, dont je vous ai parlé au début, celui d'avoir échoué. Avec même de la culpabilité en elle, des pensées polluantes qui l'envahissaient :

« Si j'avais fait ceci ou cela, peut-être qu'il serait resté, si je lui avais témoigné un peu plus de mon affection, si j'avais été plus présente, si... si... » Autant de si qui restaient comme des poisons dans son corps et la désespéraient.

Vous pouvez penser que le temps arrange ce genre de choses-là ! Pas toujours, car ce type d'expérience engrange dans l'esprit un message pernicieux, du genre : « Ainsi mon amour ne sera jamais assez fort pour retenir un homme que j'aimerai », ou encore : « Il y aura toujours le doute en moi de savoir si j'aime suffisamment pour garder une relation vivante dans le temps. »

Et d'ailleurs, c'est pour elle que j'écris ce petit conte aujourd'hui.

C'est qu'une expérience douloureuse dans la vie de cette sauterelle, devenue une jeune femme splendide, semble confirmer, donner raison à cette pensée pernicieuse. Une déception amoureuse toute récente a fait remonter en elle tous ses doutes, sa non-confiance, sa conviction que, quoi qu'elle fasse, elle allait de toute façon échouer... comme avec son père. Et dans cette période-là, toutes les réussites, toutes les confirmations antérieures, toutes les attentions, toute la bienveillance qui peuvent l'entourer ne pèsent rien contre ce raz de marée qui envahit tout, dévaste l'espoir, détruit le courage à sa source, gangrène la volonté. Une envie de rien, une non-attente, des désirs a minima, son propre corps comme une enveloppe vide, la tête creuse de rêves inutiles.

C'est terrible, la non-vie qui envahit la vie, qui la dessèche, la stérilise au point qu'elle n'a plus aucun goût, aucun sens.

Je ne vous ai pas tout dit, car avez-vous remarqué cette loi des séries, cette succession de catastrophes qui s'enchaînent parfois les unes aux autres ? Si je vous disais que ce père, toujours vivant, encore aimé, vient de décider de refaire sa vie comme on dit, de vivre avec une femme, une femme qui, comble de malheur, a aussi une fille de l'âge de notre sauterelle. Même sa place de fille semble lui être prise…

Mais il faut parfois savoir que les événements se rassemblent, s'associent pour confronter quelqu'un à l'essentiel, pour l'obliger à se responsabiliser, face aux enjeux vitaux de sa vie.

Est-ce que je prends en charge ma vie ? Est-ce que je la laisse dépendre d'événements extérieurs sur lesquels je n'ai aucune prise ? (Et il faut avoir beaucoup d'humilité pour reconnaître cela !) Est-ce que je me laisse couler, attendant le miracle, le secours d'un événement extérieur à moi (en cultivant ainsi la dépendance dont je souffre pourtant) ?

Les sauterelles sont réputées pour être capables de faire des sauts extraordinaires. Leur détente est prodigieuse. Parfois bloquées au fond d'un trou, coincées dans des marécages infects, elles sont capables cependant de s'en sortir, de s'élancer dans la vie vers un horizon nouveau.

Je le souhaite à cette sauterelle, pour laquelle je me sens plein d'affection, même si je ne l'ai jamais rencontrée. Car elle aurait pu être ma fille…

Le conte de la petite chamelle qui était née avec le cordon ombilical autour du cou

Nous passons notre vie à naître sans pouvoir toujours achever notre mise au monde.

Il était une fois une chamelle qui vivait au Sahara en plein désert. Vous allez peut-être contester et me dire que ce sont les dromadaires qui vivent au Sahara, alors que les chameaux vivent plutôt en Asie centrale, mais dans mon histoire, c'est bien une chamelle ! Elle vivait, comme beaucoup de ses semblables, en troupeau. Cependant elle avait une difficulté qui commençait à devenir de plus en plus gênante à mesure qu'elle grandissait, elle n'arrivait jamais à prendre une décision.

Comme vous pouvez bien le penser, cela rendait la vie impossible pour cette chamelle. Ainsi quand elle souhaitait aller à droite, elle se demandait si ça ne serait pas préférable d'aller à gauche, ou encore si elle envisageait de faire tel travail, aussitôt naissait dans sa tête le projet d'en faire immédiatement un autre.

Alors se réveillait dans sa tête toute une série de questions, d'argumentations, qui duraient des heures et la paralysaient. Elle trouvait plein de raisons pour aller à droite, mais encore plus pour se diriger vers la gauche. Elle voyait plein d'intérêts à faire un travail et aussitôt tout autant d'enthousiasme et de passion pour en faire un autre. Bref, elle se sentait paralysée, tellement tiraillée à l'intérieur d'elle que son ventre la faisait souffrir. Il y avait tant d'idées contradictoires, toutes bonnes, toutes excellentes, toutes porteuses de plaisirs et de rêves, qu'elle n'arrivait pas à se décider. Cela durait depuis des années.

Quand elle était petite, passe encore ! Comme elle ne pouvait pas se décider, ses parents, ses professeurs, son entourage prenaient la décision pour elle, elle s'en sortait comme ça. Mais aujourd'hui, elle était une chamelle adulte. Seule à se confronter à ses choix, seule à décider de sa façon de vivre, seule à s'engager ou pas dans une relation amoureuse par exemple.

Je ne sais pas si je vous ai déjà dit que cette chamelle était née avec difficulté. Elle était sortie du ventre de sa mère dans une grande souffrance.

En effet, quelques jours avant sa naissance le cordon ombilical, le cordon de vie, celui qui la reliait au placenta de sa mère à l'intérieur du ventre, s'était enroulé deux fois autour de son cou. Quand je dis « s'était enroulé », c'est une image que je donne, car ce n'est pas le cordon qui s'enroule autour du cou d'un bébé, c'est le bébé qui se tourne, se retourne, monte, descend, va à droite, va à gauche dans le ventre de sa maman et parfois son cou se trouve pris, enserré dans le cordon.

Là, il se passe une chose incroyable, insupportable, insoluble. Car au moment de la naissance, quand la maman a des contractions et commence à pousser pour faire sortir le bébé, le cordon se tend et le bébé s'étrangle. Il résiste, il ouvre les bras, il écarte les jambes, je veux dire les pattes pour un petit chameau, et à ce moment-là, il reste bloqué dans le passage qui devrait le conduire au-dehors. Et si cela dure longtemps, il étouffe. Alors il relâche, se laisse à nouveau entraîner par les contractions de la maman qui le pousse à l'extérieur, le cordon se tend à nouveau, il s'étrangle. Il résiste encore, s'étouffe, lâche prise, s'étrangle à nouveau.

Comme vous devez le sentir vous-mêmes dans votre

propre corps en m'écoutant, c'est une situation infernale. Bien sûr, la sage-femme des chameaux ou le médecin qui est là, le berger, aide le petit bébé chameau en essayant de dégager le cordon du cou et dans la plupart des cas il réussit.

La petite chamelle est toute bleue, elle est cyanosée comme on dit dans le langage des chameaux. On lui tape un peu sur les fesses, on la tient par les pieds, la tête en bas pour que le sang recommence à circuler dans sa tête, on la réchauffe, on lui fait des « câlinous », on lui dit des petits mots gentils et la plupart du temps cela se passe bien. Elle grandit, se développe et participe à la vie mais…

Mais son corps a gardé la trace de toute cette aventure et même s'il pense l'avoir oubliée, toute sa personne est imbibée par cette première expérience. Si elle fait quelque chose dans un sens, elle s'étrangle, si elle ne fait rien ou si elle fait quelque chose dans l'autre sens, elle étouffe.

D'après vous, comment est-il possible de choisir, de prendre la bonne décision entre s'étrangler ou s'étouffer ? Vous avez là la clé du drame de cette petite chamelle qui n'arrivait pas à faire des choix, à se positionner clairement dans la vie, parce que tout son corps lui rappelait, devant chaque décision à prendre, que quoi qu'elle fasse, elle risquait d'avoir de la souffrance.

Un jour la chamelle en parla avec sa maman. Elle se coucha sur son ventre et lui dit :

« Tu sais, je crois que je ne voulais pas sortir de ton ventre si vite, sinon je ne me serais pas attachée comme cela avec le cordon… »

Elles éclatèrent de rire toutes les deux. Ah si vous aviez entendu ce rire libérateur, entre une maman chameau et sa fille ! Tout le désert en garde le souvenir.

Il était une fois deux petites filles
qui se combattaient à l'intérieur
d'une seule et unique petite fille

Les maladies sont des métaphores, des langages symboliques avec lesquels nous tentons de dire et de cacher l'indicible.

A l'intérieur de certaines petites filles ou petits garçons, il y a deux personnalités qui peuvent se combattre, deux caractères, deux désirs ou deux aspirations qui peuvent s'affronter, dans une lutte à mort parfois.

Ainsi chez cette petite fille, se combattait le désir d'aimer sa mère et celui de la détester.

Même si vous pensez que c'est banal, vous allez me demander : comment cela se manifestait-il ?

Difficilement, mais cela se traduisait par une mise en maux, une somatisation appelée diabète qui était arrivée dans le corps de cette petite fille.

Dia-bète, comme si deux bêtes s'affrontaient à l'intérieur du corps de cette petite fille en faisant beaucoup de dégâts.

Cette maladie qui avait surgi autour de ses six ans avait été amorcée par un tout petit événement, une parole entendue au-dessus de sa tête, quand elle jouait à la poupée sous la table de la cuisine.

Donc, cette petite fille jouait sous la table, sa maman dégustait un café avec une voisine et ce jour-là, justement, elle parlait de sa grossesse. De sa grossesse et des désirs qui avaient présidé à la conception de son enfant.

« Mon mari au début ne voulait pas d'enfant, moi j'insistais, mais lui résistait, il disait qu'on avait le temps, qu'un enfant allait gâcher notre jeunesse, que ça coûtait de l'argent, que sa mère lui avait dit qu'au début il fallait faire attention, ne pas aller trop vite, qu'après on risquait de le regretter... Bref, moi je piétinais mon propre désir, attendant que mon mari veuille bien se décider ! Et puis trois ans après, voilà qu'il veut faire cet enfant... Et là, c'est moi qui n'étais plus d'accord. Je ne me sentais pas prête. C'est curieux ce retournement du désir ! De plus, lui il souhaitait un garçon et moi j'aurais tant voulu avoir une fille. En fait je ne voulais plus faire d'enfant sans être sûre que ce serait une fille. Et puis, je ne sais comment cela s'est fait, je suis tombée enceinte... »

La petite fille, qui écoutait tout sous la table, en faisant semblant de s'occuper de sa poupée, se demanda si sa maman avait eu mal en tombant. Elle décida aussitôt dans sa tête de ne plus monter sur les murs, ni sur les chaises, de faire attention en descendant les escaliers, pour elle-même « ne-pas-tomber-enceinte-en-pensant-à-autre-chose ». Elle décida aussi de ne plus avoir de désirs, de ne plus rien demander à ses parents parce qu'un enfant ça coûtait cher comme elle l'avait entendu dire, et qu'elle ne voulait surtout pas que ses parents deviennent pauvres.

Au-dessus de sa tête, sa maman poursuivait sa conversation avec la voisine.

« Ça a dû se passer un soir, je n'ai pas fait attention et crac, quatre semaines après j'étais enceinte. J'ai eu une fille, j'aurais dû être heureuse, mais non, je sais bien que j'ai déçu mon mari. Comme si j'étais une bonne à rien...! D'accord elle est là, elle est mignonne et ne me donne pas trop de soucis ! mais ça n'a rien à voir avec ce que je voulais... »

La petite fille sous la table avait une grande envie de pleurer, de rentrer sous terre, de ne plus exister. Ainsi, elle découvrait brutalement qu'elle avait déçu son père qui voulait un garçon. Et qu'en plus sa maman n'était pas heureuse de l'avoir eue.

Je ne sais pas ce qui se passa en elle dans les jours qui suivirent, mais ce fut comme si depuis cette conversation il y avait deux personnes très méchantes, comme deux bêtes, qui se battaient à l'intérieur d'elle. Une qui disait : « C'est bien fait pour mon père, il n'avait qu'à pas me faire ! » Et l'autre qui criait : « Et puis maman ne sait pas ce qu'elle veut. Elle me voulait, mais elle n'est pas heureuse à cause de moi ! »

Vous n'avez pas idée du désespoir qui se débattait dans le corps de cette enfant qui, tout au fond d'elle, aurait tant et tant voulu faire plaisir, combler et réconcilier ses deux parents autour de désirs inconciliables.

Je crois tout de même qu'elle trouva le moyen de les réunir, autour de sa maladie.

Car il faut voir comme ils sont prévenants, attentifs, affectueux avec elle, depuis qu'elle a un diabète !

Le conte du petit lion très agité

Un enfant adopté n'est pas toujours un enfant adoptant. Il peut garder au profond de lui des fidélités anciennes envers ses géniteurs pour nier l'abandon et résister à l'adoption.

Il était une fois un petit lion qui vivait chez des parents d'adoption. Des parents d'adoption, cela veut dire plusieurs choses : que sa maman actuelle ne l'avait pas porté dans son ventre pendant des mois (comme c'est le cas chez les lions) ni que son père actuel ne l'avait conçu en faisant l'amour avec sa lionne. Mais cela voulait dire aussi que la lionne, sa génitrice comme on dit chez les hommes, qui l'avait porté, elle, dans son ventre pendant des mois, qui l'avait mis au monde un jour de grand soleil, n'était pas restée près de lui pour le nourrir, l'élever, l'accompagner dans ses premiers pas dans la vie. Personne ne savait la raison qui avait conduit cette lionne à faire ce choix. Un choix assez rare, car les lions habituellement n'abandonnent pas leur petit. Mais il y a comme cela des mystères dans la vie des lions qui échappent à toute compréhension, quand on ne connaît pas l'histoire profonde de chacun, quand on ne va pas au-delà des apparences.

Vous voulez que je vous dise son nom, à ce petit lionceau ? Il s'appelait Vinké. C'était un jeune lionceau de trois ans, qui savait jouer, rire, et même faire des câlins à ses parents d'adoption. Mais parfois il se mettait en colère, mordait, frappait avec ses pattes, il cassait des jeunes arbres, il lançait des cailloux, faisait rouler des rochers sur les autres animaux. Et surtout, surtout, écoutez bien cela, il se jetait sur sa mère, se mettait à grogner, à rugir. Il voulait même la mordre, la blesser. Comme s'il cherchait à lui faire mal, ou à exprimer de cette façon quelque chose qu'il ne pouvait pas dire autrement. Car chez les lions, quand un enfant lion ne peut pas dire ce dont il souffre ou ce dont il a peur, il devient agressif, violent, il montre ses dents, on croirait même qu'il est méchant. Ce qui n'est pas le cas, vous le sentez bien.

Je dois vous dire également, puisque j'ai décidé de ne rien vous cacher, que ce petit lion aimait les histoires. Il se couchait contre sa mère, le corps tout doux, le museau en l'air comme ça... Enfin je ne peux pas vous le montrer, mais j'espère que vous voyez ce que je veux dire. Et là, tout calme, tout attentif, les deux oreilles bien droites, les yeux grands ouverts, les babines pleines de salive, il écoutait sa maman lui raconter des histoires. Tout cela c'était dans les moments calmes, car autrement, je vous l'ai déjà raconté, il devenait violent, insupportable.

Puisque j'ai décidé de tout vous dire, de ne rien vous cacher, je dois vous confier qu'il faisait peur à sa maman, qui était très inquiète. Elle se demandait si elle avait bien fait d'adopter ce lionceau.

Peut-être avez-vous déjà entendu dans tout ce que je viens d'écrire ce qui habitait secrètement ce petit lion. Vous croyez qu'il avait peur d'être à nouveau abandonné par ses parents adoptifs ? Vous imaginez qu'il se comportait méchamment comme pour dire : « Tu m'aimes quand je suis sage et que je ne fais pas d'histoire, mais est-ce que tu m'aimes quand je fais des bêtises ? Est-ce que tu m'aimeras encore même si je continue à te faire mal ? »

Les petits lionceaux qui ont été abandonnés une première fois redoutent par-dessus tout d'être à nouveau abandonnés, alors parfois ils font la guerre à leurs parents adoptifs, à leur mère surtout, pour vérifier la solidité du lien d'amour. Oui, c'est souvent comme ça chez les lionceaux adoptés !

Je ne sais comment l'histoire va se terminer. Peut-être sa maman lui racontera-t-elle ce conte ?

Le conte de la maman fourmi qui n’avait pu mettre au monde son petit bébé*

Berceuse pour un enfant qui n’est pas né.

Peut-être ne le savez-vous pas, mais au pays des fourmis, certaines femmes enceintes décident de ne pas garder leur bébé dans leur ventre. Pour des tas de raisons, de difficultés, de peurs ou parce qu'elles ne se sentent pas prêtes à devenir maman. Il arrive parfois qu'une femme fourmi ne puisse plus accepter ni dans son corps ni dans sa tête d'accompagner plus loin le petit bébé qu'elle a conçu et porté dans son ventre.

Alors elle décide de s'en séparer. On appelle cela une interruption de grossesse ou un avortement.

Vous imaginez que ce n'est pas une décision facile. Que dans la tête de cette fourmi, il y a plein de désirs contradictoires qui s'opposent, se combattent, qui discutent sans fin : « Je pourrais quand même le garder… mais non tu sais bien que tu ne veux pas l'élever seule… », ou encore : « Je ne me sens pas prête, je suis trop jeune, ou j'ai déjà quatre enfants et j'ai beaucoup de difficultés à donner à chacun sa part de soins et d'amour… d'accord mais tu n'es pas la seule qui a élevé cinq enfants et plus… »

Enfin comme vous le voyez, il y a tant de dialogues dans sa tête, dans son corps, que cela peut durer longtemps, des jours et des nuits, avec des vagues de tristesse et de désespoir. Avec tout au fond du cœur, parfois, l'espoir que le partenaire fourmi, celui avec lequel elle a fait l'amour et qui est le géniteur du bébé qui se trouve dans son ventre, lui dise au dernier moment : « Nous pouvons peut-être le garder, je suis d'accord que ce bébé soit là, on va s'arranger pour l'élever. »

Mais cela arrive très rarement, au pays des fourmis !

Aussi je voudrais vous offrir le petit poème qu'a écrit une maman fourmi qui s'appelait Liejo.

C'est une petite berceuse qu'elle chantonnait à son bébé quand il était encore dans son ventre et qu'elle savait qu'elle ne pourrait pas le garder.

Petit embryon qui n'aura jamais de nom
Petit embryon qui a fait de mon ventre sa maison
Petit embryon qui tient bon
Petit embryon qui a choisi une maman qui te dira non.

Je te sens là, courageux, t'accrochant à la vie, secoué par les tremblements de mon cœur qui pleure.
Et moi, ta maman, qui aurais tant voulu t'offrir de la douceur à la place de la rancœur.

Je te sens là, courageux, t'accrochant à la vie et ressentant ma douleur jusque dans ton sang,
En sachant que tu ne verras jamais le firmament.

Et moi, ta maman qui aurais tant voulu te bercer tendrement et t'endormir en chantant,
Je ne te donnerai pas le jour, petit amour, car depuis un moment, c'est la nuit dans ma vie.

Je ne te donnerai pas le jour, petit amour, car il y a autant d'étoiles en moi que de « contre » et autant de lunes et de planètes que de « pour ».

Je ne sais pas comment j'aurais pu me choisir, sans que tu aies à disparaître.
Mais sache combien, si j'avais pu, j'aurais aimé mieux te connaître et te voir rire.

C'est bientôt que nos routes vont se séparer.
Ce fut un court voyage à tes côtés.
Mais sache que toujours, dans mon cœur, je te porterai.
C'est ici que nos routes se quittent.
C'est le plus déchirant de tous les « au revoir ».

Puisses-tu, un jour, me pardonner de ne pas avoir continué avec toi.
Puisses-tu être au royaume des tendres bébés qui n'ont pas vu le jour.
Puisse cet acte m'éclairer pour me guider vers un peu plus d'amour envers la vie.

Envole-toi, une vie meilleure t'attend, petit amour qui ne verra le jour.
Puisses-tu être accueilli dans la lumière de l'univers.

Celle qui a été ta génitrice pour si peu de temps,
Celle qui n'a pu être une maman
Celle qui a choisi l'avortement.

Je ne sais si vous avez pu sentir, à travers ces mots qui se cognent, qui se blessent aussi et tentent d'articuler un vécu douloureux, combien une telle décision peut être déchirante et peut laisser de traces durables dans le corps d'une femme fourmi. C'est pour cela qu'il est important, je le crois, de mettre des mots, de parler au bébé et même de lui offrir un petit espace de son imaginaire, pour lui permettre de vivre ce passage difficile vers autre chose que la vie, quand on ne peut l'accompagner au-delà de quelques semaines.

Le conte du petit renardeau qui gardait tout dans son ventre

Il est difficile de remplir une bouteille déjà pleine. Celui qui garde tout aura du mal à recevoir.

Il était une fois un petit renardeau qui avait une grande angoisse tout au fond de son ventre. Je ne sais pas si vous savez que les petits renardeaux sont non seulement très intelligents, mais aussi d'une grande sensibilité. Si une parole, un regard, un geste de leur papa ou de leur maman les blesse, leur fait de la peine ou touche chez eux une peur, alors cette tristesse, cette peur, cette colère se cristallise, devient comme un bloc qui se dépose au profond de leur ventre.

C'est ainsi que certains petits renardeaux, je vous le dis avec beaucoup d'émotion, gardent tout à l'intérieur.

Savez-vous tout ce qu'on peut trouver dans l'estomac d'un petit renardeau ? Pas simplement de la nourriture, des nouilles, des frites, du chocolat, de la viande, du poisson, des carambars ou des restes de chewing-gum ! Il y a aussi des silences, des humiliations, des injustices, des colères, des peurs.

Je vous laisse le soin d'imaginer le mélange horrible que tout cela faisait dans le ventre du petit renardeau dont je veux vous parler : chocolat et colère, nouilles et humiliation, frites et injustices, poissons et peurs... Aussi vous ne serez pas étonnés si je vous dis que ce petit renardeau faisait caca dans sa culotte, comme s'il se libérait ainsi, bien malgré lui, de tout le pas bon qu'il y avait dans le corps.

Oh, ne croyez pas qu'il faisait ça par plaisir, il faut beaucoup de courage pour faire caca en plein jour dans son pantalon ! D'autant plus qu'il sentait bien qu'il décevait son papa, et cela le faisait beaucoup souffrir.

Il voyait bien qu'il inquiétait sa maman, et cela lui donnait le sentiment qu'il n'était pas bon, qu'il risquait d'être moins aimé. Si je vous dis que ce petit renardeau était très courageux, il faut me croire.

D'après vous, qu'est-ce qu'il pourrait faire pour sortir de cette situation ?

Eh bien, plein de choses ! Par exemple, il pourrait déposer dans une boîte des petits cailloux ou des petits objets qui représenteraient tout ce qu'il garde en lui et qu'il n'a pas réussi à dire à sa maman jusqu'à maintenant. Il pourrait dessiner, peindre. Il pourrait faire une marionnette ! C'est la marionnette qui dirait pour lui tout ce qu'il ne peut pas dire.

Il pourrait aussi, mais ça c'est le plus difficile, découper dans un morceau de carton deux grandes oreilles, les donner à son papa ou à sa maman et dire tout simplement : « Je voudrais être entendu, seulement entendu, que vous ne me répondiez pas tout de suite quand je veux parler. Que vous n'ayez pas la bonne réponse à toutes mes questions, mais que vous entendiez l'interrogation difficile qu'il y a derrière celles-ci. Que vous ne sachiez pas à l'avance ce que je dois faire ou pas faire, que vous acceptiez d'entendre, seulement m'entendre. »

Voilà quelques-unes des démarches que pourrait faire le petit renardeau.

Je vous le disais tout au début. Il faut beaucoup de courage et de volonté pour tenter de dire l'indicible. Plus encore quand il s'agit d'une petite renardette, qui n'ose pas dire que certains gestes sur son corps ne sont pas bons pour elle, surtout quand ils sont déposés par un renard adulte, trop proche.

Je vous le disais, c'est difficile, douloureux, de se taire quand on aurait tant et tant à dire.

Le conte de Miss Bobo

Pour capter l'attention d'un être aimé, nous sommes capables de prendre beaucoup de risques. Et surtout celui de maltraiter notre corps !

Il était une fois une petite fille très espiègle, très délurée et très vivante, que tout le monde dans sa famille appelait Miss Bobo.

Non, non, ce n'est pas ce que vous croyez, n'allez pas penser qu'elle se plaignait d'avoir mal ici ou là, ou qu'elle était toujours malade ou encore souffrante pour un rien ! Pas du tout, elle était alerte, solide sur ses deux jambes, pleine de vitalité, mais il lui arrivait toujours quelque chose : un coup, un choc, une chute, un jouet qui venait brutalement à sa rencontre. Je dois vous dire aussi qu'elle cassait plein d'autres choses auxquelles sa mère tenait.

C'était un peu sa spécialité. Les objets avaient du mal à résister à sa façon de les toucher ou de simplement les déplacer.

Elle était souvent pleine de bleus, d'égratignures, de petites écorchures. Comme si le monde qui l'entourait était trop petit, trop étroit, mal adapté à son corps d'enfant toujours en mouvement, plein d'élans, sautillant, agité de désirs imprévisibles, sollicité par tant d'appels invisibles, emporté par un courant d'énergie extraordinaire. On ne pouvait quand même pas demander à l'univers de se tenir tranquille quand Miss Bobo arrivait quelque part !

Evidemment tout cela inquiétait ses parents, surtout sa mère qui aurait voulu aplanir, arrondir, organiser, niveler toutes les aspérités de la vie, pour éviter à sa fille tous les bobos qui se déposaient sur elle avec tant de bonne volonté et de plaisir.

Cette petite fille n'aimait pas beaucoup qu'on l'appelle Miss Bobo. Comme si c'était elle qui recherchait tous les coups qui lui tombaient dessus. Elle aurait préféré qu'on la reconnaisse comme Miss Cœur Aimant ou Miss Tendresse.

Ce qu'elle recherchait avant tout, c'était le contact. Elle avait beaucoup de plaisir à toucher, à caresser, un grand besoin d'apprivoiser. Tout à l'intérieur d'elle, elle avait d'ailleurs le sentiment que sa mère était intouchable, trop parfaite, inaccessible. Mais cela, pour rien au monde elle n'aurait pu le dire.

Ah ! se blottir contre elle, monter sur ses genoux, mettre son nez tout au creux de sa poitrine, fermer les yeux, se laisser porter ! Elle aurait tant voulu que sa mère, toujours occupée, arrête de faire ce qu'elle faisait, libère ses mains et aussi sa tête et lui dise enfin : « Viens, viens contre moi… »

Oh oui ! sentir l'odeur, la chaleur, la palpitation du cœur de sa maman, se laisser aller, confiante, tout contre elle. N'avoir rien à demander et sentir qu'on est entendue, accueillie, acceptée. Qu'on a enfin une place à soi et surtout qu'on ne dérange personne en osant la prendre. Alors plus besoin de casser, de se cogner, de se faire mal aux aspérités du monde !

Je ne sais si l'attente de Miss Bobo sera entendue. Je l'espère de tout cœur.

Le conte du petit tang

Certains enfants sont capables de se donner la mission d'assister, de soutenir ou de soigner un de leurs parents, au prix de leur propre équilibre.

Il était une fois un petit tang très courageux, mais je dois vous le dire, aussi très angoissé. L'angoisse, c'est une sorte de peur diffuse, profonde, tenace, dont on n'arrive pas à saisir l'origine.

Si vous craignez les araignées, c'est relativement simple : chaque araignée vous inspire de la peur. Et même si vous savez que la peur des araignées ou des voleurs témoigne d'autres peurs plus profondes ou exprime les désirs qui se cachent derrière, vous pouvez au moins mettre un nom sur votre peur.

Si vous redoutez que vos parents fassent un autre enfant qui pourrait prendre un peu de votre place ou qui ferait que votre maman soit moins disponible pour vous, parce que entièrement occupée par lui, vous pouvez là aussi mettre un nom sur votre peur et tenter d'en parler.

Dans l'angoisse, il est difficile de mettre un nom et même de localiser ce qui la déclenche. Elle est là, elle envahit tout notre corps et c'est très pénible, très lourd à porter.

Vous ne savez peut-être pas non plus ce qu'est un tang ?

C'est un petit animal, très intelligent, très agile, très habile, qui vit sur les îles volcaniques qui surgissent au milieu de l'océan Indien, comme des oasis entre le bleu du ciel et celui de la mer.

Ce petit tang vivait avec sa maman qui avait divorcé de son mari. Et celui-ci, le papa du petit tang, s'était aussitôt remarié avec une tangueuse, ils avaient eu ensemble une petite fille. Une petite tanguille qui était donc la demi-sœur du petit tang, mais dans ce cas-là on peut dire la sœur, car il l'aimait beaucoup.

Depuis quelques mois le petit tang, qui adorait et surtout admirait très fort son papa, était très inquiet. Il voyait, chaque fois qu'il allait chez lui, la deuxième femme de son père, la tangueuse dont je vous ai parlé, se disputer souvent avec son mari. Crier, dire des choses désagréables et menaçantes qui faisaient beaucoup de mal à son mari et aussi aux enfants présents.

Le petit tang entendait au-dessus de sa tête les mots qu'il croyait avoir oubliés : séparation, divorce, partage. Et surtout, surtout il voyait son papa malheureux, lui qui habituellement était si sûr de lui, qui connaissait plein de choses, restait le plus souvent silencieux, amer, travaillait beaucoup, enfermé dans une infinie tristesse.

Le petit tang courageusement tentait de soutenir son papa. Il aurait voulu avoir de meilleurs résultats à l'école, se montrer gentil, prévenant, discuter voitures avec lui. Car lui et son père étaient des passionnés de grosses cylindrées, ils connaissaient toutes les marques et leurs caractéristiques, au cheval près !

Mais tous ces efforts l'épuisaient, lui demandaient beaucoup d'énergie. Aussi, quand il rentrait auprès de sa maman, il redevenait un tout petit bébé qui réclamait des câlins et des marques d'attention sans fin. Il grimaçait, parlait avec des intonations de tout petit enfant, s'exprimait avec des mots déformés. Un psychologue qui l'aurait vu dans cet état aurait prononcé gravement : régression, enfant en insécurité affective, état confusionnel passager, enfant déstructuré… Ou tout autre diagnostic inquiétant.

Il n'aurait pas compris combien ce petit tang était au contraire très structuré, très logique pour, d'un côté avec ses tentatives courageuses, soutenir son père, lui dire de toutes les façons possibles : « Tu peux compter sur moi, moi je ne te quitterai jamais. D'ailleurs si je ne grandis pas, si je reste petit, tu seras obligé de me garder pour toujours », et de l'autre côté, s'abandonner, se récupérer auprès de sa mère, en s'infantilisant un peu.

Ainsi, il arrive à des enfants, chez les tangs, bien sûr, mais aussi chez les hommes, d'être des enfants fidèles qui, ayant entendu les souffrances cachées de leurs parents, veulent les prendre en charge, avec une volonté, une ténacité et un courage extraordinaires.

Ce petit tang m'étonne et m'impressionne beaucoup. J'espère cependant qu'il développera toutes ses qualités, sans se sentir obligé de maltraiter avec autant d'acharnement son propre épanouissement.

Le conte du petit pantalon de pyjama

L'amour aveugle est souvent un amour violent.

Il était une fois un petit pantalon de pyjama qui pleurait dans son coin, chaque matin. Il était tout chiffonné au fond d'un lit, et surtout très triste. Vous allez tout de suite me demander pourquoi il pleurait. Eh bien parce que toutes les nuits, il était mouillé. Oui, il était mouillé par du pipi.

Un matin je l'ai découvert qui disait : « Je ne veux plus être mouillé, je n'ai pas fait de mal, je suis gentil… je ne comprends pas pourquoi on me fait pipi dessus ! »

Peut-être que vous croyez que je suis fou, vous allez me dire qu'un petit pantalon de pyjama ne peut pas parler ! Et vous avez raison. Il ne parle pas comme nous, mais il parle à sa façon. D'abord si on le regarde bien, si on le tient serré dans ses bras, si on met son oreille tout contre lui, eh bien je vous l'assure, on entend des choses. Oh bien sûr, ce ne sont pas des mots, mais comment vous dire, ce sont des sensations, comme une musique triste.

Vous savez, quand on veut bien se donner la peine de regarder quelqu'un, de le prendre dans ses bras, de respirer doucement, d'écouter comment son cœur bat, comment la vie circule en lui, on entend alors beaucoup de choses, plein de choses silencieuses.

Et justement je dois vous parler du petit garçon qui

faisait pipi au lit toutes les nuits sur ce petit pantalon de pyjama. C'était un enfant très mal à l'aise, parce qu'il aimait son papa et en même temps il était très en colère contre lui. Là aussi vous allez me demander comment c'est possible d'aimer quelqu'un et d'être en colère contre lui. Je vais vous expliquer.

Ce petit garçon aimait sa maman et aussi son papa, mais un jour, quand il était petit, il avait vu son papa et sa maman se disputer, très fort, crier, et même il avait vu son papa dans un mouvement de colère taper sur sa maman. Oui, oui, lui donner une gifle et la maman tomber à terre. Cela l'avait beaucoup effrayé, il n'aimait pas dormir dans la même maison que son papa.

Depuis ce petit garçon disait à tout le monde : « Mon papa a fait une bêtise, il a frappé ma maman… », mais tout au fond de lui, il avait surtout de la peine. Il voulait de tout son cœur que cela ne recommence plus.

Que plus jamais son papa ne puisse frapper sa maman, même quand ils n'étaient pas d'accord. Ce petit garçon ne savait pas encore que si on n'est pas d'accord, on peut quand même se parler, on peut utiliser les mots mais pas les coups pour se dire ce que l'on ressent.

C'était comme le petit pyjama, qui voulait qu'on lui parle, plutôt qu'on lui fasse pipi dessus.

Je dois vous dire que je connaissais un autre petit enfant qui faisait pipi dans sa culotte, mais lui dans la journée.

« Je ne peux pas me retenir », disait-il, tout malheureux.

Il était vraiment malheureux car il sentait bien qu'il décevait son papa, qu'il inquiétait sa maman.

Il aurait tellement voulu leur dire qu'il avait peur qu'ils se séparent. Qu'il redoutait qu'ils se disputent et même qu'ils se fassent du mal quand ils parlaient un peu fort, l'un contre l'autre. Il les aimait très fort, c'était un enfant fidèle qui aurait tellement voulu que ses parents s'entendent bien. Il les entendait le soir dans son lit se disputer, papa qui élevait la voix, maman qui pleurait. Lui il croyait que c'était à cause de lui.

Peut-être un jour pourra-t-il parler de tout cela avec l'un ou l'autre de ses parents, peut-être pourra-t-il dire aussi toute la colère qu'il y a en lui de ne pas se sentir entendu pour des choses qui paraissent petites ou banales pour les parents, mais qui sont si importantes pour lui.

Je ne le sais pas, mais en attendant il dit beaucoup, beaucoup de choses avec son pipi dans sa culotte.

Le conte de l’amour qui s’était fourvoyé dans le monde des hommes

Même mal aimé, l’amour peut nous aimer.

Nous ne savons pas d'où viennent les amours. Ces amours nouveaux, qui surgissent en nous, un jour dans notre vie, qui nous illuminent, qui nous habitent parfois durablement et d'autres fois de façon plus éphémère... Ces amours imprévisibles, qui nous révèlent, nous agrandissent ou nous désespèrent... Nous ne savons pas d'où ils viennent, comment ils nous ont choisis pour se révéler à nous.

Ce que je crois, c'est qu'il doit bien exister un coin de l'univers où ces amours se rassemblent, se rencontrent et peuvent partager ensemble l'étonnement, l'émerveillement, l'inouï ou le désespoir de leurs aventures humaines. Un havre, une oasis, peut-être une île, où ils peuvent se régénérer après tout ce qu'on leur a fait subir sur la terre.

Il était une fois un amour qui parfois se désespérait mais ne se décourageait jamais. Il aimait les hommes et les femmes de cette étrange planète où les guerres, la violence, la misère, l'injustice faisaient rage depuis des générations.

Il sentait bien qu'il devait y avoir autre chose, derrière cette apparente désespérance. Car il rencontrait aussi l'expression de la beauté, de la créativité, de la tendresse ou de la compassion extraordinaire de certains humains, dans une relation privilégiée à l'autre et, pour quelques autres plus rares, une relation d'amour en réciprocité.

Il s'étonnait de leur foi, il admirait leur courage, il s'enthousiasmait de leur capacité fabuleuse à se reconstruire, à espérer, à s'entraider et à aimer inconditionnellement, passionnément et quelquefois même durablement.

Mais je dois vous le dire, avec une certaine gêne : cet amour-là n'avait eu que des malheurs dans ses rencontres avec les humains. Il s'appelait Vindi, un nom relativement répandu chez les amours.

Déjà au temps de sa jeunesse, dans ses premières aventures terrestres, il avait vécu des choses épouvantables. Vindi était venu se déposer naïvement dans le cœur d'un jeune garçon qu'il avait enflammé pour une jeune fille du même âge. Mais celle-ci avait le cœur déjà tourné vers un autre.

Le garçon amoureux, transporté, illuminé par Vindi avait tenté de la convaincre que personne d'autre au monde ne l'aimerait comme lui. Il s'était accroché à elle, l'avait harcelée de ses déclarations, lui avait écrit durant des mois des mots enflammés, recherchant sa présence sans arrêt, la mettant mal à l'aise par des demandes incessantes. En fait, il lui avait présenté Vindi, son amour, comme un produit de première qualité.

Vous devinez la suite… ce fut l'enfer ! Vindi croyait devenir fou, il se débattait, prisonnier dans le cœur de ce garçon, tentait d'en sortir, de revenir au pays de son enfance, pour demander conseil aux autres amours. Pour savoir comment ils faisaient, eux. Il aurait voulu qu'ils lui apprennent un peu le métier. Que faire quand on habite le cœur de quelqu'un d'un amour pour une (ou pour un) qui ne peut le recevoir ?

Quand, après plusieurs mois de maltraitance, Vindi

avait pu se libérer du cœur qui l'emprisonnait en l'imposant à une qui n'en voulait pas, il était reparti, lacéré, épuisé, hagard, vers le pays où les amours se ressourcent.

Là, il avait passé son temps à écouter les autres amours, jeunes ou vieux. Les vieux amours surtout, qui racontaient combien ils avaient rencontré, sur d'autres planètes, des cœurs aimants, qui les avaient accompagnés dans des aventures sublimes, fabuleuses, ensoleillées par des désirs réciproques, vivifiées par des échanges de qualité, qui les avaient portés aux nues dans le partage du plaisir, fêtés dans les émerveillements de l'attente.

Vindi, encouragé, stimulé par ces témoignages, était reparti plus confiant sur la Terre. Mais je n'aurais jamais assez de temps pour vous dire toutes les mésaventures qu'il rencontra dans ses différentes incarnations humaines. Une fois, il s'était déposé par mégarde chez un jaloux, un possessif furieux qui n'admettait pas que sa compagne ait le moindre regard, la moindre attention pour un autre. Une autre fois, il était tombé sur un pervers qui se jouait de lui, pour s'attacher l'amour d'une, afin de mieux la rejeter. Une autre fois ce fut un déprimé qui l'utilisait pour capter l'attention d'une qui, elle-même, passait l'essentiel de sa vie à aller rechercher au fond d'un gouffre d'angoisse ses partenaires préférés. Une autre fois encore, il se déposa chez un homme d'affaires, un redoutable financier, déstabilisé dans un premier temps, mais qui se reprit vite et ne se laissa pas faire ! Il enferma Vindi dans un coffre, au milieu de billets de banque, d'actions et de pièces d'or. Vindi mit plusieurs années à s'évader de cette situation. L'homme d'affaires eut, je crois, un infarctus.

Une fois, une seule fois, il se trouva dans le cœur d'une femme qui rencontra un homme lui-même porté par un amour nouvellement arrivé sur la Terre. Un amour tout neuf, qui ressemblait à ce que Vindi avait été dans sa jeunesse.

Là, Vindi découvrit pour la première fois les possibles d'une vie d'amour. La fête des corps, l'accord des âmes, la complémentarité des sensibilités, la douceur des partages, l'enthousiasme des découvertes communes, la passion de la vie, le secret des instants fragiles comme des perles de rosée. Il put ainsi vivre quelques années une vie d'amour à temps plein.

Mais, vous le savez comme moi, si les amours sont parfois chérissables, les hommes sont toujours périssables... Ce fut elle qui partit la première, laissant l'homme esseulé. Vindi resta quelques années dans le cœur de l'homme, le soutenant, lui insufflant une belle énergie. Et puis, quand le temps vint, il dut repartir vers sa planète d'origine. Après un repos bien mérité, quelques années plus tard, il décida à nouveau de redescendre sur la Terre.

Il était devenu non pas prudent mais plus attentif, plus exigeant aussi. Il ne s'arrêtait pas chez le premier venu, il choisissait avec beaucoup de soins ses compagnons de vie terrestre. Vindi avait mis longtemps à comprendre qu'il ne suffisait pas de venir se déposer dans le cœur d'un être, encore fallait-il que celui-ci soit capable de l'accueillir, de lui faire une place, de le nourrir, d'établir avec lui une relation d'amour. Oui, disons-le simplement, Vindi avait compris que les amours ont besoin d'amour.

Cela peut vous surprendre ! Moi-même, je l'ai découvert tardivement, à l'automne de ma vie. Les amours qui nous font le cadeau de venir s'incarner en nous ont besoin de soins, de chaleur, de tendresse et de cette qualité essentielle à la vie amoureuse : le respect. Ils viennent à nous, comme Vindi, avec un enthousiasme incroyable, ils réveillent nos sens, irriguent nos pensées, révèlent le meilleur de nous-mêmes et sont à l'origine non seulement de la plupart des grandes œuvres d'art, mais aussi d'actions méconnues qui ont transformé un coin de terre, porté un rêve au plus loin de ses possibles ou encore magnifié à jamais la vie d'un humain. Ils sèment l'espoir (ils s'aiment l'espérance) et surtout cette qualité de vie qui se reconnaît au premier coup d'œil chez un être aimant et aimé : l'enchantement d'être.

Aux dernières nouvelles, je sais que Vindi est reparti dans son pays d'origine, mais tel que je le connais il ne tardera pas à revenir. Alors si l'un ou l'autre d'entre vous se sent capable de l'accueillir, n'hésitez pas, ouvrez-lui votre cœur, tendez-lui vos bras, faites-lui une place dans votre vie. C'est un amour merveilleux, d'un courage extraordinaire, d'une patience infinie, d'un enthousiasme jamais usé.

Si vous établissez avec lui une relation, dites-lui simplement de ma part que je regrette de n'avoir pas su l'aimer comme il le méritait quand j'ai croisé sa route, mais il était encore si jeune et moi si maladroit, à l'époque où nous nous sommes rencontrés !

Il était une fois
une petite fille libellule
qui se transformait en femme libellule

Toutes les vies qu'il faut traverser pour construire son existence et se rencontrer !

Comme vous le savez certainement, il arrive un moment dans la vie d'une petite fille libellule où son corps se modifie et se transforme. Comment ? Eh bien ses hanches deviennent plus rondes, ses épaules moins pointues, sa poitrine commence à pousser sur l'avant et il arrive même un jour où arrive ce qu'on appelle au pays des libellules des règles. Les jeunes filles sauterelles perdent du sang tous les mois durant quelques jours.

Je dois vous dire que cette petite libellule n'aimait pas du tout cela, mais pas du tout !

Elle en était extrêmement gênée, pleine de confusion et de colère en voyant son corps changer. Elle sentait depuis quelques semaines que les regards des garçons libellules n'étaient plus les mêmes, leurs yeux se posaient plus souvent sur sa gorge, s'attardaient sur ses fesses et sur d'autres parties de son corps !

Ce qui la paniquait surtout, c'était le regard des voisins, des hommes sauterelles de l'immeuble où elle vivait. Et aussi le regard de l'épicier, du marchand de journaux, du conducteur de bus quand elle allait au collège. Elle se sentait comme salie, comme dépossédée de son propre corps.

Elle avait beau mettre des pulls sac de patates, des bluejeans trop larges pour elle, des baggies, des blouses flottantes pour cacher ses fesses, avec un pull noué par les manches autour de la taille, son malaise et sa colère persistaient. Sans en être consciente elle commença à haïr son corps, à le détester comme s'il était un étranger. Elle le lavait, le frottait, le brossait avec une rage qui faisait grincer ses dents.

Puis, insensiblement, elle commença à détester aussi la nourriture. Elle refusa de manger à table. Tous les plats la dégoûtaient. Mais comme c'était une petite libellule très vivante, elle avait faim et mangeait en cachette, n'importe quoi, puis allait vomir dans les toilettes.

Bien sûr son corps se modifia, sa poitrine dégonfla, ses fesses disparurent, ses règles s'arrêtèrent. Elle était semblable à un petit grillon tout ratatiné, tout sec, qui n'éveillait plus aucun regard ni désir chez les sauterelles garçons. C'était à la fois pathétique et extraordinairement courageux, ce combat que menait toute seule cette petite libellule pour retrouver un corps de petite fille, pour tenter d'échapper aux attentes et aux désirs dont elle se sentait entourée.

Je dis toute seule, parce qu'il lui fallait lutter contre le désir de ses parents, de sa mère surtout qui la poussait à manger sans savoir qu'elle mettait au supplice son enfant. En lui disant de manger, de prendre un peu de poids, de retrouver ses formes, c'est comme si sa mère la poussait vers le désir des hommes sauterelles !

C'est un malentendu fréquent chez les libellules, quand les parents ne sentent pas toujours dans quels domaines intimes se vivent les conflits chez leurs enfants. Plus la mère insistait et plus la petite libellule se fermait, se butait, la situation menaçait de durer. Des médecins sauterelles consultés appelaient cela anorexie. ANOREXIE, vous sentez combien la dernière syllabe grince entre les dents, entre les gencives, comment c'est une syllabe coupante, en scie !

Un jour, la maman libellule décida de parler d'elle à sa fille, de lui raconter plein d'histoires vraies sur la petite libellule qu'elle avait été. Comment toute petite, elle éprouvait plein de plaisir dans des situations banales comme sauter à la corde, se bagarrer avec un garçon, grimper sur les genoux d'un ami de ses parents, serrer très fort entre ses jambes son petit ourson préféré... et ressentait ainsi plein d'émois dans son cœur. Tant de choses innocentes, mais si chargées de plaisir pour la petite fille qu'elle avait été. Elle put dire à sa fille qu'elle avait à la fois du plaisir et de la peur à découvrir les marques d'intérêt et les désirs qu'elle déclenchait chez les garçons plus âgés de son quartier...

Je ne sais jusqu'où se poursuivirent ces échanges, entre l'ex-petite fille que fut la mère et sa fille. Si la mère osa, non pas dévoiler son intimité, parler de son jardin secret, mais si elle permit à sa fille de découvrir que la sensualité ne doit pas être confondue avec la sexualité, que la sensualité, c'est la sève fertile de l'existence qui donne du goût à la vie.

Et surtout, qu'il est possible d'entendre et de recevoir des désirs sans se sentir obligé d'y répondre. Et cela tant qu'on n'est pas prêt à les accueillir.

Le conte des parents ours qui avaient tellement besoin d’avoir une belle image d’eux-mêmes

A trop cultiver la belle image de nous-mêmes, nous nous éloignons à des années-lumière de notre centre.

Vous ne le savez peut-être pas, mais au pays des ours, chacun se comporte à partir d'une habitude qui n'est pas toujours facile à vivre… pour les autres. Ils ont besoin d'avoir en permanence une bonne image d'eux-mêmes. Et pour confirmer cela, ils se mêlent sans arrêt de la vie des autres. Avoir aux yeux du monde entier une image positive est très important pour eux, et dès que quelqu'un ose mettre en cause cette image, en s'autorisant par exemple à dire à un ours qu'il ne le voit pas comme il se voit ou se perçoit lui-même, alors là il déclenche un drame épouvantable qui retentit dans toute la famille et déstabilise l'entourage.

Vous savez également qu'un ours est souvent grognon, qu'il ne mâche pas ses mots, qu'il dit ce qu'il pense et même un peu au-delà, sans se soucier de la façon dont tout cela sera reçu par l'entourage. Et évidemment il se trouve toujours étonné, voire scandalisé quand quelqu'un de proche par exemple lui fait remarquer qu'il a été blessé ou heurté, choqué ou gêné par son intrusion dans son intimité ou encore par telle ou telle remarque. Vous n'imaginez pas la tempête que cela peut déclencher !

Ce fut le cas, tout dernièrement, dans une famille d'ours où la fille, pourtant une adulte, mère de famille, qui se maquillait suivant son goût et en fonction des besoins de sa peau, se vit gratifier par son père, devant des amis, d'une remarque qui l'infantilisait, donnait à croire que ces produits étaient des attrape-nigauds, qu'une oursonne qui se respecte n'a pas besoin de telles cochonneries sur son visage et que d'ailleurs elle devrait s'habiller de façon moins voyante et ne pas fréquenter tel ou tel ours...

Quand elle tenta de parler à son père de son propre ressenti et lui dire qu'il lui était insupportable d'accepter de tels jugements de valeur ou de telles disqualifications, celui-ci fut très étonné et dans un premier temps ne comprit rien.

Puis il se sentit blessé, choqué même (on touchait à la belle image qu'il avait de lui-même !), enfin quoi, un père aimant a bien le droit de faire des remarques justifiées à sa fille...

Sa femme prit son parti. La fille ne savait plus comment se comporter, elle tenta de se défendre (elle aussi défendait la belle image qu'elle avait d'elle-même).

Des amis s'en mêlèrent, l'affaire gonfla. Chacun sûr de son bon droit, de sa sincérité surtout, car tous dans cette affaire étaient persuadés d'avoir raison.

La situation semblait sans issue, et puis un dimanche, le père se rappela que souvent il ne réagissait pas en fonction de ce qui se passait mais de ce qu'il imaginait chez l'autre, de ce que les autres pouvaient penser. Il confia qu'il se faisait beaucoup souffrir en imaginant ce que les autres pouvaient eux-mêmes imaginer qu'il imagine. Cercle vicieux infernal qui dans cette situation, par exemple, l'entraînait à disqualifier sa fille de peur qu'on puisse penser qu'il n'était pas un bon père, s'il ne disait rien...

Et le dimanche suivant, autour de la table familiale, tous se mirent à rire et l'histoire des produits de cosmétique, de la vêture, des fréquentations de la fille fut ramenée à des proportions plus oursiennes.

Mais soyez prudents cependant, si vous rencontrez un ours, rappelez-vous que l'image qu'il a de lui-même est ce qu'il met au-dessus de tout… dans un premier temps.

Le conte de la petite souris qui avait très peur d'écraser les pieds des éléphants

La répression imaginaire fait certainement plus de dégâts dans l'existence de certains que toutes les violences extérieures qu'ils pourront côtoyer ou rencontrer.

Il était une fois une petite souris si timide qu'elle s'imaginait que si elle sortait de son trou, si elle allait en promenade, elle risquait de déranger tout le monde et en particulier de faire du mal aux éléphants en marchant sur leurs pieds.

Quand elle sortait de chez elle, elle marchait avec beaucoup de précautions, avançait avec hésitation, regardait soigneusement autour d'elle afin de ne déranger personne. Elle craignait tellement de déranger qu'elle aurait voulu être invisible.

Lorsque je vous ai dit que cette petite souris était timide, j'aurais dû vous préciser qu'elle était surtout très égocentrique. Egocentrique est un mot du langage des souris qui veut dire : centrée sur soi, préoccupée d'elle-même.

Au pays des souris, c'est un fait connu, tous les timides sont souvent des individus qui ont une perception d'eux-mêmes tellement forte qu'ils ramènent tout à eux. Ils s'imaginent que dès qu'ils sortent de leur trou, dès qu'ils sont en public, tous les autres voient aussitôt qu'ils sont là. C'est un paradoxe, les souris timides pensent que chacun, cessant son activité, déviant le cours de ses pensées, se met aussitôt à avoir une opinion, un point de vue, un commentaire sur elles.

Alors ces petites souris soi-disant timides se mettent à vivre, à se comporter à partir de tout un imaginaire, elles échafaudent une vie de fiction, totalement irréelle à partir de laquelle, hélas, elles construisent et organisent la plupart de leur comportement.

« Si je fais ceci, je risque de faire de la peine. Si je dis cela, je risque de provoquer de la colère. Si je ne dis pas, ils vont penser que, si je ne fais pas, ils vont imaginer que… »

Elles passent ainsi à côté de leur existence, sans pouvoir se réaliser et aller vers le meilleur d'elles-mêmes, tellement elles s'enferment dans ce qu'elles ont imaginé de l'imaginaire de l'autre. Les petites souris timides se donnent ainsi à l'intérieur d'elles-mêmes une importance très grande, si grande qu'elle envahit tout l'espace autour d'elles.

Le conte du petit ourson qui avait reçu un ours en peluche

Avec des symboles nous pouvons non seulement libérer des énergies bloquées, dénouer des situations sans issue, mais aussi nous réconcilier avec notre histoire et surtout avec le meilleur de nous-mêmes.

Un petit ourson que je connaissais aurait bien voulu avoir un petit frère ou même une petite sœur, pour pouvoir rire, jouer, se disputer ou courir ensemble. Ses parents avaient bien essayé d'avoir un autre enfant, de faire un deuxième ourson. Ils s'étaient entraînés tous les jours et même deux fois le dimanche, durant plusieurs années, mais rien n'était venu répondre à leurs attentes. En fait, c'était surtout l'ourse qui voulait un autre petit, le papa ours lui n'y tenait pas particulièrement, il voulait bien contenter sa femme, mais sans plus.

Aussi, un jour, le papa ours avait-il décidé, pensant faire plaisir à son ourson, de lui offrir un petit ours en peluche. C'est souvent le cas, chez les ours, quand on ne peut pas agir sur la réalité on invente un jeu ou un symbole.

Dije – c'était le nom de l'ourson – reçut le cadeau avec beaucoup de plaisir et appela sa peluche Jemoi. Il semblait l'adorer, il s'occupait beaucoup d'elle, lui donnait son bain, la câlinait, jouait à de nombreux jeux, passait plein de temps avec elle. Mais quelquefois, il se fâchait, criait contre Jemoi, lui tapait la tête contre les arbres, la jetait au loin dans les coins les plus reculés de la caverne où ils vivaient tous ensemble, sa famille et lui.

Sa maman, chaque fois, s'étonnait de le voir ainsi frapper avec violence sa peluche, de l'entendre hurler après elle :

« Tu ne comprends rien, tu es méchant, tu es jaloux hein, tu es jaloux, je le sais, tu voudrais avoir un papa et une maman pour toi tout seul, allez, avoue-le ! De toute façon, tu n'as même pas besoin de me le dire, je sais, je sais que tu veux prendre ma place, que tu veux ma mort. Je le sais, ce n'est pas la peine de parler. Tu voudrais dormir tout seul dans mon lit, avoir tout ce que j'ai, me prendre mes amis... ! Tu voudrais aussi être le premier de la classe, celui qui court le plus vite, qui est le plus fort, le plus rapide à grimper aux arbres, à découvrir le miel des abeilles... Je te déteste, je te déteste ! » hurlait-il ainsi.

Vous l'ai-je dit ? Les ours adorent le miel. Ils aiment se barbouiller partout en fouillant avec leurs museaux et leurs pattes dans les nids d'abeilles remplis de gâteaux de miel. C'était un des jeux préférés de Dije, mais il n'emmenait jamais sa peluche avec lui. Pour aller se pourlécher de miel, il préférait être seul !

Vous vous demandez certainement pourquoi Dije, qui aimait sa peluche, qui était fils unique, aimé de ses parents, était si violent avec elle ? Pourquoi il était devenu si injuste, si querelleur, si méchant parfois avec ce qui n'était qu'un petit ours en chiffon, un jouet ?

Il convient, avant d'aller plus loin, que je vous rapporte deux ou trois informations sur la vie et le comportement des ours. Il faut savoir, tout d'abord, qu'un ours ne parlera jamais, au grand jamais, de ce qui lui fait mal. Il ne révélera jamais ce qui le fait souffrir. Il cachera toute sa vie, gardera pour lui, les événements douloureux de son histoire. Un ours éprouvera souvent de la honte vis-à-vis de ses propres sentiments, et aura beaucoup de mal à exprimer ses émotions.

Il fait comme si les malheurs vécus, les injustices, les humiliations, les trahisons n'avaient pas d'importance, ne le touchaient pas. En cachant sa sensibilité sous un air bourru, il pense qu'il est insensible ! Chez les hommes, c'est devenu un dicton, quand on veut décrire quelqu'un qui reste silencieux, on dit : « C'est un ours. » C'est tout dire !

Mais alors quel rapport avec la peluche de Dije ? J'y arrive, j'y arrive, ne soyez pas pressés comme ça ! Pour aller au fond des choses, il faut du temps, de la patience, de l'écoute.

Peut-être ne savez-vous pas non plus que, chez les ours, certains enfants sont des enfants fidèles. Ils sont fidèles au père, ou fidèles à la mère. On dit d'ailleurs : « Ah celui-là, c'est un enfant du père ! » Cela veut dire, par exemple, qu'ils sont capables de prendre sur leurs épaules, dans leur corps, des missions impossibles, de se donner des injonctions, des réparations à faire, pour tenter de cicatriser les blessures cachées de leurs parents. Qu'une grande partie de leur vie va ainsi dépendre des fidélités qu'ils se sont attribuées, pour tenter de réparer la souffrance silencieuse de l'un ou de l'autre de leurs parents.

Tout se passe chez les ours comme si les enfants, les petits oursons qui paraissent si gentils, avaient des antennes, des espèces de radars pour capter tout ce qui n'avait jamais pu être nommé chez leur père ou chez leur mère.

Dije, lui, avait surtout des antennes branchées sur son père. C'était, vous l'avez deviné, un enfant du père. Ainsi, il avait dû « entendre » ce que pourtant son père ne lui avait jamais dit : que, dans son enfance, il avait été jaloux d'un petit frère qui était arrivé après lui. Un tout petit ourson pas très robuste, un peu faible, mais qui avait été le préféré de sa mère. Bien sûr, comme tous les ours, il n'avait jamais pu dire sa détresse, sa colère, sa jalousie douloureuse. Il avait gardé tout cela au fond de lui, bien caché, recouvert par plein de silences.

Mais Dije, en enfant fidèle, avait « entendu » la blessure ancienne de son père et il avait pris la liberté de commencer à mettre des mots, à dire à haute voix tout ce que son père n'avait pu exprimer quand il était tout petit. Vous l'avez enfin compris, c'est à cela que servait le petit ours en peluche qu'il avait reçu en cadeau ! Comme s'il disait à son papa : « Tu vois, papa, tu n'as pas pu dire ta souffrance, mais moi je l'ai entendue, et aujourd'hui je peux la crier pour toi ! Car je sais que tout cela t'étouffe… »

Il faut dire en effet que le père avait toujours la gorge enrouée, ce qui lui donnait une voix toute cassée.

Vous avez aussi peut-être compris, avant moi, pourquoi son papa n'avait pu avoir un deuxième enfant, malgré l'entraînement tous les jours et deux fois le dimanche. Peut-être ne voulait-il pas faire revivre à son fils ce que lui-même avait si mal vécu !

Ah ! les histoires d'ours ! Elles paraissent incompréhensibles dans un premier temps, mais avec un peu d'écoute et de sensibilité, on peut entendre beaucoup de choses, beaucoup de choses…

Le conte de la petite chatte qui n'avait pu être ni maman ni mère

Nos comportements les plus inattendus, nos conduites les plus surprenantes ou qui paraissent les plus inacceptables sont des langages avec lesquels nous tentons de parler de l'une ou de l'autre des blessures de notre histoire. Ces blessures s'organisent autour de l'injustice, de la trahison, de l'humiliation et de l'impuissance.

Il était une fois une chatte qui se reposait, un œil ouvert et l'autre fermé, sur le dossier très confortable d'un divan. Installée à sa place préférée, elle ronronnait doucement et paraissait très songeuse. Je dois vous dire aussi que se reposer était son activité principale. Il y a quelques années encore, elle n'hésitait pas à sauter par la fenêtre, à courir sur le bord des toits et des murs, à circuler dans le village, durant tout le jour et parfois même jusque tard le soir. Vous savez peut-être que les chats voient dans le noir et qu'ils adorent la nuit.

Autrefois elle avait été une jeune chatte très belle, très courtisée, je veux dire très recherchée par tous les chats du voisinage qui venaient miauler et se battre pour elle sous ses fenêtres. Mais comme elle était très sage et que ses parents la trouvaient trop jeune, ils lui demandaient de ne pas sortir, de ne pas s'approcher de trop près des jeunes chats.

Vous ai-je dit son nom ?

Elle s'appelait Miaoui !

Aujourd'hui, dans son sommeil elle venait de faire un drôle de rêve. C'est pour cela qu'elle gardait un œil fermé, essayant de rester encore un peu dans ce rêve, et l'autre ouvert pour tenter de comprendre ce que ce rêve voulait lui dire.

Elle venait de rêver d'un petit chaton perdu, isolé au milieu d'une île sur une rivière. Et dans son rêve, elle se tenait au bord de la rivière, impuissante à aller secourir le chaton, craignant l'eau et la violence du courant.

En effet, au pays des chats, les rêves sont très importants. Ils permettent de mieux comprendre les mystères de leur vie. Car il y a toujours une part de mystère dans la vie de chacun. Par exemple, dans la vie de Miaoui il y avait un secret qu'elle n'avait jamais dit à personne. Un secret qui remontait au temps de sa jeunesse justement.

Je vous ai dit que ses parents ne voulaient pas qu'elle sorte la nuit ou qu'elle s'attarde avec des chats, mais un jour elle avait rencontré un chat nouvellement arrivé dans le quartier. Un chat marin. Oui, oui, cela existe ! Un chat qui était matelot sur un bateau de guerre qui devait bientôt lever l'ancre, mais cela Miaoui ne le savait pas encore.

Car la première fois qu'ils s'étaient vus, ou plutôt qu'elle l'avait aperçu, elle avait senti ses yeux devenir très doux, son cœur battre très fort dans sa poitrine de chatte et son poil devenir très brillant. En un mot elle était amoureuse. Amoureuse, cela veut dire, pour une chatte, sentir son cœur plus grand, tout vivant, avoir l'impression d'être plus belle, plus légère. A partir de cet instant elle n'avait plus eu qu'un désir : revoir ce chat, rechercher sa présence, parler avec lui, sentir la patte qu'il mettrait sur son épaule, son museau contre le sien, faire le projet de le voir encore et encore... et surtout s'approcher tout contre lui, car elle se sentait bien quand il était là.

Et Miaron, le chat marin, semblait lui aussi très intéressé par Miaoui. Très intéressé car il la trouvait belle et désirable et si pleine de vie ! Il arriva ce qui arrive souvent quand deux cœurs, deux corps sont attirés l'un par l'autre. Un soir ils firent l'amour, à la façon des chats bien sûr. Ce fut très bon pour l'un et pour l'autre, et même je dois vous le dire, ils recommencèrent plusieurs fois de suite dans les jours qui suivirent.

Quelques semaines après Miaoui découvrit qu'elle était enceinte, qu'elle portait un germe de vie dans son ventre. Un germe qui pourrait devenir un bébé. Elle aurait voulu annoncer la bonne nouvelle à Miaron mais depuis quelques jours elle ne le voyait plus. Il avait disparu du village. Elle apprit que son bateau avait repris la mer. Il était reparti sans lui laisser d'adresse, sans lui dire au revoir, sans même savoir qu'elle portait le germe d'un enfant de lui dans son ventre. Miaoui ne savait même pas si elle le reverrait un jour !

Elle fut très triste. Une tristesse profonde et immense qui ressemblait à une tempête à l'intérieur d'elle. Elle sentait que le germe de vie allait se transformer en un petit chaton, qui grandirait dans son ventre, et elle se désespérait chaque jour un peu plus. Des pensées noires roulaient dans sa tête : « Je suis trop jeune, trop isolée, je ne sais pas comment je pourrais élever toute seule un enfant… »

Car j'ai oublié de vous dire que ses parents l'avaient mise à la porte. Ils n'avaient pas supporté de voir leur fille enceinte sans être mariée. Oui, oui, cela arrive encore au pays des chats.

Ainsi vous imaginez Miaoui seule, dans une petite cabane au milieu des bois, loin du village, rejetée par sa propre famille et par tous ses amis. Quand arriva le moment de mettre son bébé au monde, à la clinique des chats on lui demanda comment elle souhaitait appeler son petit chaton.

Et Miaoui se mit à pleurer très fort, les mots se bousculaient dans sa gorge.

« Je ne peux pas lui donner de nom, car je sens que je

ne pourrai pas être une bonne mère pour lui. Je suis seule, trop jeune, sans ressources et je me sens impuissante à élever mon bébé. Je sais qu'il existe beaucoup de couples de chats qui veulent avoir des bébés et qui n'y arrivent pas. Si un couple sans chaton veut adopter mon enfant, c'est eux qui lui donneront un nom. Je me sens incapable d'être mère, on va croire que je l'abandonne, mais je veux le confier à des parents qui seront plus capables que moi de le rendre heureux. Moi, j'ai seulement pu le concevoir, lui donner la vie, le porter dans mon ventre pendant plusieurs mois. Je lui ai permis de grandir en moi et je le laisserai sortir de mon ventre. Après, comme je sens que je ne pourrai pas être une bonne maman, ni une mère pour lui, je préfère le confier à quelqu'un d'autre. Il vaut mieux que ce soit un couple aimant, ouvert, qui prenne soin de lui. Un bébé a besoin d'une mère disponible, d'un papa présent pour se développer avec le maximum de chances. Je sais tout cela ! Moi je ne pourrai pas lui donner toute la sécurité dont il aura besoin ! »

Vous avez peut-être remarqué comme moi que cette chatte ne disait pas : « J'abandonne mon bébé. » Mais qu'elle insistait pour dire : « Je me sens impuissante à l'élever ! »

Et même si plus tard on pense qu'elle a abandonné son chaton, ne le croyez pas. Une mère n'abandonne jamais son enfant. Elle peut se sentir insuffisante, impuissante, démunie, mais elle ne rejette pas son enfant !

A la clinique des chats, on essaya d'expliquer à Miaoui que si elle voulait prendre soin de son enfant, on l'aiderait, on la soutiendrait. On l'encouragea à le garder et à s'occuper de lui.

Mais Miaoui était trop désespérée. Elle n'avait pas suffisamment confiance en elle.

Aussitôt son petit chaton sorti du ventre, elle refusa de le regarder et demanda qu'on l'emporte dans un foyer où sont gardés durant quelques jours les bébés en attente d'avoir des parents de remplacement. On les appelle des parents adoptifs, qui viendront les recueillir, leur offrir un nom et les élever en leur donnant tout ce dont un enfant a besoin.

Je sais que tout cela peut vous révolter, vous mettre en colère. Vous pouvez peut-être penser qu'une maman n'a pas le droit de laisser son enfant à d'autres parents. Cependant je ne sais si vous avez entendu que Miaoui, à sa façon, avait été très généreuse, très courageuse, j'ai même envie de dire très loyale avec son bébé.

Cela peut vous paraître scandaleux si je vous dis qu'au fond elle avait fait un grand cadeau à son petit chaton, qu'on appela plus tard Mialou. Elle lui avait donné la vie et l'occasion d'avoir une mère et un père, un chat et une chatte qui seraient ravis de l'élever, de l'aimer et de le soutenir pour ses premiers pas dans la vie.

D'une certaine façon, elle lui avait offert tout ce qu'elle-même n'aurait pu donner à son enfant. Du moins c'est ce qu'elle ressentait à ce moment-là.

Ainsi, bien des années plus tard, Miaoui, qui songeait sur le dossier du divan et qui avait fait le rêve dont je vous ai parlé au début de mon histoire, se disait :

« J'espère que ce petit chaton que j'ai porté dans mon ventre, il y a si longtemps, est devenu un beau petit chat, qu'il a pu grandir auprès de parents aimants et disponibles. C'est vrai que je ne sais même pas son nom, mais j'ai plaisir à imaginer qu'il est heureux. Et si on lui a dit qu'il était un enfant adopté, que sa mère l'avait abandonné, qu'il ne m'en veuille pas trop ! Si j'avais su à l'époque tout ce que je sais aujourd'hui, je suis sûre que je l'aurais gardé avec moi. Bien sûr, au début cela aurait été difficile, mais ensemble, en s'appuyant l'un sur l'autre, on aurait quand même traversé toutes les difficultés. On se serait parlé, on se serait encouragés l'un et l'autre…

Mais à l'époque j'étais si jeune, j'avais si peur de lui faire du mal, de ne pas savoir… j'étais surtout désespérée d'avoir été moi-même abandonnée par Miaron. Je croyais sincèrement que je n'étais pas capable de prendre soin d'un enfant, tellement il y avait de colère, de tristesse et de malaise en moi ! »

Qui aurait imaginé, en voyant cette chatte faisant semblant de dormir sur le dossier d'un divan, toutes les pensées, tous les regrets qu'il y avait dans sa tête ? Qui aurait pu sentir tout l'amour qu'il y avait encore en elle pour cet enfant qu'elle n'avait pas osé regarder quand il était sorti de son ventre ?

Qui aurait pu croire que, tant d'années après, une chatte puisse se souvenir du petit chaton qu'elle avait porté dans son ventre pendant quelques semaines ?

Qui aurait pensé que, même si elle ne savait pas ce qu'était devenu son enfant, elle le gardait encore un peu tout au fond d'elle-même, comme un souvenir précieux ?

Je crois qu'une chatte qui a aimé, même si elle a été trahie, garde en elle vivace le souvenir de cette relation.

Ce que le petit chaton Mialou ne sait pas, lui, c'est qu'il a été vraiment un enfant de l'amour. Il peut croire qu'il a été rejeté, se faire souffrir en imaginant même qu'il n'avait aucune valeur pour sa génitrice, pour celle qui lui a donné la vie. Il peut engranger des reproches en croyant qu'il a été abandonné et empoisonner ainsi son existence. Mais s'il lit un jour ce petit conte, peut-être entendra-t-il d'où il vient… Car certains petits chats qui ont vécu cette expérience sont capables de se gâcher une partie de leur vie, en accusant leur mère de ne pas les avoir aimés suffisamment au point de les abandonner !

Vous sentez, en ayant entendu l'histoire de la chatte Miaoui, que cela ne se passe pas toujours comme ils peuvent le croire…

Le conte de la femme qui décida un jour de ne plus fuir les occasions de rencontrer le bonheur

Au-delà de nos cinq sens, l'aptitude au bonheur est un sens à éveiller et à cultiver avec amour.

Il était une fois une femme qui souffrait beaucoup, et en particulier chaque fois qu'elle aurait pu être heureuse. Il faut vous dire qu'elle avait été une petite fille profondément blessée par la mort de sa mère.

Celle-ci, pour des raisons qui lui appartenaient, s'était, dans un moment de désespoir sans espoir, donné la mort. Elle avait pris trop de médicaments, mettant ainsi fin à sa vie.

La mort de sa mère avait fait une violence terrible à la petite fille qui avait à peine cinq ans au moment où cet événement pénible était entré dans sa vie. Et cette violence, elle l'avait gardée. Elle la portait en elle depuis plus de trente ans, tout au fond de son corps, dans sa tête, dans son cœur.

Mais comme il y avait beaucoup de vie en elle, elle avait survécu. Ce fut une petite fille courageuse, une adolescente intrépide qui voyageait beaucoup, une femme active qui avait du caractère. Mais il y avait une inquiétude, toute noire, permanente en elle, rassemblée autour de la crainte de perdre ceux qu'elle aimait. Elle était à la fois très solide et très fragile. Elle avait ainsi vécu plusieurs séparations amoureuses et cela l'avait beaucoup affectée, car vous comprenez que, chaque fois, se réveillaient en elle les blessures inscrites dans son corps de petite fille.

Un jour, elle décida d'aller sur la tombe de sa mère. Elle avait fabriqué, en rassemblant quelques vieux vêtements, une sorte de pantin qui représentait, de façon symbolique, la violence qu'elle avait reçue à la mort de sa mère. D'un seul coup, cela devenait urgent, il lui fallait rendre, restituer, vous l'avez compris, symboliquement à sa mère la charge négative inscrite en elle par la disparition de celle-ci.

Elle fit un long voyage en train de plus de huit heures et déposa l'objet sur la tombe de sa mère, avec une petite lettre qui commençait ainsi :

« Maman, ta disparition quand j'avais cinq ans m'a fait beaucoup de violence. J'étais trop petite, j'avais encore besoin d'une maman, et surtout, surtout je n'ai pas eu le temps de te donner tout l'amour que j'avais en moi. A l'époque je n'avais pas de mots pour dire tout cela et je ne voulais pas ajouter de la peine au chagrin de papa. Tout cet amour que j'avais pour toi et que je n'ai pu t'offrir m'étouffe un peu. Et si aujourd'hui je dépose ce pantin qui représente la violence que j'ai reçue de toi, je reviendrai un jour prochain, avec un objet qui représentera tout l'amour que je n'ai pu te donner et que j'aimerais t'offrir avec beaucoup, beaucoup de tendresse et une affection infinie. »

Je ne sais comment se terminera cette histoire. Ce que je sais, c'est que cette femme fut très soulagée d'avoir pu faire cela. Au début, elle n'y croyait pas tout à fait, elle éprouva un immense soulagement, se sentit plus légère. Une grande partie de ses angoisses avait disparu et une aspiration extraordinaire à oser se faire plus souvent plaisir commença à l'habiter.

Comme elle était un peu artiste, elle dessina et se fit

faire à partir de ce dessin un très beau bijou pour elle-même. Pour saluer la nouvelle femme qu'il y avait en elle et qu'elle souhaitait à l'avenir respecter. Et comme pour appuyer sa démarche, elle découvrit dans un livre une petite phrase qui la confirma sur son chemin de vérité :

« Ce n'est pas tant ce qui nous arrive qui est le plus important, c'est ce que nous en faisons ! »

Le conte de la coccinelle qui partageait sa vie avec deux amies inséparables

Car nous sommes responsables de nos sentiments surtout quand le senti… ment !

Il était une fois une coccinelle très active, comme savent l'être les coccinelles qui mènent de front plusieurs activités et sont engagées dans leur rôle d'épouse, de mère, de travailleuse, d'ex-petite fille, de sœur de plusieurs frères… et même de peintre amateur, car elle peignait avec talent et quelque succès.

Ne croyez pas que sa vie était épuisante, pas du tout, elle réussissait à faire face à tous ses engagements, présente sur tous les fronts de sa vie, tel un vaillant petit soldat en première ligne. Elle avait depuis toujours deux compagnes très fidèles, qui ne la quittaient pas un seul instant.

L'une se nommait Plaisir et l'autre Tristesse.

Plaisir était entrée très tôt dans sa vie. Toute petite fille, elle riait, dansait, sautait dans les flaques d'eau avec son amie Plaisir. C'était l'époque où elle riait avec son ventre comme savent si bien le faire les coccinelles heureuses, joyeuses de vivre quand elles sont stimulées par les multiples cadeaux de l'imprévisible de la vie. Plaisir était une amie fidèle, présente dès les premiers rayons du soleil levant, débordante de dynamisme, réceptive à tous les bonheurs petits ou grands.

Puis arriva un jour dans son existence sa deuxième amie. Celle-ci se manifesta vers ses cinq ans, quand le frère préféré de la petite coccinelle se fit écraser par un méchant tracteur et qu'elle vit ses parents pleurer, changer de couleur et de caractère. Cette nouvelle amie appelée Tristesse était plus réservée, plus discrète et manifestait surtout son existence par son ombre qui avait la propriété de grandir de façon si disproportionnée qu'à certains moments l'air tout autour devenait plus gris, plus sombre. En sa présence même la lumière du plein jour semblait se raréfier, était soudain plus immobile, plus lourde. Parfois Tristesse se rapprochait d'elle, et le soir venu venait s'allonger tout près dans son lit. Alors tout son corps s'anesthésiait, s'absentait, se détachait d'elle.

Comme vous pouvez l'imaginer, ce n'était pas facile pour cette petite coccinelle de vivre ainsi entre chaud et froid, entre sourire et pleurs, entre plaisir et tristesse, entre enthousiasme et déprime. Ses amis ne savaient jamais qui ils allaient rencontrer, découvrir au bout de quelques minutes. Est-ce Plaisir qui serait là ? Est-ce Tristesse qui serait présente ?

Ainsi le temps passait et cette situation aurait pu durer toute sa vie si un jour elle n'avait pu lire dans un livre de contes cette petite phrase qui lui sauta aux yeux et entra tout droit dans son cœur :

« Ose ta vie, toi seule la vivra ! »

Elle découvrit ce jour-là que, d'une part, il y avait en elle une grande vitalité, un réel plaisir de vie et une joyeuseté profonde et, d'autre part, qu'elle avait pris sur elle une double responsabilité autour de la disparition de son frère. Oui, à cinq ans, elle s'était sentie responsable à la fois de la mort de son frère et de l'immense chagrin qu'elle avait entendu chez sa mère et son père. Oui, cela pesait si fort sur elle qu'elle s'était sentie obligée d'accueillir et de s'appuyer sur une nouvelle amie omniprésente, appelée Tristesse.

Au pays des coccinelles, la tristesse cache souvent une très grande colère.

Colère contre son petit frère justement, qui avait refusé de l'écouter, de suivre son conseil et qui s'était fait écraser par un horrible tracteur en jouant sur un chemin de traverse au sous-marin, caché sous un grand carton que le conducteur n'avait pas vu. Colère contre ses parents qui n'avaient rien dit pour la soulager, pour lui permettre de ne pas prendre sur elle quelque chose qui ne lui appartenait pas.

Peut-être un jour cette petite coccinelle acceptera-t-elle d'aller déposer sur la tombe de son petit frère un objet symbolique représentant, non pas sa colère, mais la violence reçue par la mort de celui-ci. Avec un petit mot d'accompagnement disant :

« Ta mort injuste m'a fait une grande violence, c'est cette violence-là que je te restitue... »

Si cette petite coccinelle poursuit sa démarche, elle ira aussi déposer sur la tombe de ses parents, décédés depuis quelques années, un autre objet symbolique, avec une petite lettre :

« Je vous rends votre tristesse liée à la mort de votre fils. C'était bien votre tristesse, je l'avais prise sur moi pensant vous soulager mais c'est bien la vôtre et je la remets chez vous. »

Peut-être le fera-t-elle ? Mais si, pour des raisons qui lui appartiennent, elle n'entreprend pas cette démarche, elle devra savoir que personne ne la fera pour elle !

Le conte du pigeon qui aimait tellement l'ambroisie qu'il y perdait l'essentiel de sa vie

Une dépendance visible cache le plus souvent une aliénation plus secrète, plus douloureuse et parfois innommable !

Il était une fois un pigeon qui adorait l'ambroisie. Il avait découvert cette boisson très jeune et aimait se noyer très souvent dedans. Il avait lu que c'était la boisson préférée des dieux car elle donnait l'immortalité.

A certaines époques, c'était terrible car non seulement il s'égarait, mais détériorait ses relations, agressait ses projets et maltraitait tous ses rêves. Il avait tenté de multiples fois de se séparer de ce leurre qui empoisonnait sa vie, mais vous l'avez certainement deviné, sa dépendance à l'ambroisie était très forte.

Au pays des pigeons, l'attachement à une personne, un objet, une boisson ou même à un rêve est très puissant, très ancré dans le passé et l'histoire familiale de chacun.

Ce pigeon alternait phases d'enthousiasme, dans lesquelles il sentait qu'il pouvait se séparer de sa dépendance : « Quand je le voudrai, j'arrêterai de boire ! », et phases de déprime, dans lesquelles il se sentait si impuissant qu'il en pleurait et hurlait de rage : « De toute façon je suis foutu, je n'y arriverai jamais… ». Entre ces deux phases il y avait en lui la honte de rechuter, de retomber dans ses égarements, dans sa folie envers l'ambroisie.

Il avait adhéré à un groupe de parole, où chacun

pouvait se dire et surtout avoir le sentiment d'être entendu. Il se reconnaissait tout à fait comme un alcoolique dépendant et sentait bien qu'il aurait du mal à s'engager dans une relation d'amour de longue durée. En effet, comment peut-on s'allier si on n'est pas délié ? Comment peut-on s'engager avec un objet d'amour (au pays des pigeons, on utilise parfois ce langage un peu psychologisant) si on reste toujours dépendant d'un objet d'attachement tel que l'ambroisie ? Et puis comment trouver une pigeonne qui accepterait de vivre à trois : lui, elle et l'ambroisie ? Il ne savait pas que beaucoup de pigeonnes sont prêtes à cela.

Un jour il entendit parler d'un praticien en symbolisation qui tentait de réconcilier les pigeons avec ce langage oublié.

Et celui-ci lui dit à peu près ceci :

« Votre attachement à l'ambroisie me paraît important, vital pour vous, même s'il vous détruit et vous empêche de vivre votre vraie vie. Il vous donne au moins une vie de remplacement. Il doit donc être respecté, puisque cet attachement remplit une fonction essentielle dans votre existence ! »

Ce praticien lui proposa alors de symboliser son attachement à l'ambroisie par un objet rare et précieux. Il l'invita à entourer cet objet de beaucoup de soins, d'attentions et, cela va sans doute vous surprendre, d'amour ! Par exemple il lui proposa de l'emmener au cinéma, de lui faire écouter de la musique, de lui offrir des roses, bref de lui donner des marques d'attention et d'amour. Il tenta de lui faire entendre que lutter contre l'ambroisie risquait d'être une errance vouée à l'échec, qu'au contraire tout le travail de changement devait se faire autour de sa relation de dépendance à l'ambroisie. Il put lui dire qu'au fond il vivait à trois depuis des années : lui (appelé Moi), l'ambroisie (appelée l'Autre) et sa relation de dépendance à l'ambroisie (appelée lien de dépendance). Il fut invité à centrer ses efforts sur ce lien de dépendance.

Cela peut sembler fou ou complètement incompréhensible, et pourtant ce praticien ne lui proposa rien d'autre.

Si vous acceptez d'entendre au-delà des mots (et des maux aussi), peut-être sentirez-vous que cette relation de dépendance à l'ambroisie devait être importante, vitale même pour ce pigeon puisqu'il tentait depuis des années de l'étouffer, de la noyer en buvant tout cela en vin (en vain !).

Vous me direz qu'il pourrait aussi essayer d'en comprendre le sens ou l'origine. Qu'il pourrait demander à sa mère ou à son père s'ils ont perdu quelqu'un d'important dans leur vie. S'ils ont pensé que c'était eux qui auraient dû mourir et non l'autre. S'ils ont eu le sentiment de remplacer un enfant mort, de vivre une vie de remplacement.

Vous voyez qu'il y a beaucoup à explorer dans l'une ou l'autre de ces directions.

Je ne sais comment se structurera la vie de ce pigeon.

Qui voudrait ainsi s'engager, former un couple avec lui et son ambroisie ? Seront-ils jamais prêts, l'un et l'autre, à vivre à quatre (ou à six), si la pigeonne est elle-même dépendante d'une dynamique salvatrice qui veut lui faire aider à tout prix les personnes en détresse qu'elle rencontre !

Vous percevez que, dans un couple, il y a donc plusieurs couples qui peuvent être antagonistes, complémentaires ou semblables, et que chacun de ces couples veut croître et se développer à partir d'enjeux différents.

Le conte de la petite otarie qui ne voulait pas grandir

Les enfants ne se construisent pas au contact direct de la réalité, mais plus souvent par la rencontre de leur imaginaire avec la réalité.

Il était une fois une petite otarie qui aimait tellement, tellement son papa que pendant longtemps, longtemps même, elle avait décidé de ne pas grandir. Elle aurait tant voulu rester toute petite, mais vraiment toute petite.

Il faut vous dire que cette petite otarie imaginait que, si elle grandissait, son papa vieillirait plus vite et pourrait alors mourir. Vous comprenez qu'elle ne voulait pas qu'il meure. Donc elle ne voulait pas grandir.

C'est aussi simple que cela.

Mais vous le savez comme moi, même les petites otaries grandissent. Le miracle était que, plus elle grandissait, plus elle devenait jeune fille, puis femme, et plus son papa semblait rajeunir ! Cela voulait dire simplement qu'elle le voyait très vieux quand elle était petite et de plus en plus jeune en grandissant. Elle avait même décidé de faire le même métier que son papa. Elle était devenue comme lui médecin des otaries.

Et puis un jour, le papa de cette ex-petite otarie est mort. Son cœur s'est arrêté de battre, dans la rue. Il est mort d'un seul coup, en tombant doucement le long d'un mur, il a fermé les yeux pour toujours. Et je peux imaginer qu'à ce moment-là, il pensait à sa fille.

Quand celle-ci apprit la nouvelle, elle devint très triste.

Toute la tristesse de son enfance remonta d'un seul coup. Elle regretta d'avoir grandi. Elle n'avait plus de goût pour rien. La vie semblait s'être arrêtée en elle.

Un grand vide, un goût de pas bon dans la bouche, ses grands bras comme inutiles, son corps comme ankylosé. Oh bien sûr, elle continuait à amener sa fille tous les matins à l'école, elle faisait son travail, soignait les otaries malades, mais tout cela sans passion, sans joie, par habitude, avec des gestes vides de sens.

Tout au fond d'elle-même, elle n'arrivait pas à croire que son père était parti pour toujours, qu'elle était entrée dans l'univers immense des orphelins de papa. Chaque fois que le téléphone sonnait, elle imaginait que c'était lui qui l'appelait.

Tout se passait, vous le comprenez bien, comme si elle voulait se punir d'avoir grandi quand même, comme si elle voulait arrêter le temps et ralentir jusqu'au bord de l'immobile la vie de la vie. Peut-être même aurait-elle voulu revenir un peu en arrière, juste avant que son père ne meure, quand il lui avait dit au téléphone qu'il allait venir la voir, pour parler avec elle de quelque chose d'important.

Peut-être aussi imaginait-elle que, si elle s'arrêtait de vivre, alors elle pourrait retrouver son père.

A mon avis il faudra du temps, beaucoup d'humilité et d'amour pour elle-même avant que cette ex-petite otarie ose faire un beau cadeau d'amour à son père.

Quel cadeau, allez-vous me demander, peut faire une petite fille devenue grande à son père mort ? Le cadeau d'aller un jour sur sa tombe et de lui dire :

« Oui, papa, tu avais le droit d'être mortel, tu avais le droit de mourir et de trouver la paix, toi qui as beaucoup donné aux autres. Tu avais le droit de passer de l'autre côté de la vie. »

Car vous savez comme moi que beaucoup de parents âgés ne se donnent pas le droit de mourir. Ils imaginent que leurs proches, leurs enfants ont encore besoin d'eux, ils pensent qu'ils ont encore des tas de choses indispensables à faire, que sans eux la Terre tournerait moins bien… Alors souvent, même très malades, épuisés, ils s'interdisent de mourir. Pour un ex-enfant devenu adulte, donner à l'un ou à l'autre de ses parents l'autorisation de mourir est un beau cadeau. J'ai bien dit l'autorisation non pas la permission. Autoriser veut dire rendre auteur.

Si vous trouvez que ce n'est pas un beau cadeau d'oser parler ainsi à son père même mort, alors c'est que vous n'avez pas entendu combien il est important de prononcer les mots qui n'ont pu être dits, et qui sont aussi nécessaires, pour donner le droit à une ex-petite otarie de vivre pleinement sa propre vie, de continuer à grandir à l'intérieur d'elle.

Le conte du grand-père qui n'aimait pas les gâteaux*

La pudeur ne vise pas à nier ses sentiments, mais elle permet de mieux les intérioriser pour les offrir au plein de sa conscience.

Il était une fois un vieux grand-père qui assistait au repas de mariage de sa dernière petite-fille. Il était heureux, serein, apaisé devant le merveilleux spectacle de toute sa famille réunie. Leur joie, leur bonheur à tous l'entouraient d'une émotion tendre.

Comme elle était belle, sa petite-fille dans une éblouissante robe blanche ! Elle riait de bon cœur en découpant avec son jeune époux la somptueuse pièce montée toute scintillante de caramel blond et de dragées roses.

– Servez-vous tous et faites passer à vos voisins de table, disait-elle en déposant les choux tout rebondis de crème sur les assiettes blanches.

Quand la petite-fille passa l'assiette à son grand-père :

– Tiens, Pépé Paco ! prends donc du gâteau !

– Mais non ! fais passer le plat, l'interrompit sa mère, toujours attentive, tu sais bien que Pépé n'aime pas les gâteaux.

Il y eut un instant de silence et l'on entendit soudain la voix joyeuse du grand-père :

– Mais oui ! j'aime les gâteaux. Tiens, je vais prendre ce beau chou-là.

Regard stupéfait de sa fille.

– Comment ça, tu aimes les gâteaux ? Mais tu n'as

jamais aimé les gâteaux ! Moi ta fille, j'ai cinquante ans et je ne t'ai jamais vu manger un gâteau de toute ma vie…

– De ta vie à toi, ma fille, oui… Mais pas de la mienne ! C'est que je les aime, les gâteaux ! J'ai toujours aimé les gâteaux… Seulement, nous étions si pauvres quand vous étiez petits avec tes sœurs et ton frère, tu le sais bien… Des gâteaux, votre mère ne pouvait en acheter qu'une fois de temps en temps, et encore seulement les dimanches de fête… Elle en prenait bien un pour chacun, c'est sûr, mais moi, quand je voyais tes yeux à toi, ma toute petite, quand tu venais t'asseoir sur mes genoux et que tu dévorais ton gâteau avec tant de plaisir, mon plaisir à moi, tu vois, c'était de te regarder manger mon gâteau que je te donnais si volontiers. Et j'ajoutais toujours pour que ton plaisir soit complet : « Mange ma petitoune, va !… moi je n'aime pas les gâteaux ! »

Le grand-père en disant cela souriait tendrement, dodelinant doucement de la tête. Il dit encore en riant franchement :

– Tiens, ma fille, aujourd'hui c'est fête, donne-moi aussi celui qui reste sur le plat, là… D'ailleurs il va finir par tomber si tu continues à trembler comme ça ! Tu as froid ou c'est l'émotion de marier ta fille ?

Il arrive quelquefois que les cadeaux d'amour mettent de longues, longues années avant d'être reconnus comme tels. Il suffit parfois d'un moment de tendresse, qui vient se poser sur un souvenir avec la délicatesse d'un pétale de fleur pour qu'ils se révèlent au grand jour.

Le conte de la cigogne qui souffrait d'avoir... ce qu'elle avait pourtant désiré

Dans la gamme très riche de tous nos désirs, il y a deux variétés qu'il ne faut pas confondre : celle des désirs autonomes et celle des désirs dépendants. Pour ces derniers, leur réalisation dépend du désir... de l'autre !

Il était une fois une cigogne appelée Maïa qui vivait seule. Disposant de temps libre, d'une certaine ouverture d'esprit, elle avait décidé de se former aux relations humaines. Cela arrive plus souvent qu'on ne le croit chez les cigognes femelles d'avoir le souci d'évoluer, de changer, bref de devenir un meilleur compagnon pour elle-même !

Au cours d'une session de formation, elle s'était sentie attirée par un autre participant et avait eu le sentiment que lui aussi était attiré par elle. Mais comme il était marié, elle n'en dit rien, lui non plus.

Oui, il faut que je vous dise qu'au pays des cigognes, il est très rare qu'on ose dire ses attirances, ses désirs et même ses sentiments, car il faut beaucoup de liberté en soi pour entendre et reconnaître les sentiments réels qui nous habitent.

Par la suite, ils se téléphonèrent deux fois en deux ans. C'est peu vous allez me dire, mais ils se voyaient régulièrement dans un groupe de formation, ce qui servait de garde-fou. Un jour, au cours d'un repas, ils échangèrent de façon plus personnelle et s'ouvrirent ainsi l'un et l'autre à une relation plus intime. Elle, lui disant d'ailleurs très vite, dès le premier jour, qu'il était inconcevable dans son esprit qu'il quitte sa femme pour elle ! Lui, répondant, étonné, que cela n'était pas son intention.

Mais, vous le savez certainement, le désir se trouve toujours à l'étroit dans les bonnes intentions.

C'est ainsi que commença pour Maïa une sorte de calvaire à l'idée qu'elle ne pourrait jamais vivre le quotidien avec son nouvel ami, en songeant qu'elle ne pourrait pas l'avoir constamment à ses côtés, pour elle toute seule.

Il semble y avoir dans cette relation de rencontre (car il faut donner un nom concret à chaque relation) un malentendu fréquent dans les amours entre cigognes. C'est d'entendre (même si cela ne fait pas plaisir dans un premier temps) que l'un des partenaires (elle par exemple) est dans l'ordre des sentiments car elle aime la personne vers laquelle elle est attirée. Et l'autre (lui par exemple) est plutôt dans l'ordre du ressenti car il aime surtout se sentir aimé. Il aime bien non la personne, mais le bien-être qu'elle lui donne. Il y a aussi parfois le plaisir de la transgression, surtout si on est déjà engagé, qui n'est pas des moindres, même s'il est plus difficile à reconnaître.

Et le plus souvent, chacun des deux est persuadé qu'il aime. Mais aucun ne se pose la question : j'aime qui ? j'aime quoi ?

Ainsi cette cigogne, pour l'instant, ne peut renoncer à cette relation, même si elle en souffre. Elle préfère rester dans la croyance qu'il s'agit du même amour. Elle n'arrive pas à dissocier sentiment et raison. Il semble trop difficile pour elle de se dire :

« J'aime cet homme cigogne, j'ai un bonheur immense chaque fois que je le retrouve, même si la relation qu'il me propose (que j'ai d'ailleurs si maladroitement définie par un déni dès le départ : "Il est inconcevable que tu quittes ta femme pour moi") n'est pas bonne pour moi !

Elle n'est pas suffisamment pleine, elle n'est pas inscrite au quotidien, chaque rencontre me frustre encore plus au fond de moi. Je souhaite une relation en continu, alors qu'il ne me propose qu'une relation de rencontre, dans l'aléatoire de sa disponibilité. Pour l'instant je préfère me leurrer et croire qu'il m'aime, car ce serait insupportable pour moi de découvrir qu'il aime seulement l'intérêt, l'amour que j'ai pour lui ! Alors, malgré ma souffrance, j'attends, j'attends… »

Vous l'avez deviné, cette situation peut durer des années, elle est d'un côté sans fin et sans faim… de l'autre. Il existe ainsi au pays des cigognes des relations tierces. Relations dans lesquelles tentent de cohabiter une relation principale et une relation seconde ou tierce.

Ce que je peux en dire pour l'instant, ayant entendu beaucoup de témoignages souffrants, c'est que, tant que le seuil de tolérance de l'un ou l'autre n'est pas atteint, cela peut durer longtemps.

Quand le seuil de tolérance du partenaire marié est atteint, il s'arrangera alors d'une façon ou d'une autre pour mettre fin à la relation. Il peut, par exemple, trouver le moyen pour que sa femme découvre l'existence de l'autre, ou se faire nommer à l'étranger, déménager, avoir un enfant… ce qui lui donnera un prétexte pour arrêter la relation tierce.

Quand le seuil de tolérance de la cigogne aimante sera atteint, quand cette relation lui paraîtra tellement insupportable ou qu'elle aura le sentiment de ne plus se respecter, alors peut-être, dans la douleur, le désespoir ou le plus grand des désarrois mettra-t-elle fin à la relation tierce qui était devenue principale pour elle, mais seulement pour elle ! Elle pourra éventuellement symboliser l'amour qu'elle porte en elle pour l'autre, et en prendre soin, le respecter en elle, l'enfermer dans un souvenir.

Mais pour l'instant ni l'un ni l'autre n'en sont là !

Ce à quoi pour l'instant la cigogne aimante ne peut renoncer, c'est à l'idée qu'elle se serait trompée. Elle ne veut pas découvrir que l'autre n'a pas de réel sentiment pour elle, mais seulement un ressenti positif, un ressenti de bien-être en sa présence.

Vous savez, au pays des cigognes, on est rarement trompé par l'autre, la plupart du temps… c'est uniquement par soi-même.

Le conte de la petite huître qui bougeait beaucoup en classe

A trop être parents d'élèves, certains oublient d'être parents de leurs enfants.

Il était une fois une petite huître qui bougeait beaucoup en classe, ce qui inquiétait ses parents. Au pays des huîtres, les parents sont toujours inquiets quand leurs enfants ne rentrent pas dans le moule de l'école ! Oui, oui, il existe un endroit dans lequel on met les enfants plusieurs heures par jour en leur demandant de garder le silence, de ne pas bouger, d'apprendre à lire, à écrire, à compter. Pour certains enfants, le moule est parfait, ils grandissent dedans et même épanouissent leurs qualités et leurs ressources. Mais pour d'autres, c'est plus difficile, ce moule leur paraît trop étroit, contraignant, ennuyeux et pour tout dire un peu étouffant.

Le moule, lui, n'est pas très souple. Au pays des huîtres, certains enseignants comprennent cela et sont tentés d'aménager un peu ce qui se passe dans l'école, mais d'autres au contraire se sont complètement identifiés au moule dont ils ne sont jamais sortis. Comme enfants et adolescents, ils ont passé près de vingt ans dans le moule, puis comme enseignants, suivant leur âge entre dix et quarante ans ! Ils ne peuvent pas le changer ou l'améliorer.

La maman de cette petite huître était très embêtée. Depuis quelques années elle portait sur son front une étiquette dans laquelle elle se sentait enfermée et peu reconnue comme une adulte responsable. Sur cette étiquette il y avait marqué : « Parent d'élève ».

Quand elle assistait à des réunions à l'école de sa fille, on faisait asseoir tous les parents d'élèves sur les petits sièges des enfants dans une classe vide et elle se sentait un peu infantilisée. D'ailleurs, chaque fois que des enseignants lui parlaient de son enfant, elle se sentait comme prise en faute. Elle avait fait ou pas fait, elle avait dit ou pas dit, elle aurait dû faire ou ne pas faire…

Alors, pour se défendre, elle avait tendance, elle aussi, à mettre une étiquette sur les enseignants « bons » ou « mauvais », « caractériels » ou « sadiques », « rigides » ou « laxistes », « névrosés » ou « pervers »… Elle ne pouvait pas s'empêcher de penser et de porter des jugements de valeur sur les enseignants de sa fille, et ceux-ci devaient le sentir car ils s'en défendaient en parlant sur les carences, les défauts de l'enfant et de sa famille.

Ainsi le fait que cette petite huître avait beaucoup de vie en elle, que tout se passait comme si son corps était trop étroit pour contenir toute cette vie, tout cela devenait l'enjeu d'un conflit entre les enseignants et les parents.

Un jour sa grand-mère (qui ne portait pas l'étiquette « parent d'élève ») parla à la maman (qui était donc sa fille) :

« Moi je t'ai donné une graine de vie – et elle montra une belle perle bleue et l'offrit à sa fille. Ton mari et toi vous avez donné une nouvelle graine de vie à votre fille. Cette graine est si pleine de vitalité que son corps pour l'instant paraît trop petit pour l'accueillir, alors elle danse, elle saute, elle bouge sans arrêt à l'intérieur d'elle. C'est formidable ! Car il y a des enfants dont la graine de vie est très vite fatiguée ou toute petite et ne bouge pas beaucoup à l'intérieur. Ceux-là n'ont peut-être pas beaucoup de problèmes à l'école… Quand ta fille sera une femme, peut-être qu'à son tour elle donnera une graine de vie à un bébé et j'espère que cette graine n'aura pas été abîmée par le moule dans lequel on veut la faire entrer ! A la maison débarrasse-toi un peu de cette étiquette "parent d'élève", ose lui montrer tous les rôles qui t'habitent, maman, mère, ex-petite fille, épouse et amante, professionnelle et surtout, le plus beau : artisane de ta vie… »

Je ne sais si la maman huître a suivi le conseil de sa mère, ce que je sais c'est qu'aujourd'hui, au pays des huîtres, le moule de l'école doit s'ouvrir et offrir au-delà des savoirs et des savoir-faire, du savoir-être, du savoir-créer et du savoir-devenir…

Le conte du petit bébé koala qui trouvait que sa maman n'était pas assez maman

Tout au début de la vie, un enfant a surtout besoin d'une maman à part entière. Une maman donnante, bienveillante et comblante. Un peu plus tard, apparaîtra la mère plus frustrante, privative et contraignante. Maman et mère sont présentes dans toutes les tempêtes.

Il était une fois un petit bébé koala qui avait une maman et un papa. Ce qui peut paraître normal ou banal, mais qui devient de plus en plus rare aujourd'hui quand on sait que les parents koalas se séparent de plus en plus souvent, suite à des incompatibilités d'humeur, de sentiments, ou à partir de malentendus qui génèrent des conflits et entretiennent tensions et malaises.

Ce petit bébé trouvait que sa maman n'était pas assez maman avec lui. Sa maman, par contre, pensait qu'elle était une bonne et même excellente maman. Elle faisait tout pour son enfant, essayait de répondre à tous ses besoins et, même, chaque fois qu'elle le pouvait, à tous ses désirs. Ce qui n'est pas toujours positif mais de cela nous reparlerons dans un autre conte ! En effet, combler tous les désirs d'un enfant est une erreur, car une maman ne doit pas laisser croire qu'elle peut tout pour son enfant. Une mère peut beaucoup mais pas tout.

Vous allez me demander : « Mais que peut-elle faire de plus pour son enfant, cette maman qui en fait déjà beaucoup ? »

Je vais tenter d'être plus précis, même si c'est délicat.

Sa maman avait elle-même une mère et, chaque fois

qu'elle était devant sa mère, elle redevenait alors, spontanément, une petite fille à la fois soumise et révoltée.

Ce qui fait que son bébé n'avait plus de maman chaque fois que sa grand-mère était dans la maison ou au téléphone. Et elle était souvent en visite et encore plus souvent au téléphone, plusieurs fois par jour. Cette mère, la mère de la maman donc, aurait bien voulu s'occuper du bébé de sa fille, comme ça elle l'aurait élevé comme elle le désirait, comme le garçon qu'elle n'avait pas eu. Et le bébé koala, lui, sentait tout cela dans son corps. Il avait peur que sa maman ne se soumette à l'attente de la grand-mère. Il redoutait d'être confié à celle-ci. Alors il tombait souvent malade, pour capter un peu plus de l'attention de sa maman.

Tout cela vous paraît peut-être compliqué ou trop tiré par les cheveux, je veux dire trop tiré par les poils de koala ! C'est vrai que dans les familles de koalas les relations mères-filles sont complexes, chargées d'amour et d'ambivalence, porteuses d'attentes et de déceptions mutuelles, en miroir !

Mais ce qu'il faut savoir aussi, c'est que les bébés savent, plus souvent qu'on ne le croit, ce qu'ils veulent, et surtout ils perçoivent avec beaucoup de sensibilité ce qui n'est pas bon pour eux. Ils sont souvent prêts à introduire des maladies dans leur corps pour résister à ce qui est polluant pour eux. Ils peuvent avoir des comportements dérangeants, violents ou inquiétants quand ils ne se sentent pas entendus dans leurs besoins essentiels. Et avoir une maman à part entière dans les premiers temps de la vie n'est pas un désir mais un vrai besoin vital !

Le comportement de ce petit koala me paraît tout à fait cohérent.

J'ai fait ce petit conte pour lui. Pour sa maman aussi qui devra se demander, ayant été attendue comme garçon, si elle n'avait pas fait cet enfant pour sa mère. Mais, tout conte fait, je crois que j'ai écrit cette histoire pour inviter cette maman à oser grandir et trouver la bonne distance avec sa propre mère. En répondant moins au téléphone, en recevant moins souvent sa mère chez elle, bref en acceptant d'être une adulte qui ne laisse plus gérer sa vie par les désirs des autres !

Conte pour une maman qui ne savait comment dire les blessures de sa propre enfance

En témoignant de notre propre histoire, non dans la plainte ou la victimisation mais dans l'affirmation de soi, en osant mettre des mots sur notre vécu d'enfant face à nos enfants, nous pouvons nous opposer aux répétitions aveugles des maux.

Il était une fois une maman qui avait vécu des choses très difficiles, violentes et douloureuses quand elle était petite. Elle ne savait comment en parler à sa propre fille. Elle avait le désir de dire, de partager et en même temps elle se sentait paralysée par la peur de déstabiliser, d'inquiéter sa fille.

Et cela lui paraissait d'autant plus difficile que son enfant arrivait à l'âge où elle-même avait vécu ces événements qu'elle ne pouvait oublier et que sa souffrance se réveillait chaque fois qu'elle regardait sa fille revenir le soir de l'école ou toutes les fois où elle devait s'absenter.

Elle décida un matin de commencer l'échange par un grand câlin plein de tendresse avec sa petite qu'elle adorait, avant de lui dire :

– Quand j'étais toute petite, mon papa a eu avec moi, sur mon corps, des gestes qu'un papa n'a pas le droit de faire sur sa petite fille. Des gestes qui sont interdits, qu'aucun papa au monde n'a le droit de faire sur son enfant.

– C'est quoi, maman, ces gestes qu'un papa ne doit pas faire à sa fille ?

– J'ai bien pensé que tu poserais la question, car tu es vive comme un rayon de soleil. Aussi je t'ai apporté la poupée que j'avais quand j'étais petite et je vais te montrer sur elle les gestes qu'aucun homme ou papa ne doit faire sur une petite fille. D'ailleurs, peut-être que tu as toi-même une idée de ce qu'il ne faut pas faire sur le corps d'une petite fille ? Tu peux si tu le veux me montrer sur cette poupée quelle partie du corps ne doit pas être touchée.

– Mais alors, maman, cela veut dire que les papas ne doivent plus faire la toilette de leur fille, qu'ils ne doivent pas se baigner tout nus avec elle, qu'ils ne doivent plus faire des câlins ? Moi j'aime bien pourtant les câlins de mon papa !

– Un papa et une maman peuvent faire tout plein de câlins à leur fille et à leur garçon. Un câlin, c'est un geste de tendresse quand on prend son enfant tout contre soi, qu'on lui murmure à l'oreille des choses gentilles, quand on lui caresse la tête, le dos ou le ventre s'il a mal, mais il y a un endroit du corps, que nous pouvons montrer sur la poupée, où on ne doit pas faire de câlin à un enfant. Pour la toilette, tu as raison, quand on est tout petit bébé, un papa, une maman bien sûr font la toilette de leur enfant. Mais je crois que les parents qui aiment vraiment leur enfant doivent surtout lui apprendre, dès qu'il en est capable, de faire sa toilette lui-même ! Je crois qu'un vrai papa, un papa qui aime sa fille, doit accepter qu'elle puisse faire sa toilette intime toute seule. Une petite fille a le droit, elle, de toucher son corps à tous ces endroits que nous pouvons montrer sur la poupée…

– Mais toi, maman, quand tu étais petite, alors tu as laissé faire ces gestes par ton papa ?

– Oui, c'est vrai et je le regrette aujourd'hui. Mais quand j'étais petite je ne savais pas que ces gestes étaient interdits. Personne ne m'avait avertie. Ton arrière-grand-mère Louison dont tu as vu la photo, la maman de ma maman, ne lui en avait jamais parlé, et ma maman à moi, ta grand-mère, ne savait pas non plus, c'est pour ça que moi-même, je ne savais rien. C'est pour ça aussi que, maintenant que je sais, je peux t'en parler. Il y a des gestes que les parents peuvent faire et d'autres qui sont interdits, qu'aucun papa ou maman au monde ne peuvent faire sur leurs petits, dans aucun pays de la terre ! Peut-être que toi tu apprendras aussi à ta poupée à se laver toute seule, je crois qu'elle sera contente que tu la considères comme une grande.

– Oh, maman, tu sais bien qu'une poupée ne peut se laver toute seule, c'est moi qui dois la laver, c'est seulement pour jouer.

– Oui, et c'est comme ça que tu apprends aussi les bons gestes.

– Mon nounours, lui, je préfère pas le laver parce qu'il reste mouillé trop longtemps.

– Tu sais, j'ai beaucoup hésité avant de te parler, car je ne voulais pas t'inquiéter, mais j'ai pensé que c'était important, car si ma maman avait su, je suis sûre qu'elle m'en aurait parlé, et je crois que je n'aurais pas vécu mon enfance avec autant de souffrance et de peine.

– Est-ce que je pourrai dire tout ça à papa ?

– Si tu le souhaites, on pourra en parler tous les trois ensemble et je sais qu'il sera d'accord…

Je ne sais comment se poursuivra le dialogue entre la mère et la fille, ce que je sais, c'est qu'il est important de dire, de partager, surtout quand un enfant arrive à l'âge où, à nous adultes, il est arrivé quelque chose de difficile, de douloureux ou de violent. Mettre des mots évite souvent d'avoir à se violenter soi-même avec des maux.

Le conte du petit renardeau myope

Les enfants fidèles sont d'un courage inouï pour réparer les blessures ou restaurer les situations inachevées de leurs ascendants.

Il était une fois un petit renardeau qui avait senti que sa maman ne voulait pas voir qu'elle était attirée par un autre renard que son mari. Et surtout que cette attirance, ce plein de désirs envers un autre renard, la mettait en difficulté vis-à-vis des sentiments qu'elle continuait à éprouver envers son mari qu'elle aimait. Cela peut vous paraître complexe ou un peu embrouillé, mais vous savez bien qu'au pays des renards, ni le mâle ni la femelle n'a de pouvoir sur ses propres désirs. Une attirance ne se commande pas. Un élan, un désir vers quelqu'un peuvent exister au-delà de toute raison. A l'engagement principal, qui peut rester essentiel, prioritaire, peut s'associer un mouvement, un élan fou vers un autre. Et même si ce mouvement ne se concrétise pas dans une relation – on dirait au pays des hommes un passage à l'acte ou une relation intime –, cela peut provoquer des séismes à l'intérieur, des bouleversements importants et même de véritables conflits dans le corps d'une renarde (ou d'un renard quand cela lui arrive !).

Vous allez certainement penser que la myopie toute récente du renardeau n'avait rien à voir avec le comportement ou les sentiments de sa maman ! Et vous allez m'affirmer qu'une myopie est due à une trop grande densité ou même à une trop grande convexité du cristallin et vous aurez raison.

Mais ce serait oublier que certains enfants fidèles peuvent tenter de montrer, de faire voir, avec leur myopie… l'aveuglement de l'un ou l'autre de leurs parents. Dans ce cas, je crois qu'il s'agit de sa maman. Celle-ci en effet, depuis quelques semaines, se débattait dans des sentiments contradictoires. Comme je vous l'ai dit, elle se sentait attirée par un autre renard et pensait que c'était inconciliable avec son engagement actuel auprès de son mari qui était le père de son enfant.

Cependant, comme je tente de vous le montrer, tout se passait comme si son conflit intérieur avait été entendu par son petit renardeau.

Les petits renardeaux peuvent voir l'invisible et entendre le non-dit, surtout quand cela concerne quelqu'un de proche. Ils ont de véritables antennes pour capter ce qui pourrait menacer, inquiéter la stabilité d'une famille. Ils sont capables, avec beaucoup de courage, de se casser une patte, d'avoir de la fièvre, de travailler mal à l'école ou même de déclencher des conflits violents pour retenir leur mère, si elle avait envisagé de prendre un peu de temps pour elle pour aller rejoindre par exemple le renard qui l'attirait tant.

Quand un petit renardeau voit ce qu'il ne voudrait pas voir, alors il est aussi capable de blesser sa vue et de porter des lunettes pour faire semblant de voir plus… clair. Il y en a aussi qui peuvent devenir presbytes, quand ils ne veulent pas aller voir de trop près, quelque chose qui pourrait les déranger.

Quoi que décide sa maman, elle pourrait cependant lui dire que les adultes ont une vie personnelle dont ils sont seuls responsables, que leur intimité ne regarde qu'eux. Et que les renardeaux qui voient beaucoup de choses avec leurs petits yeux curieux doivent savoir que l'intimité regarde seulement celui qui la vit.

Le conte des deux combawas qui avaient décidé de construire une relation de longue durée

S'engager sans clarifier ses attentes, ses apports et ses zones d'intolérance, c'est prendre le risque de se déchirer, de se blesser et parfois de s'aliéner mutuellement.

Il était une fois deux combawas qui s'étaient rencontrés à la suite d'un coup de foudre amoureux. Un coup de foudre amoureux, au pays des combawas, est quelque chose qui surgit sans prévenir, qui emporte tout sur son passage, qui rapproche au plus intime deux êtres et qui donne surtout à chacun le sentiment d'être plus beau, plus intelligent, meilleur, d'être précieux, nécessaire et unique.

Leur attirance, leur rapprochement, leur plaisir à se trouver ensemble les avaient comblés l'un et l'autre durant plusieurs mois. Ils étaient éblouis mutuellement de leur fougue, de leur passion et d'une liberté soudainement découverte. Il faut que je vous dise qu'ils sortaient tous les deux d'une relation conjugale qui s'était soldée par une rupture et une séparation pour l'un et par un divorce pour l'autre.

Naïfs, ils firent comme s'ils étaient entièrement libres, autonomes et indépendants, alors que les liens affectifs retenaient encore l'un et que des liens sociaux pesaient sur l'autre. Durant les deux premières années ils s'accordèrent parfaitement, se parlèrent peu, mais se sentaient bien ensemble, ils firent de nombreux voyages.

Un jour ils décidèrent d'un rituel pour marquer leur

engagement mutuel l'un envers l'autre. Ils ne vivraient pas sur le même territoire, n'interféreraient pas dans la vie de l'autre, mais s'inviteraient le plus souvent possible compte tenu de leurs engagements respectifs, se soutiendraient et partageraient le meilleur d'eux-mêmes. Ce qu'ils ne savaient, ni l'un ni l'autre, c'est qu'après cette période idyllique, pleine de saveurs, de bien-être et de bons sentiments, ils allaient voir émerger, remonter du fond de leur histoire, et cela de façon imprévisible, quelques-unes de leurs souffrances liées aux blessures de l'enfance.

Vous allez me demander : « Mais comment est-ce possible ? »

C'est un des risques de toute relation intime que le comportement, les paroles, les gestes parfois les plus anodins, les plus insignifiants, retentissent de façon violente sur une situation inachevée de chaque histoire personnelle, sur un aspect de l'enfance associé à des humiliations, des injustices, à des trahisons ou un sentiment d'impuissance. Evidemment aucun des deux ne savait cela.

Elle, par exemple, ne pressentait pas que sa propre insécurité, ses doutes, son besoin de réassurance pour pouvoir s'abandonner pleinement lui faisaient mettre très souvent à l'épreuve la relation avec l'autre. Tout cela avec des paroles, des attitudes qui faisaient douter de la solidité de ses engagements et parfois même l'entraînaient dans des comportements qui disqualifiaient même la présence de son partenaire.

Elle ne se doutait pas qu'elle touchait ainsi, chez l'autre, à l'image de soi. L'image de soi est quelque chose de fondamental chez un combawa, c'est le noyau sur lequel il peut s'appuyer, se réfugier en cas de doute, d'insécurité, de fragilité.

Lui-même ignorait que chaque fois qu'il ne tenait pas

ses engagements, chaque fois qu'il se complaisait dans l'improvisation de l'instant, qu'il inventait un projet trop nouveau, il ne savait pas qu'il allait réveiller de l'angoisse, provoquer mal-être et malaise chez sa partenaire combawa qu'il aimait et appréciait, mais qui, dans ces moments-là, se fermait, se réfugiait dans le silence, se bloquait sur des refus, tant elle avait besoin de prévoir, de s'organiser et même de contrôler parfois le surgissement de l'imprévisible dans sa propre vie.

Ainsi, chacun avec une sincérité aveugle provoquait chez l'aimé(e) justement ce que lui-même (et l'autre) redoutait le plus. L'un et l'autre sécrétaient avec constance des comportements qui allaient se révéler toxiques, violents, extrêmement déstabilisants pour l'équilibre intime de leur relation dans la durée.

Tout se passait comme si chacun envoyait à l'autre le message suivant : « Je ne peux te donner le meilleur de moi, car avant, tu dois me montrer que tu m'acceptes tel que je suis, même quand je suis déstabilisant pour toi ! »

Chaque séquence s'emboîtait quasi automatiquement, pour préparer la séquence suivante qui les faisait l'un et l'autre tant souffrir d'incompréhension. Comme si chacun attendait de l'aimé ce que justement il ne pouvait lui donner, puisque l'exigeant impérativement de l'autre.

Ainsi, malgré eux, se mettaient en place toutes les conditions d'une séparation, qu'ils ne souhaitaient pas réellement. Car il est difficile de savourer le bon, le bienveillant, de goûter le ciel, quand votre ventre se révolte au souvenir de vieilles peurs, quand votre gorge se durcit de tous les silences refoulés, quand votre sexe vous rappelle que le plaisir a besoin d'un berceau de tendresse pour s'épanouir, pour se révéler dans toute sa splendeur et son abondance.

Il n'y a pas, me semble-t-il, de solutions faciles à une telle situation. Accuser, reprocher, mettre en cause l'autre, c'est faire toujours plus pour entretenir ce qu'on voudrait voir disparaître. C'est collaborer au maintien d'une situation qui devient de plus en plus invivable.

D'un autre côté, ne rien dire, tolérer, subir, attendre, c'est ne pas respecter la partie de soi qui justement demande reconnaissance, c'est comme piétiner ses propres valeurs.

Peut-être serait-il souhaitable d'inviter les deux combawas à prendre le temps de se dire, non sur les perceptions, les ressentis immédiats, non sur les petites pollutions inévitables du quotidien, mais d'oser parler des blessures secrètes, non cicatrisées, toujours à vif au profond de chacun. D'exprimer comment elles sont réveillées par les comportements, les paroles ou les attitudes de l'autre, dévoilant des abîmes de souffrances et de peurs qui envahissent le présent, polluent la disponibilité d'une relation en cours et leur font engranger trop de déceptions et de frustrations.

Vous avez bien entendu, j'invite donc à parler, à échanger non sur les faits, non sur le ressenti immédiat, qui aveugle parfois, nous entraîne dans le réactionnel, mais à oser se dire, partager sur le retentissement, l'impact aveugle de l'autre sur les blessures de l'enfance de chacun.

Cela suppose de prendre le risque de se mettre à nu, à nu de l'intérieur, de rencontrer la face cachée, parfois à soi-même, de cet intérieur ! Face vulnérable, sensible, si fragile qu'il faut à la fois beaucoup de courage, de lucidité et d'amour envers soi-même pour oser montrer, derrière cette part d'ombre, les blessures ardentes de l'enfance et toutes les compensations qu'on a construites autour pour masquer tous les manques qui en découlent.

Certains combawas y arrivent s'ils se sentent portés par l'amour de l'autre, s'ils se sentent suffisamment aimés pour affronter un tel dévoilement de soi. Il faut se rappeler cependant qu'au pays des combawas, un partenaire amoureux ou conjugal ne peut être le thérapeute de l'autre. Il sera le déclencheur, le grand réactivateur des blessures de son histoire et peut-être le miroir sur lequel elles viendront se projeter avec violence.

C'est par l'écoute respectueuse de soi et de l'autre, par l'attention du cœur et la compassion que tout cela devient possible.

Aimer dans la durée et garder une relation vivante et en santé est toujours une aventure pleine de risques chez les combawas.

Le conte de la petite fille qui ne voulait pas grandir trop vite

En se parentalisant, certains enfants se mettent trop souvent au service des besoins de l'un ou de l'autre des parents. Ils auront ensuite beaucoup de mal à laisser grandir leurs parents… tout seuls !

Il était une fois une petite fille prénommée Josée qui avait senti très tôt que sa maman, très dévouée, très présente, avait consacré l'essentiel de sa vie à ses enfants.

En effet cette femme, depuis qu'elle était séparée de son mari, ne vivait que pour eux. En ayant sacrifié sa vie affective, sexuelle, sociale pour rester entièrement au service de ses enfants. En tentant désespérément, pathétiquement, de répondre à tous leurs besoins et surtout à tous leurs désirs.

Josée était une petite fille très courageuse, qui avait compris très vite que si elle grandissait, si elle accédait à plus d'autonomie, sa maman serait perdue, ne sachant plus quoi faire de sa vie. Qu'elle serait effrayée d'avoir à se rencontrer enfin, à prendre soin d'elle, à oser vivre sa vie de femme.

Tout se passait comme si l'enfant s'était dit, sans jamais se l'avouer aussi clairement que je l'énonce : « Si je grandis, j'enlève à maman sa raison de vivre. Si je quitte la maison, si je m'engage affectivement avec un garçon, c'est comme si je mettais maman devant son propre échec à se lier, à s'engager, à avoir une vie de femme… »

Vous allez me dire tout de suite : « Mais non, ce n'est

pas ça que sa mère veut pour sa fille. Sa mère comme toutes les mamans désire que son enfant ne soit pas malheureuse, qu'elle soit heureuse ! »

Et vous avez raison, oui, c'est bien tout cela qu'elle veut !

Cette mère ferait tout pour sa fille. Oui, tout.

Mais savons-nous qu'un enfant qui sent peser un désir aussi fort sur lui risque ainsi d'être dépossédé de son propre désir ?

Savons-nous qu'il est difficile pour un enfant de prendre le risque de vivre pleinement sa vie quand il a comme seul modèle quelqu'un qui a tant de mal à vivre la sienne ?

Savons-nous que certains enfants prennent sur eux de vouloir réparer les blessures cachées de leurs parents ?

Il faut que je précise aussi que cette petite fille avait une passion, elle adorait son piano et passait beaucoup, beaucoup de temps à prendre soin de lui.

Elle reportait ainsi sur son instrument toute l'énergie, tout l'amour qu'elle ne pouvait offrir ailleurs.

Cela me rappelle ce que disait ma grand-mère : « Combien il est difficile pour certains enfants de laisser grandir leurs parents tout seuls. »

Le conte de la petite mésange qui ne voulait plus aller à l'école

Avant de rassurer, peut-être faut-il comprendre.
Avant de comprendre, peut-être faut-il entendre.
Avant d'entendre, peut-être faut-il écouter.
Et avant d'écouter… se décentrer.

Il était une fois une petite mésange qui un matin, dès son réveil, d'un seul coup commença à pleurer. Elle pleura comme jamais une petite mésange n'avait pleuré.

Vous avez déjà vu pleurer une petite mésange ? C'est vraiment impressionnant ! Les larmes coulaient de ses deux petits yeux, le long de son bec, sur son plumage et jusque sur ses deux petites pattes. Elle ruisselait de partout.

Entre deux sanglots elle disait :

« Je ne veux plus aller à l'école, je ne veux plus y aller… »

Sa maman fut très inquiète. Oui, j'ai oublié de vous dire que les mamans des mésanges aiment tellement leurs enfants qu'à la moindre tristesse, la moindre douleur manifestée, les voilà toutes chamboulées de l'intérieur.

Je vous disais donc que cette maman essaya aussitôt de la rassurer avec des phrases toutes faites, en conserve, que se sentent obligés de pépier tous les parents des enfants mésanges :

« Mais c'est très bien l'école, tu as plein de copains mésanges et rossignols et même des rouges-gorges, tu vas pouvoir jouer avec eux… Elle est gentille ta maîtresse… Tu vas apprendre plein de choses. Et puis pourquoi tu ne veux plus aller à l'école, c'est parce que tu n'as pas d'amis, on t'a fait du mal ? »

Vous remarquerez également que la grande spécialité des parents mésanges, c'est qu'ils veulent comprendre, en oubliant qu'il est important d'entendre. Ils posent plein de questions et apportent tout de suite des réponses, qui ne permettent pas aux enfants mésanges de dire leur ressenti. Des réponses qui permettent aux parents mésanges de tenter de se rassurer, mais qui les entraînent à des années-lumière de leurs enfants.

Alors, pour apaiser sa mère, la petite mésange répondit :

« Je n'ai pas de copains, ils ne veulent pas jouer avec moi… Je me sens très seule… »

La maman fut très impressionnée, elle se souvint qu'au même âge et même plus tard, elle aussi s'était sentie très seule, sans aucun copain.

Alors comme toutes les mamans mésanges qui veulent bien faire, elle décida aussitôt d'inviter les copains de sa fille, elle voulait trouver une solution. Elle voulait faire pour sa fille. Elle voulait surtout que son enfant ne souffre plus, et elle pensait qu'elle avait compris sa véritable demande.

Elle ne savait pas, cette maman mésange, que le plus important n'était pas de faire pour son enfant, à sa place, mais de l'écouter, de la confirmer, de lui dire par exemple :

« Oui, j'entends ta tristesse, je sens qu'elle est très importante pour toi. Peut-être y a-t-il derrière cette tristesse une grosse colère toute noire qui ne peut pas se dire ? »

Vous savez que souvent derrière la tristesse, chez les mésanges, il y a surtout le réveil d'une blessure. Les tristesses les plus terribles sont celles qu'on ne peut pas dire, celles qui restent au fond de la gorge et du ventre.

Peut-être que la petite mésange ne pouvait pas dire la grosse tristesse qu'elle avait en elle. C'est difficile d'oser parler des blessures de l'enfance à quelqu'un qu'on aime et auquel on ne veut pas faire de la peine.

Moi, je ne sais pas laquelle de ces blessures avait été réveillée à l'école. Mais vous ai-je déjà dit le nom de cette mésange ?

Elle s'appelait Rasah.

Ce que je peux révéler, par contre, c'est qu'il existe quatre grandes blessures dans l'enfance des mésanges. Chacune est à l'origine de souffrances, de désarrois ou de comportements de fuite ou d'agressivité. Peut-être qu'en les énonçant allez-vous reconnaître dans laquelle se débattait Rasah.

L'humiliation, l'injustice, la trahison et l'impuissance. Chacune de ces blessures est une source vivante de souffrance.

Les humiliations sont fréquentes quand on est un enfant, elles ont pour point de départ un jugement de valeur, une disqualification.

Les injustices sont vécues à partir d'une accusation ou un reproche non fondé, ou d'un préjudice qui vous est infligé à tort.

La trahison blesse les sentiments quand on a mis sa confiance en quelqu'un et qu'il ne tient pas ses engagements.

L'impuissance se révèle quand nous sommes dans un rapport de force qui nous oblige à subir, à accepter le point de vue ou la violence que nous impose quelqu'un.

Peut-être Rasah pourra-t-elle un jour parler avec plus de liberté de l'impuissance dans laquelle elle s'est sentie coincée. Et peut-être ainsi mieux se positionner, sortir de son silence face aux personnes qui lui ont fait violence.

Il y a un moment dans la vie d'une mésange où il faut faire un peu d'archéologie familiale, descendre dans les caves de son existence, prendre le risque de retrouver les accidents de son histoire.

Le conte de la petite alouette qui ne voulait pas décevoir son père

Il est des rencontres qui permettent de se rencontrer au plus près de soi-même.

Avez-vous déjà vu voler une alouette ? Elle s'élance dans le ciel tel un cri éperdu de vie, elle devient une flèche d'amour dans l'azur.

Il était une fois une petite alouette qui ne savait pas si elle était une fille ou un garçon.

Vous allez me demander comment c'est possible. Car elle avait tout ce qu'il fallait, et au bon endroit, pour être une fille, je ne sais si vous voyez ce que je veux dire. Oui, elle avait tout ce qu'il fallait, mais ne voulait pas grandir. Grandir, cela voulait dire devenir une alouette adulte, avoir des règles, du sang qui coule tous les mois. Cela voulait dire aussi être l'objet de désirs, de plaisanteries de la part d'alouettes garçons. Et ça, voyez-vous, elle n'en voulait pas. Elle redoutait toutes les remarques faites sur son corps. Elle détestait quand sa mère vantait devant ses amies l'une ou l'autre de ses qualités.

Elle voulait rester petite, toute petite, passer inaperçue sauf pour son père. Avec lui, elle voulait être remarquée, elle voulait lui montrer tout ce qu'elle était capable de faire pour lui faire plaisir. Grandir avec la poitrine qui pousse, le corps qui se modifie, c'était découvrir qu'il n'y avait aucun espoir pour elle de devenir un garçon. Vous ai-je dit qu'elle n'avait que des sœurs ?

Tant qu'une petite alouette n'est pas réglée, elle peut espérer, dans sa tête, rester ce qu'on appelle chez les alouettes un garçon manqué. Un garçon à qui il manque quelque chose. Je n'ai pas besoin de vous le dessiner.

Jusqu'à ces derniers mois elle aimait bien s'habiller en garçon, jouer avec eux, aller dans l'atelier de son père pour bricoler avec lui, faire du sport pour devenir aussi forte que les garçons de son quartier. Elle désespérait sa mère en refusant corsages, jupes, cheveux longs et poupées. En faisant tout cela, elle tentait sans le conscientiser pleinement de diminuer la déception de son père qui aurait tant voulu un garçon.

Elle tentait de lui dire à sa façon : « Tu vois je suis capable de faire tout ce que ton fils, si tu en avais eu un, aurait fait… »

Alors, voir son corps changer et devenir semblable à celui de ses sœurs aînées lui paraissait insupportable, trop injuste et pour tout dire inacceptable.

Un jour elle rencontra près d'une rivière une alouette qui devait avoir le même âge qu'elle. Celle-ci lui sourit, puis lui demanda si elle avait soif et lui recommanda la petite flaque d'eau fraîche dans laquelle elle-même buvait à petits coups de bec gourmands.

– Je ne te vois pas très heureuse de vivre.

– Ah bon, ça se voit tellement ?

– Bien sûr, tes plumes sont toutes tristounettes, tes yeux sont perdus dans des pensées moroses, même ton bec a l'air contrarié. As-tu une idée de ce qui te contrarie tellement ?

– Oui, mais je n'en ai parlé à personne jusqu'à maintenant.

– Ce doit être très intime et très personnel si tu n'en as jamais parlé à personne !

Et la petite alouette, certainement mise en confiance

par ces quelques phrases échangées, lâcha d'un seul coup entre deux sanglots :

– Je ne veux pas grandir. Je ne veux pas devenir comme mes sœurs et ma mère…

– Tu ne veux pas grandir, tu veux rester petite ?

– Je ne veux pas décevoir mon père. Il critique toujours mes sœurs sur leur façon de s'habiller, de parler, de s'intéresser à des chanteurs, de fréquenter les garçons. Il a toujours une remarque désobligeante sur l'une ou l'autre. Moi, j'aimerais tellement qu'il m'accepte comme je suis. Je voudrais lui ressembler, faire le même métier, m'habiller comme lui, avec les mêmes amis…

– Alors tu serais prête à passer à côté de ta vie, à tenter de ressembler à ce que tu n'es pas, à te faire aimer sur une apparence et à risquer ainsi de ne pas te respecter et même renoncer à développer toutes les qualités d'alouette !

– Je suis tout étonnée par ce que tu me dis. Je n'avais pas envisagé les conséquences de mon attitude… Ce que tu me décris me fait un peu peur !

– Mais je veux seulement t'inviter à te respecter, à oser être ce que tu es, à prendre ta place et à perdre le risque de te faire aimer pour ce que tu es et non pour ce que tu imagines chez l'autre.

Quand la petite alouette rentra au nid ce soir-là, elle sentit ses ailes plus légères, son cœur plus léger, ses yeux plus vifs.

Il est des rencontres qui nous permettent de nous réconcilier avec le meilleur de soi-même.

Le conte d'un petit écureuil très sensible qui voulait être entendu et respecté*

Le métier d'enseignant est un de ceux où l'on parle le plus sur l'autre ! Tenter de les inviter à s'impliquer, à parler plus d'eux-mêmes est certainement une des réformes les plus urgentes à leur proposer.

Il était une fois dans une classe d'écureuils, dirigée par une excellente institutrice écureuil, un petit écureuil qui s'appelait Noitbé. Noitbé n'était pas toujours un écureuil parfait, vous l'avez deviné, mais il avait, comme chaque petit écureuil, des zones de sensibilité, je veux dire qu'il pouvait se sentir profondément blessé par une parole, un geste, une attitude ou un comportement qui lui paraissait injuste ou non justifié.

Vous ne le savez peut-être pas, mais les petits écureuils sont très sensibles, très affectifs, surtout avec les adultes écureuils en qui ils ont confiance.

Ce matin-là, la maîtresse écureuil, certainement un peu énervée – mais ne lui trouvons pas d'excuse à l'avance –, avait décidé d'une punition collective à toute la classe : parce que vraiment il y avait trop de bruit, on ne pouvait plus s'entendre d'une branche à l'autre…

Les classes d'écureuils se font dans les arbres, c'est plus pratique pour les écureuils quand ils doivent faire des leçons de choses et des exercices pratiques. Au pays des écureuils, les instituteurs écureuils ont parfois de drôles d'habitudes. En effet, ils pensent qu'une punition collective a plus de chances d'être comprise qu'une sanction individuelle. Ils semblent ne pas savoir que pour deux ou trois élèves écureuils qui ont fait du bruit, des bêtises ou qui sont indisciplinés, ils vont sanctionner vingt à vingt-cinq autres écureuils qui, eux, étaient plongés dans leurs activités habituelles.

A un âge où le sentiment d'injustice est très vif chez un petit écureuil, cela provoque souvent des dégâts importants dans leur recherche d'équilibre.

Noitbé, comme vous le savez, était particulièrement sensible et chaque punition collective, dans laquelle il ne se sentait pas impliqué, le blessait profondément. Plus encore, cela réveillait de très vieilles blessures qui se mettaient alors à saigner à l'intérieur, silencieusement. Quand il rentrait à la maison, je veux dire au nid de ses parents, il était triste, abattu, plein de désespoir. Dans ces moments-là, il doutait tellement de lui qu'il ne voulait plus retourner en classe.

Je ne sais pas comment il osera dire à la maîtresse écureuil de ne pas s'énerver quand ses élèves s'agitent un peu trop, et surtout de ne pas imposer des punitions collectives. Non, vraiment je ne le sais pas ! Le plus souvent les enfants écureuils ne sont pas entendus quand ils tentent de mettre les adultes écureuils devant leurs propres responsabilités.

Enfin, heureusement que cela ne se passe qu'au pays des écureuils, car si cela existait chez les hommes, il y aurait vraiment de quoi désespérer de l'espèce humaine.

Je vais cependant vous dire ce que Noitbé l'écureuil sensible a tenté de faire.

Il décida de demander un entretien à sa maîtresse d'école. Mais avant cela Noitbé voulut avoir l'avis de son papa et de sa maman :

– Papa, maman, j'aimerais bien parler de cette punition à la maîtresse.

Sa maman lui confirma que ce pourrait être une bonne décision, pour faciliter une meilleure communication entre Noitbé et son institutrice. Noitbé décida aussi de symboliser son sentiment d'injustice par un objet : un dégrafeur bien piquant, oui vous savez, cet appareil qui sert à enlever les agrafes sur les dossiers.

Le lendemain matin, Noitbé, dès son arrivée à l'école, se dirigea courageusement vers sa maîtresse pour lui expliquer qu'il n'avait pas fait la punition et qu'il voulait lui parler et lui montrer le sentiment d'injustice qu'il avait ressenti face à son intervention de la veille. La maîtresse, qui avait commencé patiemment par l'écouter, dès que Noitbé voulut dire qu'il avait vu son intervention comme une injustice, le coupa, tenta de le culpabiliser :

– Ah ! et en plus tu me dis que j'ai été injuste, tu te permets de juger tes enseignants maintenant...

Noitbé tenta bien de lui rappeler qu'il n'avait pas parlé d'elle, mais seulement de son propre vécu. Rien n'y fit. Il ne put même pas montrer son objet symbolisant son sentiment.

Vous imaginez bien que Noitbé a passé une très mauvaise journée. Il a peu travaillé ce jour-là, et il était très triste et révolté en rentrant le soir au nid de ses parents. Sa maman, le voyant ainsi, lui demanda ce qui se passait en lui. Noitbé lui raconta comment s'était déroulé le fameux entretien avec la maîtresse.

– Elle n'a même pas voulu m'écouter, elle m'a coupé la parole et je n'ai rien pu dire. Ça ne marche pas vos méthodes ! À l'école on nous apprend à ne pas couper la parole, à ne pas discuter, à croire que tout ce que font les adultes, c'est bien pour nous, même quand c'est injuste ! et là !... J'en ai assez !

Sa maman lui proposa de tenter un autre entretien

avec la maîtresse écureuil, car elle était sûre que celle-ci était capable d'écouter Noitbé et de l'entendre.

Noitbé demanda à sa maman de l'accompagner.

Quelques jours plus tard, le soir, après la classe, Noitbé et sa maman écureuil rencontrèrent la maîtresse. La maman avait tout préparé pour l'entretien : une écharpe relationnelle, ses symboles. Dès le début de la rencontre, la maîtresse, qui pensait que la maman de Noitbé était venue pour savoir comment travaillait son écureuil à l'école, commença à parler sur lui. La maman arrêta tout de suite la maîtresse en lui disant :

– Madame, j'entends bien que vous avez des choses à dire sur Noitbé mais je ne suis pas venue pour cela. Je suis venue pour vous demander si vous acceptez d'écouter ce que Noitbé veut vous dire de lui, et si vous acceptez de lui parler de vous, de ce que vous ressentez vis-à-vis de son comportement, de son travail en classe.

La maîtresse ouvrit alors des yeux grands comme des soucoupes. Elle ne comprenait pas.

– Comment ! vous n'êtes pas venue pour entendre ce que j'ai à vous dire sur votre fils ! Vous souhaiteriez que je vous parle de mes difficultés avec lui ! Mais ce n'est pas possible ! Vous n'auriez pas dû venir me voir ! Je n'ai rien à vous dire de moi ! Vous auriez mieux fait de rester chez vous !

La maman de Noitbé, qui a déjà fait quelques stages de communication relationnelle avec un certain Mélossa, garda son calme et proposa à la maîtresse écureuil en colère d'écouter ce que Noitbé voulait lui dire. Elle montra la relation entre Noitbé et la maîtresse à l'aide d'une écharpe.

Noitbé commença à parler de lui à son bout de l'écharpe, de son sentiment d'injustice lorsque la maîtresse donnait une punition collective. Il put lui dire qu'il ne se sentait pas concerné. Il sortit son objet de sa poche, le montra à sa maîtresse et dit :

– Voici mon sentiment d'injustice, je sais que cela vous irrite, je ne souhaite pas être confondu avec.

A partir de ce moment-là, l'institutrice sembla entendre ce que voulait lui dire Noitbé. Elle commença à lui parler d'elle et de ce qu'elle ressentait par rapport à certains comportements de Noitbé en classe, de son irritation, de son sentiment d'impuissance parfois. Et, stimulée par son élève, elle prit trois livres et lui dit :

– Voici tout le savoir que j'aurais souhaité te transmettre durant cette année. Mais pour pouvoir te donner tout cela, j'ai plusieurs besoins : un besoin d'être écoutée, un besoin d'avoir votre participation, un besoin de silence…

Et elle montra à Noitbé trois grosses billes de verre qu'elle posa sur son bureau.

– Je sens bien que mes besoins entrent en concurrence avec vos besoins à chacun, à l'un de parler, à l'autre de bouger, chez toi de rêver… Et d'ailleurs, si je n'arrive à te transmettre qu'une partie de mon savoir (elle donna un des trois livres à Noitbé), j'aurai réussi avec toi à trente pour cent, si tu peux en accueillir plus (elle donna un deuxième livre), ma réussite scolaire comme enseignante sera de soixante pour cent…

Noitbé fut stupéfait et touché d'entendre, pour la première fois de sa vie d'élève, un enseignant qui acceptait de se mettre ainsi en cause, un enseignant qui n'accusait pas, ne reprochait pas mais parlait de son désir et de sa propre difficulté à enseigner.

Le petit écureuil regarda intensément la maîtresse d'école et lui dit :

– C'est bon de communiquer de cette façon, j'ai vraiment l'impression de partager quelque chose d'important avec vous. Je souhaiterais qu'on apprenne à parler comme cela en classe…

L'institutrice lui promit de réfléchir à tout cela. Elle sentait bien au fond d'elle-même qu'elle hésitait à s'engager dans une telle aventure. Elle avait bien entendu parler de visualisation et de symbolisation comme d'outils possibles pour mieux se dire, mais elle craignait de paraître ridicule. Elle préférait se réfugier dans des attitudes défensives.

Aujourd'hui encore elle ne se sent pas tout à fait prête pour une telle révolution. Elle voudrait être soutenue dans cette démarche, ne pas être la seule. Peut-être rêve-t-elle qu'un jour on enseignera la communication relationnelle à l'école des écureuils, comme une matière à part entière. Peut-être…

Conte de l'avant-Noël qui n'est pas un conte de fées, mais une histoire réaliste

S'il est important et vital de protéger les enfants contre les abus des adultes, il est tout aussi essentiel de les respecter, en ne les entraînant pas dans les conflits entre adultes.

Il était une fois un papa hibou qui décida de se marier avec une maman chouette.

Je ne sais si vous savez que les hiboux et les chouettes, même s'ils vivent la nuit, ne s'accordent pas nécessairement, car ils n'ont pas les mêmes rythmes, ni les mêmes centres d'intérêt, ni les mêmes goûts ou les mêmes envies.

Il se trouvait aussi que la maman chouette avait deux petites chouettes d'un premier mariage. Il n'est pas certain que ses enfants aient apprécié le hibou, qui avec sa taille imposante, sa barbe, sa voix de hibou un peu forte pouvait apparaître comme quelqu'un d'assez inquiétant, aux yeux d'une petite chouette.

Mais ces deux-là, je veux dire le hibou et la chouette, comme ils s'aimaient, décidèrent de se marier. Ils ne savaient pas que souvent, dans un couple, deux êtres commencent à se séparer… quand ils commencent à vivre sur le même territoire. En effet certains couples resteraient plus longtemps ensemble s'ils acceptaient de vivre sur des territoires séparés.

La réalité les rattrapa vite. Je vous l'ai déjà dit, ils n'avaient pas du tout, mais pas du tout le même rythme de vie, la même façon de voir et de vivre les choses. Le hibou, lui, était passionné de musique, il en avait fait la priorité de sa vie. Savait-il qu'il créait ainsi des frustrations insupportables pour quelqu'un qui n'avait pas fait les mêmes choix prioritaires ?

En quelques années, la vie fut invivable pour la chouette. Elle accumula plein de reproches contre son hibou de mari. Elle engrangea des rancœurs, des colères sourdes et des ressentiments.

Vous ne le savez peut-être pas, mais le ressentiment est un véritable poison. Tel un acide, il détruit, corrode, non seulement les esprits mais aussi les cœurs.

Cela au pays des chouettes et des hiboux, bien sûr.

Je ne sais ce qui se passa exactement, le hibou fut-il maladroit, fut-il trop enthousiaste, fut-il trop proche des deux petites filles chouettes, qui n'étaient pas ses enfants ? La tendresse d'un hibou est certainement très différente de la tendresse d'une chouette.

Un jour, sans un mot d'explication, la chouette quitta le hibou, en emportant tout ce qu'il y avait dans le nid. Et, quelques mois plus tard, le hibou fut arrêté et emprisonné. Il fut accusé par son ex-épouse d'avoir eu des gestes déplacés, troubles, sur les deux petites chouettes, c'est-à-dire sur ses belles-filles !

Une telle accusation est terrible, car elle est à la fois nécessaire et indispensable quand elle est fondée, mais elle devient la plus grande des injustices, la plus terrible des violences quand elle est inventée, dans le but de nuire, de faire du mal ou de se venger.

Même au pays des hiboux et des chouettes, il est très difficile d'apporter une telle preuve quand une mère s'empare de la parole de ses enfants et parle en leur nom pour accuser d'un acte aussi grave. Car pour parler ou se taire, il faut un grand respect de la vie, des êtres, et du mystère de leur intimité.

Le musicien hibou se retrouva seul, abandonné, dans une cellule, sans musique dans un premier temps.

Quelques amis restèrent proches, attentifs et aidants, à soutenir son combat pour lui permettre de retrouver sa liberté, pour porter témoignage de son honnêteté et de son intégrité. Ce qui est la chose la plus essentielle pour un hibou.

La justice est une grande dame prudente, lente, suspicieuse.

Si je sais comment va se terminer l'aventure conjugale du hibou et de la chouette, je ne sais pas, par contre, comment se terminera l'aventure du hibou accusé d'avoir « abusé sans violence » de deux petites chouettes, qui étaient les filles de sa femme.

Pourra-t-il faire la preuve de sa bonne foi ? Pourra-t-il inviter à une confrontation ouverte sa partenaire chouette ? Pourra-t-il en appeler à un témoignage sincère des enfants chouettes ? Peut-être aussi, et ce sera alors une réparation pour les enfants, un soulagement pour la chouette, une cruelle déception pour tous ses amis, peut-être sera-t-il condamné s'il a réellement transgressé un tabou important, celui d'avoir mélangé relations parentales et relations sexuelles.

Ce que je sais aussi, c'est qu'il arrive parfois à la justice… d'être juste, même au pays des hiboux et des chouettes.

Le conte de la petite marmotte qui avait dans sa bouche plein de mots qui se bousculaient

Quand l'impression ne peut s'exprimer, elle s'imprime.

Il était une fois une petite marmotte qui s'appelait Narima et qui vivait dans un pays très froid. Le nid familial se trouvait au bord d'une rivière qui se jetait dans un grand fleuve, lequel se laissait aller doucement jusqu'à la mer.

Il faut que je vous dise tout de suite que Narima vivait chez ses parents, car le temps n'était pas encore venu de quitter le terrier familial. C'était une famille composée des parents et d'un seul enfant, Narima.

Le papa marmotte était fort comme un ours et la maman marmotte avait un sacré caractère, cela veut dire qu'elle ne se laissait pas dicter sa conduite.

Comme cela arrive souvent chez les marmottes, les parents se disputaient souvent. Ils s'aimaient bien sûr, mais ils avaient des points de vue très différents, par exemple sur la façon de s'habiller, de construire leur terrier, de travailler. A propos des repas ou des sorties à faire, ils n'étaient jamais d'accord. Le papa marmotte, fort comme un ours, comme je vous l'ai déjà dit, avait des yeux tout noirs et quand il était en colère, je vous assure, c'était comme si un orage allait éclater. Il criait silencieusement, puis se mettait à bouder. Et quand il boudait, c'est comme s'il allait exploser d'un seul coup et tout casser dans le terrier. Son corps se fermait et il aurait suffi d'un rien pour que tout éclate comme une tempête, pour que tout soit emporté comme dans un cyclone.

Narima, dans son petit lit de marmotte, avait souvent entendu ses parents se disputer et même crier. Et toute petite, elle avait très peur, elle imaginait qu'un jour son papa pourrait faire du mal à sa maman, peut-être même qu'il pourrait la tuer dans un moment de colère. C'est terrible pour une enfant de penser cela et de ne pas pouvoir même oser se le dire, car elle adorait son papa.

Oui, je ne vous l'ai pas encore dit, mais elle avait une grande admiration pour son papa. Elle aurait voulu lui ressembler. Comme ça elle n'aurait eu peur de rien, elle serait devenue forte comme un ours. Mais vous le savez comme moi, c'était une petite fille marmotte, et même si elle aimait son papa, elle ne pouvait être comme lui.

Tout ce que je vous dis là, elle n'en avait jamais parlé, tout cela restait coincé dans sa gorge. Ce qui fait que lorsqu'elle voulait parler, les mots, les mots du langage des marmottes bien sûr, se bousculaient dans sa bouche, se mélangeaient entre eux, et elle bégayait. Tout se passait comme si elle voulait dire plein de choses à la fois et les mots, qui ne pouvaient sortir tous ensemble, se cognaient et même se blessaient à l'intérieur de sa bouche, elle bégayait, quoi. Ah, si elle avait pu dire à sa poupée, à sa maman et surtout à son papa combien elle l'aimait et avait en même temps si peur de lui !

Peut-être qu'un jour elle pourra le faire. Au pays des marmottes, quand les enfants marmottes peuvent dire ce qu'ils ressentent, le plus gros de leurs difficultés dans leur relation au monde disparaît ou s'atténue.

Le conte du petit loup qui avait des boules de froid dans les oreilles et qui n'arrivait pas à dire à son papa qu'il l'aimait

Il y a plusieurs sortes de « je t'aime » : ceux que nous aimerions entendre des autres et ceux qui viendraient de nous, de notre amour. Quels sont les plus rares à votre avis ?

Il était une fois un petit loup qui aimait beaucoup son papa, mais comme beaucoup de petits loups souvent pudiques avec leur père, il n'avait jamais pu le lui dire.

Il faut que je vous précise que le papa loup était un grand voyageur, il allait souvent dans les pays où il fait très froid, et le petit loup, le soir dans son lit, se demandait avec inquiétude si son papa reviendrait de ses longs voyages.

D'ailleurs, un jour, il eut très peur, quand on téléphona à sa maman que son mari s'était cassé la jambe. Vous savez qu'un loup qui a la jambe cassée ne peut plus courir, qu'il devient vulnérable. Le petit loup imagina que son papa ne supporterait pas de rester vivant s'il ne pouvait plus courir.

Mais une jambe cassée ce n'est pas très grave, on soigna le papa qui resta quelque temps à la tanière en se déplaçant sur une chaise roulante. Bientôt on le réclama pour son travail et comme il pouvait travailler même assis, il décida de reprendre son emploi avant la fin de sa guérison.

Quand il vit repartir son papa sur une chaise roulante, le petit loup eut une très grande émotion. Sa gorge se serra, ses yeux s'emplirent de larmes et il eut très mal au ventre.

Et je vais le dire rien qu'à vous, même si cela va vous surprendre, il avait même de la colère contre sa maman.

Dans sa tête, il pensait :

« Et pourquoi ne le retient-elle pas ? Pourquoi le laisse-t-elle partir ? Mais pourquoi ne lui dit-elle pas de rester travailler en France ? Il y a plein d'autres papas loups qui travaillent en France ! »

Ce n'est pas facile pour un petit loup d'être en colère à la fois contre son papa et contre sa maman.

Alors il se bouchait souvent les oreilles pour ne pas entendre sa colère. Et ça fait très mal de se boucher les oreilles, parce que la colère qui est toujours là résonne encore plus à l'intérieur du corps.

Peut-être qu'un jour, ce petit loup osera dire à son papa :

« J'aimerais que tu ne partes pas aussi souvent vers les pays où il fait froid. J'aimerais te voir tous les soirs à la maison ! »

Je ne sais si son papa pourra répondre à cette demande, mais l'important me semble qu'elle soit dite et entendue.

Peut-être que son papa comprendra l'inquiétude de son fils et qu'il décidera, chaque fois qu'il devra partir, de laisser une petite poupée russe, une matriochka – vous savez ces poupées qui s'emboîtent les unes dans les autres. Une poupée dans laquelle il collera sa photo. Et lui-même emmènera dans sa valise une autre petite poupée, dans laquelle il y aura la photo de son petit loup.

Ainsi malgré les distances restera-t-il relié à son fils. Relié et peut-être aussi protégé.

Le conte de l'homme qui se sentait toujours indigné

Ce que nous dénonçons à l'extérieur de nous comme inacceptable se trouve souvent logé depuis longtemps au plus secret de nos pensées ou de nos comportements.

Il était une fois un homme qui vivait en état d'indignation permanente. Trop de sensibilité à la bêtise, une intolérance à la médiocrité, une vulnérabilité trop grande à l'injustice, une fragilité ancienne aux abus de pouvoir, tout cela faisait qu'il réagissait, s'enflammait, s'emportait parfois et même plus souvent que la moyenne des hommes et des femmes de ce monde. Il survivait entre deux états inconfortables, la révolte et la colère.

Il ne se passait pas de jours sans qu'un événement, une parole ou un simple geste ne lui paraisse inapproprié, inadéquat ou inopportun, sans qu'un comportement, une conduite observée ne réveille en lui une poussée d'adrénaline qui le forçait à se manifester, à dire ce qu'il pensait de l'événement, de la parole ou du simple geste qu'il avait vu ou entendu. Que cela d'ailleurs puisse le concerner directement ou plus indirectement, il se sentait obligé d'intervenir.

Vous allez penser, à juste titre, que ce mode de vie devait l'épuiser ou tout au moins investir l'essentiel de ses énergies. Détrompez-vous, il gardait une ardeur juvénile intacte, une foi dans la vie toujours aussi vive, une confiance et une croyance entières dans l'homme. Les années de déception ne semblaient pas avoir de prise sur lui.

Il possédait une curiosité jamais apaisée face aux comportements de ses semblables et un enthousiasme renouvelé pour tout ce qui touchait aux relations humaines.

Il ne pouvait croire en la malignité ou l'intention mauvaise, il pensait chaque fois qu'il s'agissait d'un oubli, d'une erreur, d'une faiblesse passagère, d'un malentendu facilement compréhensible et donc réparable.

Il croyait que la prise de conscience, la bonne volonté, une vigilance plus grande éviteraient à l'avenir la répétition de ce qu'il considérait comme « de la sottise ou de l'inconscience ».

Un jour cependant il dut se rendre à l'évidence : il devait quand même y avoir dans l'homme une part de malignité bien installée, confortablement inscrite dans son histoire et qui ne demandait qu'à s'exprimer.

Il y avait dans tout individu une part d'ombre et de conflit qui le violentait de l'intérieur, qui l'angoissait et le déséquilibrait au point de le transformer parfois en bourreau, en terroriste ou en pervers.

Il fut ainsi poussé à s'interroger sur lui-même :

« Mais qu'est-ce qui est chaque fois touché en moi, au point de me faire tant réagir ? Qu'est-ce qui est réveillé, restimulé tout au fond de ma personne pour me propulser, me pousser à intervenir, pour vouloir réparer ce qui m'apparaît inacceptable, injuste ou trop insupportable ? Qu'est-ce qui alimente en moi la source de cette indignation qui ne tarit jamais ? »

Il fut alors confronté à la part d'ombre et de violence qui l'habitait aussi. A ces zones glauques et incertaines de lui-même qu'il avait repoussées au plus profond de ses oublis.

Il fut étonné et consterné de découvrir en lui des espaces où la haine mijotait, où la rage se terrait, où la violence se crispait, prête à exploser ou à bondir, où le mesquin et le sordide se prélassaient sans retenue.

Il sentit ainsi que dans tout homme, comme en lui-même, cohabitaient non seulement le pire et le meilleur mais surtout l'imprévisible et l'innommable. Que le combat n'était pas tant à mener contre les autres, mais à l'intérieur de soi, tout au fond de soi-même pour rester vigilant, centré, en accord avec ses valeurs de vie.

Il resta longtemps, jusqu'à la fin de sa vie, un être de cœur et de malheur, mais avec une tolérance et une compassion plus grandes pour ce qui surgit parfois d'incompréhensible et d'inacceptable chez l'homme. Car il savait que cette part d'inacceptable, de violent ou de destructeur pouvait aussi surgir de lui.

Histoire d'un petit écureuil très curieux qui posait toujours des questions à sa maman

Derrière toute question, il y a une interrogation, plus ardente, plus centrale, plus essentielle que les réponses recherchées.

Il était une fois un petit écureuil très curieux, mais vraiment très curieux. Il voulait tout savoir. Tout, car tout l'intéressait ou peut-être l'inquiétait. Alors il ne cessait de poser plein de questions, il interrogeait sans cesse tous les écureuils qui l'entouraient.

Pourquoi les enfants écureuils n'ont-ils pas le droit de s'asseoir à l'avant de la voiture, à côté de leur maman ou de leur papa ?

Pourquoi doit-on vider sa bouche quand on veut boire ?

Pourquoi faut-il aller dormir le soir ?

Pourquoi ne peut-on traverser la rue sans regarder ?

Pourquoi il faut pas dire que le voisin il sent mauvais quand il a bu ?

Pourquoi, maman, tu as quitté papa ?

Je ne vous donne là qu'un tout petit échantillonnage des milliers de questions que posait le petit écureuil.

Sa maman écureuil tentait chaque fois courageusement de lui répondre. Elle essayait d'expliquer pourquoi les petits écureuils ne peuvent s'asseoir à l'avant, parce que c'est dangereux, que c'est interdit par la loi.

Que les petits écureuils ont besoin de sommeil pour pouvoir mieux grimper aux arbres le lendemain et surtout être de bonne humeur pour la journée.

Que si un petit écureuil traverse la rue sans regarder il risque d'être renversé par une auto ou une moto ou même un vélo.

En fait la vraie, la seule question qui intéressait réellement le petit écureuil était une question sur lui.

– Est-ce ma faute, est-ce à cause de moi que mon papa et ma maman se sont séparés ?

Sa maman avait tenté de lui expliquer :

– Je vis seule, séparée, parce que ton père et moi on ne s'entendait plus.

Lui, le petit écureuil, croyait que si ses parents ne s'entendaient pas, c'est parce que lui criait trop fort, faisait trop de bruit en jouant. Bien sûr que ce n'était pas pour cela que son papa et sa maman avaient décidé de vivre dans deux villes différentes.

Mais, voyez-vous, le petit écureuil espérait toujours que son papa et sa maman pourraient revenir vivre ensemble. Il aurait aimé faire quelque chose, ne pas crier, ne pas faire trop de bruit, être sage, afin qu'ils se réconcilient et surtout qu'ils puissent « s'entendre ». Alors il faisait le moins de bruit possible !

Car il aimait autant son papa que sa maman.

Un jour il avait demandé à sa mère :

– Pourquoi tu ne me fais pas un petit frère ou une petite sœur écureuil ?

La maman avait dit en soupirant très fort :

– Je n'ai pas encore trouvé un papa avec qui le faire.

Et le petit écureuil avait tout de suite répondu :

– Pas de problème, tu n'as qu'à prendre mon papa, je vais lui demander de t'en faire un !

Il posait plein de questions, ce petit écureuil, mais dans sa tête, dans son cœur, il avait aussi, comme vous le devinez, une foultitude de réponses qui se bousculaient, se contredisaient et le rendaient malheureux.

Ce petit écureuil avait autant d'interrogations que

d'explications bien à lui, qu'il était tout prêt à proposer.

Certains jours ses interrogations débordaient. Ces jours-là, malgré la décision qu'il avait prise à l'intérieur de lui de ne pas faire de bruit, il courait partout, grimpait sur tout, cassait tout plein de branches. Il avait une énergie terrible pour échapper à toutes les questions qui tournaient et s'agitaient dans sa tête.

Je ne sais pas si un jour il trouvera des réponses. Peut-être que plus tard il deviendra un savant ou un grand inventeur, pour apporter des solutions à tous les enfants écureuils qui voudraient que leurs parents continuent de s'aimer, sans se séparer. Car chez les écureuils, contrairement aux humains, les savants et les inventeurs sont ceux qui justement apportent des réponses aux questions et aux problèmes de la vie les plus difficiles.

En attendant, le petit écureuil continue à poser des questions et veut comprendre le monde qui l'entoure. Le soir dans son petit lit, il se demande :

« Pourquoi les petits écureuils ne sont-ils pas tout de suite grands quand ils sortent du ventre de leur maman ? Comme ça ils pourraient empêcher leurs parents de se séparer ! »

Conte pour un petit canari qui avait une grande infirmité

Quand nous sommes devant quelqu'un porteur d'une infirmité, nous ne devons pas le confondre avec son infirmité. En acceptant de reconnaître notre propre handicap, nos manques ou nos insuffisances, ou encore nos difficultés et parfois notre impuissance face à une infirmité majeure, nous lui permettons de mieux exister.

Il était une fois un petit canari tout jaune et aussi tout jeune, ce qui n'est pas pareil. Il était atteint d'une infirmité rare, pas douloureuse mais extrêmement gênante pour lui et pour son entourage.

Au pays des canaris, vous le savez certainement, les enfants canaris comme les parents sont très très mobiles : ils volent, sautent à une vitesse étonnante et sont d'une agilité extraordinaire pour se déplacer d'un point à un autre.

Mais Muelsa, tel était son nom, avait une maladie qui faisait que ses ailes ne fonctionnaient pas en même temps, que son corps était agité de spasmes et de crispations, que sa tête partait dans toutes les directions, qu'il poussait des cris qui ne permettaient pas toujours à son entourage de comprendre ce qu'il voulait dire. C'était là toute l'infirmité de Muelsa. En dehors de cela c'était un petit canari très vivant, très sociable, très fin dans les perceptions qu'il avait du monde.

L'erreur de son entourage, de sa famille, de ceux qui voulaient le soigner avait été double : d'une part de ne pas entendre que son infirmité était réelle et non récupérable, qu'il aurait à vivre toute sa vie avec cette infirmité et que c'était possible, même pour un canari, d'être heureux ainsi, et, d'autre part, de ne pas comprendre que le handicap n'était pas chez Muelsa, mais bien chez ceux qui l'entouraient. Oui, qu'ils étaient eux handicapés chaque fois qu'ils devaient se confronter avec l'infirmité de Muelsa.

Vous semblez étonnés ? Mais pourtant c'est l'évidence. Au pays des canaris, quand un enfant ou un adulte a une infirmité qui limite ses mouvements, ce sont bien ses proches qui sont le plus handicapés.

Prenez par exemple les parents d'un canari aveugle. Lui, c'est clair, il ne voit pas. C'est son entourage, ceux qui le fréquentent qui sont bien en difficulté ! Si son père veut lui montrer la couleur du ciel, le mouvement des nuages, la beauté d'un paysage, c'est bien lui qui sera dans l'embarras pour lui parler de tout cela. Si sa sœur veut se distraire avec lui, construire un petit nid, s'amuser à la dînette, à saute-branches, jeu dont les enfants canaris raffolent souvent, eh bien, pour moi c'est bien la sœur qui est handicapée car elle ne peut partager avec son frère ce qu'elle ferait avec une sœur ou un frère bien voyant.

C'est d'ailleurs la plus belle des preuves d'amour que de reconnaître son propre handicap devant quelqu'un qui se présente à vous avec son infirmité. Si c'est le cas, vous allez sentir que vous avez du mal à vous comporter comme vous le faites habituellement, c'est cela votre handicap.

Mais le savez-vous ? Ce qui se fait en général dans ces familles, chez les canaris bien sûr, pas chez les hommes, c'est de cacher son handicap, de le nier avec une surenchère d'attentions, de soins, de gentillesses à l'égard du petit infirme. On s'abrite derrière l'amour qu'on lui manifeste. Tout se passe comme si on laissait croire à l'enfant canari infirme que c'est lui l'handicapé. Quelquefois même, au pays des canaris, on accepte de placer le petit infirme dans une institution spécialisée remplie d'appareils. Vous savez ces institutions qui renferment des experts, des spécialistes. On appelle spécialiste justement celui qui laisse croire aux autres que lui n'est pas handicapé, qu'il n'a aucune difficulté avec un infirme. Un expert au fond, c'est celui qui confirme officiellement qu'un infirme est, en plus, un handicapé. C'est terrible cette situation et cela donne lieu à beaucoup, beaucoup de souffrances et de malentendus… chez les enfants canaris porteurs d'une infirmité.

Le petit Muelsa fut placé en institution et sa souffrance fut telle qu'il s'enferma dans le silence, il perdit ses rires et sa joie de vivre. Si on a une infirmité sans être joyeux de vivre, tout devient difficile et compliqué.

La suite de l'histoire, vous la connaissez, Muelsa n'a pas vécu très longtemps.

Oh ! vous savez, il ne s'agit pas d'accuser quelqu'un dans cette histoire, il ne s'agit pas de faire des reproches ni aux proches ni à l'institution. Il s'agit peut-être d'en tirer un enseignement, car on peut apprendre beaucoup d'un petit canari infirme.

En reconnaissant par exemple que nous sommes véritablement handicapés, nous les « normosés », quand nous sommes devant la maladie, face aux défaillances du corps, devant l'infirmité d'un enfant ou d'un adulte. Qu'il faut beaucoup d'humilité et d'amour pour reconnaître notre handicap.

Muelsa serait très heureux d'apprendre qu'il a pu faire découvrir au moins cela à ceux qui l'entouraient.

J'ai d'ailleurs fait ce petit conte pour lui, en son souvenir.

Le conte de la petite fille qui avait trouvé un trésor très recherché*

Quand l'amour et la tendresse se partagent dans l'abandon et la confiance, ils peuvent s'agrandir jusqu'aux rires du soleil.

Il était une fois une petite fille qui avait trouvé un trésor. Oh ! pas un trésor ordinaire, comme il y en a beaucoup si on cherche un peu, mais un trésor unique, très recherché et rarement trouvé.

Vous allez me dire que tous les trésors sont recherchés. C'est vrai, mais il est des trésors particulièrement rares. Des trésors que même l'imagination la plus fertile n'a pas osé inventer.

Ainsi par exemple, qui aurait pu imaginer qu'un sac de baisers inépuisables se trouvait là, juste à l'endroit où la petite fille un soir l'avait trouvé ? Dans quel endroit ? Mais dans le cœur, tout près de la tendresse et de la passion d'être d'une petite fille tout étonnée de sentir, un matin, ce trésor en elle.

Le jour où elle fit cette découverte, elle fut transportée par une grande joie, si vivante qu'elle aurait pu se croire immortelle. Elle se sentait généreuse et se voyait immensément donnante.

Pensez donc, un sac de baisers inépuisables !

Des baisers qui peuvent se renouveler sans cesse. L'un appelant l'autre, l'autre donnant le goût du suivant, le suivant se précipitant pour s'offrir et ouvrir ainsi plus d'espace à tous les baisers à naître, lesquels se bousculaient les uns derrière les autres, impatients d'exister.

Je vous vois songeur. Oui, il faudrait que je vous parle quand même un peu de la vie d'un baiser.

Pour cela j'ai besoin de choisir mes mots. Qu'est-ce qu'un baiser ?

Un souffle, une douceur légèrement humide, la palpitation de deux lèvres, un élan de tendresse ou d'amour déposé au coin d'une joue, d'une lèvre ou même sur tout le corps de l'autre.

Un instant arrêté aussi éphémère que la rosée d'une émotion.

Un baiser, c'est comme le clin d'œil d'une étoile dans l'immensité du cosmos. C'est bon comme la mie d'un pain doré par l'amour.

Aussi la vie d'un baiser est-elle très courte, même si chaque baiser paraît contenir chaque fois une part d'éternité. C'est pour cela d'ailleurs qu'une vie entière ne suffirait pas pour décrire l'existence d'un baiser. Entre toutes les ouvertures et les possibles qu'il recèle, un baiser est une tranche d'infini qui va relier deux êtres pour les réconcilier avec le meilleur d'eux-mêmes.

J'ai dit deux êtres ?

Oui, car j'arrive au plus difficile. Un baiser porté, tel un éclat de lumière déposé, doit pour s'accomplir être reçu, amplifié.

Je ne sais si je peux continuer à vous décrire tant de béatitudes, car déjà vous pouvez imaginer tous les drames, toutes les déceptions et les frustrations au-delà des émerveillements possibles, quand vous passez à côté d'un baiser.

La petite fille avait donc trouvé un sac de baisers inépuisables, certes, mais qui peut accueillir l'inépuisable ? Qui peut accueillir, s'ouvrir, s'agrandir pour recevoir l'abondance, la générosité infinie d'un tel trésor ?

Ce que ne savait pas cette petite fille, c'est qu'elle allait passer une partie de sa vie à rechercher quelqu'un qui aurait aussi découvert en lui un trésor semblable.

Si vous connaissez celui ou celle qui pourrait avoir fait cette découverte, n'hésitez pas, avertissez-la d'urgence. Mais peut-être allez-vous garder cette découverte pour vous !

Ainsi va le monde. Beaucoup d'entre nous, plus qu'on ne l'imagine, découvrent des trésors, en oubliant que la qualité première d'un trésor est de pouvoir être partagé. C'est cela le plus difficile. Mais quand on sait qu'un tel trésor s'agrandit en se partageant, peut-être est-ce moins difficile.

Le conte de la petite gazelle qui voulait mourir

Nous venons tous du pays de notre enfance et nous en gardons la nostalgie ou la terreur au plus sensible de nos souvenirs.

Il était une fois une petite gazelle qui était née dans un beau pays d'Afrique.

Un jour ses parents ont décidé de vivre ailleurs. Ils ont pris l'avion et ont emmené avec eux la petite gazelle, qui s'est trouvée, vous le sentez bien, un peu perdue dans le nouveau pays où elle est arrivée. Il faisait froid, les maisons étaient grises, les rues dures et méchantes, à l'école les autres petites filles gazelles n'avaient pas la même couleur de peau, ni les mêmes habitudes de vie qu'elle. Dans son quartier par exemple, tout plein de choses l'effrayaient. Elle n'avait rencontré personne à qui dire tous les rêves qui emplissaient sa tête.

La petite gazelle avait un secret, elle aurait voulu revenir dans son pays, retrouver l'odeur de sa terre, la couleur du soleil levant, les nuits pleines d'étoiles et de bruits doux, la confiance des autres petites gazelles de son enfance. Mais la guerre s'était déclarée dans son pays d'origine et, au fond d'elle-même, elle savait qu'elle ne retrouverait jamais sa patrie comme avant.

Elle était pleine de tristesse et de désespoir, car elle n'avait pas le temps d'apprendre à s'aimer.

Oui, comme la plupart des gazelles, elle avait en elle un fort besoin d'être aimée (c'est-à-dire qu'elle réclamait comme un dû l'amour des autres). Puis elle avait voulu aimer (c'est-à-dire donner à tout prix un amour qu'elle ne possédait pas à quelqu'un qui n'en voulait pas nécessairement). Elle ne savait pas que le plus important dans une vie de gazelle, c'était d'accepter de s'aimer. Mais comment apprend-on à s'aimer, me direz-vous ?

En commençant à se respecter, à regarder avec bienveillance la petite perle de vie qu'elle avait reçue à sa conception, qui s'était développée dans le ventre de sa maman et qui depuis sa naissance avait grandi et ne demandait qu'à s'éveiller.

Comme elle ne s'aimait pas, elle n'avait pas très envie de vivre, elle voulait mourir, cela veut dire qu'elle n'acceptait plus de vivre cette existence-là.

Cette petite gazelle n'avait plus le goût de vivre, elle était sur ses pattes fragiles, tenant à peine debout comme un arbre transplanté qui n'arrivait pas à faire de nouvelles racines. Elle voulait mourir à cette vie qui n'était plus la sienne.

Savez-vous ce que mourir veut dire pour une petite gazelle ? Cela veut dire échouer dans ses études, ne pas avoir envie de réussir dans un métier, c'est se regarder le matin dans la glace et penser qu'on n'a aucune valeur, que sa propre existence n'intéresse personne. Cela veut dire aussi se négliger, manger n'importe quoi, fumer, s'habiller moche, peut-être même laisser consommer son corps dans des rencontres sans lendemain, prendre de la drogue. Cela veut dire se laisser entraîner dans des histoires pas claires, parce qu'il faut payer chaque jour la dose de drogue que l'on consomme.

Bref, cela veut dire : maltraiter sa vie.

Savez-vous aussi que la vie d'une petite gazelle est quelque chose d'important qui participe à l'équilibre du monde ?

Mais savez-vous que l'existence de chaque petite gazelle, à n'importe quel endroit de la planète, est un cadeau offert à l'humanité ?

Peut-être qu'un jour cette petite gazelle deviendra médecin du monde, infirmière au Zaïre ou en Provence, ou encore conductrice d'un bus scolaire qui chaque matin permettra à d'autres petites gazelles d'aller à l'école.

Peut-être qu'un jour elle transmettra à son tour la vie, qu'elle fera cadeau à l'humanité d'un peu plus d'amour.

Peut-être entendra-t-elle qu'il est urgent et vital de protéger aujourd'hui tout autour de nous la vivance de la vie.

Ce que je sais avec certitude, c'est qu'il n'y a rien de plus précieux que la vie et qu'elle vaut la peine d'être vécue, même par une petite gazelle en mal de vivre.

Le conte de la petite ourse qui voulait avoir un petit ourson à elle, rien qu'à elle

Notre corps peut être à l'écoute de nos désirs et ne pas être d'accord pour les réaliser. Il nous appartient alors de le respecter en laissant notre désir à l'état de désir.

Il était une fois une oursonne, qui contrairement aux autres oursonnes de son village qui, elles, jouaient à la dînette, à sauter à la corde ou à chat perché, avait passé une partie de son enfance à garder les enfants ours du voisinage. Vous savez, c'est une habitude chez les ours, chaque fois que des parents ours voulaient sortir, rendre visite à des amis, aller au cinéma ou passer un week-end en amoureux, ils confiaient leurs enfants à cette petite ourse, qui faisait donc la gardienne d'enfants.

C'est ainsi qu'elle passa l'essentiel de sa jeunesse et même de son adolescence à prendre soin d'enfants qui n'étaient pas les siens. Elle s'occupait d'eux avec beaucoup d'amour, de compétence et de gravité. Toute petite, elle avait souvent pensé :

« Quand je serai femme, quand j'aurai des enfants à moi, je ne les confierai à personne d'autre, je m'en occuperai moi-même ! »

Cette petite ourse avait grandi, s'était mariée, et malgré son grand désir, n'avait jamais pu avoir d'enfants avec son mari. En fait c'est son mari qui ne pouvait concevoir. Aussi décidèrent-ils d'adopter et de recueillir dans leur belle maison des oursons abandonnés. Eux qui étaient des ours blancs, vivant près du pôle, ils accueillirent des ours bruns, qu'ils allèrent chercher dans le Sud. Ils adoptèrent ainsi trois oursons superbes à la peau tout ensoleillée, aux grands yeux brillants qui, je dois le dire, s'adaptèrent assez bien au climat plus rigoureux qui régnait près du pôle.

Mais l'ourse tout au fond d'elle n'avait pas renoncé à son rêve, à son désir d'avoir un enfant à elle.

Elle fit beaucoup de démarches, tenta d'expérimenter les nouvelles méthodes de procréation assistée, se débattit entre rêve et désirs, persévéra et échoua.

Elle ne put avoir d'enfant.

Plus les années passèrent et plus son désir devenait vivace et même impérieux. Elle hésita beaucoup, parla avec son mari d'une idée qui eût pu paraître une folie : faire un enfant avec un autre ours. Son mari, par amour, accepta en lui disant :

« Malgré nos trois enfants du Sud, c'est d'un enfant à toi, porté et sorti de ton ventre, que tu as besoin. Je n'ai pas le droit de te priver de cela, va dans ta démarche si c'est bien la tienne, si c'est bien ton désir, si tu n'entres pas dans le désir d'un autre, en faisant cela. Fais-le vraiment, si tu trouves un autre ours qui a suffisamment d'amour pour lui aussi accepter cette situation à venir, de ne pas élever son propre enfant, de te le confier, pour que nous l'élevions toi et moi ensemble… »

Ils se dirent et ne se dirent pas bien d'autres choses encore, car ce projet touchait à des enjeux intimes, sensibles et délicats. Et je ne peux moi-même en dire plus car je ne sais rien des amours chez les ours du pôle, ils sont discrets même si leurs sentiments sont aussi intenses que chez les hommes.

Quelques mois plus tard, l'ourse se trouva, tout étonnée et ravie, un peu inquiète aussi, enceinte.

Pour la première fois de sa vie, elle portait un bébé ours dans son ventre. Mais quelques semaines plus tard, elle fit une première fausse couche. Plus tard une deuxième. Et la succession de tous ces événements l'interrogea beaucoup.

Peut-être est-ce son corps qui lui disait à sa façon : « Malgré ton désir de mettre au monde un enfant qui soit de toi, je ne me sens pas capable de t'accompagner plus loin. »

Peut-être aussi ce bébé ours nouvellement conçu pensait-il, dans le ventre même de sa maman, qu'il allait déchirer un couple ? Ou réveiller chez le géniteur qui avait donné sa semence de vieilles blessures insupportables à la seule idée que son enfant serait élevé par un autre que lui, et cela malgré son accord de départ ?

Peut-être que l'ourse redoutait tout au fond d'elle-même cette naissance, qui allait la confronter à une position nouvelle, celle de maman et de mère d'un enfant à elle !

Peut-être aussi que l'ourse, dont je conte l'histoire, avait surtout besoin de faire la preuve qu'elle était capable de concevoir, seulement concevoir, mais pas d'avoir à nourrir, à élever un petit ours pendant des années ?

Peut-être aussi restait-elle fidèle à sa mission de ne devoir élever et s'occuper que des enfants des autres.

Je ne sais rien de plus. Les ours ont des fidélités qui échappent à la compréhension des humains.

Je pense avec émotion à cette ourse et à son mari, qui tentèrent avec tant d'amour et de persévérance l'impossible. Je pense à elle, loyale à sa propre histoire et en même temps respectueuse de la vie, qui ne pouvait s'incarner directement en elle.

Le conte du petit garçon qui se rebellait contre tout

La recherche de nos origines, l'inscription de nos racines, les fidélités aux messages de notre histoire vont constituer la base des ancrages les plus forts de la construction d'un être.

Il était une fois un petit garçon qui vivait dans une famille normale. Enfin, disons plutôt qu'il vivait au milieu d'une famille qui se présentait comme normale. Une petite tribu constituée d'une mère qui était surtout une maman, d'un papa qui était surtout un père et d'un frère aîné qui ne se faisait remarquer en rien, qui travaillait sans difficulté à l'école, qui se passionnait pour le football et la lecture, bref un garçon un peu anormal dans un monde où tous les enfants ont des problèmes. Mais ce n'est pas de lui que je veux vous parler.

C'est de son frère, le cadet donc. Lui, il était contre tout.

Il n'acceptait aucune remarque, refusait de parler, s'enfermait dans de longues rêveries, inquiétait beaucoup ses parents, irritait ses professeurs et tout dernièrement refusait même d'aller en classe, disant qu'il perdait son temps. Il faisait en quelque sorte la grève de la vie.

Et depuis quelque temps, il fumait du haschisch, ce qui angoissait ses parents et les incitait à demander de l'aide.

Vous l'avez peut-être deviné, il y avait un secret dans cette famille trop normale. Les secrets de famille ont cette caractéristique que plus ils sont cachés, plus ils parlent. Je veux dire par là qu'ils se disent à travers de nombreux signes, des actes manqués, des comportements atypiques.

Le détenteur du secret était le père, et son gardien fidèle la mère. Dans les premières années de son mariage, l'homme découvrit qu'il était stérile. Stérile signifie que cet homme, cela arrive parfois, n'avait pas suffisamment de spermatozoïdes pour pouvoir féconder sa femme et lui permettre d'avoir un bébé.

Lui et sa femme décidèrent d'avoir recours à l'insémination artificielle. C'est une pratique de plus en plus fréquente au pays des humains qui consiste à introduire délicatement le sperme plein de spermatozoïdes très actifs d'un donneur inconnu à l'intérieur du ventre de la femme qui veut devenir mère.

Par deux fois elle fut enceinte par ce procédé et ils eurent chaque fois un garçon, le premier tout tranquille dont j'ai parlé au début, et le second, le rebelle.

L'homme qui n'avait pu être géniteur mais qui se considérait comme père demanda que cette conception artificielle fût cachée aux deux enfants. Il ne voulait pas que son manque soit connu, apparaisse aux yeux de l'entourage.

Vous avez peut-être remarqué que son deuxième fils – je dis son fils car il le considérait vraiment comme son fils, même si un premier enfant lui aurait suffi –, son fils donc s'arrangeait, à seize ans, pour montrer ce manque, en s'opposant et en sabotant ses études, en refusant le savoir.

Le savoir, allez-vous me dire, mais bien sûr, cela voudrait-il dire qu'il sait et qu'il ne veut pas savoir ? Ou encore qu'il ne veut plus savoir sans savoir ? Ou bien qu'il refuse des pseudo-savoirs tant qu'on ne lui aura pas révélé le savoir le plus important : celui de ses origines ?

La mère, aussi, avait des interrogations dont elle ne

parlait jamais. Quelquefois, rêveuse, elle tentait d'imaginer à quel homme ressemblait l'inconnu anonyme qui avait donné son sperme. Elle regardait attentivement ses enfants, surtout le cadet auquel elle trouvait un air un peu étranger, un air un peu trop, pas assez, un air de pays lointain.

Je ne sais ce qui va se passer. Peut-être le père osera-t-il parler à son fils de lui-même. Dire comment justement il a découvert qu'il ne pouvait féconder, donner directement la vie. Comment il a pris la décision de faire appel au germe de vie d'un inconnu, pour, à défaut d'être géniteur, pouvoir être un père.

J'ai quelques espoirs cependant, car il arrive souvent aux humains de prendre le risque de se parler, de se dire, de rompre le silence, pour sortir d'une crise. Surtout quand un petit garçon courageux prend le risque de compromettre son avenir, qu'il a la volonté farouche de saboter sa vie, pour tenter de débusquer le silence de ses parents.

Peut-être est-ce le sens profond de toute existence d'accéder à la vérité de ses origines.

Le conte de la petite fille qui avait une immense fatigue en elle

Un comportement peut en cacher un autre. Ainsi de dévoilement en dévoilement, nous clarifions les zones d'ombre de notre existence et élaguons notre arbre de vie.

Il était une fois une petite fille très fatiguée. Très fatiguée, parce que je ne sais pas si vous le savez, mais se trouver toujours coincée entre deux tristesses est épuisant. Vous allez me demander : « Mais comment est-ce possible ? »

Je vais tenter non pas de vous le dire, mais de vous le faire entendre. Aussi peut-être faudra-t-il me lire deux fois… pour justement entendre.

D'un côté, il y avait un père. Un père un peu particulier dans le sens où il éprouvait le besoin de mentir, c'est-à-dire de cacher la réalité. Une réalité qu'il montrait, à sa fille, en lui révélant qu'il avait un enfant ailleurs, avec une autre femme, tout en lui demandant de surtout, surtout, ne pas en parler à sa mère, qui était son épouse. En lui imposant de garder le silence, il faisait une violence très grande à sa fille, qui avait ainsi l'impression de collaborer à la trahison de sa mère. En même temps, elle avait le sentiment qu'elle devait aider son père, d'une certaine façon le prendre en charge, prendre soin de lui.

Il arrive à certains enfants de se parentifier, de passer à côté de leur propre enfance, de traverser leur adolescence et même leur vie d'adulte en se consacrant avec dévouement à l'un ou l'autre de leurs parents.

De l'autre côté, il y avait une mère. Une mère qui s'interdisait beaucoup de choses, qui restait prise dans la dépendance à sa propre famille, en s'obligeant à veiller sur celle-ci, une mère qui comprenait tout le monde, son mari, ses enfants et qui en oubliait de vivre sa propre existence. On voyait sur son visage une tristesse très ancienne. Comme elle ne s'en occupait pas, elle la transportait avec elle et même l'imposait à tout son entourage. Comment voulez-vous que sa fille puisse prendre le risque d'être heureuse, en ayant ce tableau de tristesse sous les yeux ?

Je ne sais comment cette jeune fille dépassera cette situation, si elle osera remettre, à chacun de ses parents, la responsabilité de leur propre vie. Si elle trouvera, par exemple, deux perles de couleur, l'une représentant la vie de son père, l'autre, d'une couleur différente, symbolisant la vie de sa mère, et de joindre au paquet de chacun les petits mots d'accompagnement suivants :

« Maman, par mon geste je te restitue, avec cet objet, la responsabilité de ta propre vie, je ne veux plus continuer à la porter en moi, c'est trop lourd, trop chargé d'angoisses. »

« Papa, je te redonne, par cet objet, la responsabilité de ta propre vie, je ne peux continuer à la porter pour toi… »

Car peut-être, vous qui me lisez, ne savez-vous pas qu'il existe un âge où les enfants doivent accepter de laisser grandir leurs parents.

Mais comme vous ne vous en laissez pas conter, que vous ne perdez pas le nord, vous allez quand même me demander : « Mais quel est le rapport de tout ça avec la tristesse ? » C'est très simple : quand on reçoit de la violence, qu'elle soit verbale, physique ou morale comme c'est le cas ici, on engrange beaucoup de colère. Comme celle-ci est dirigée vers des personnes aimées, tels papa ou maman, elle est alors refoulée. Elle est souvent retournée contre soi et se transforme en tristesse. Quand la tristesse est épaisse, grise, collante à la peau, c'est le plus souvent de la colère transformée, parce que impossible à exprimer. Cette tristesse qui n'a jamais pu se dire occupe ainsi parfois tout l'espace intérieur d'un enfant ou d'un ex-enfant.

Le conte du petit garçon qui se sentait paralysé et impuissant

Quand des maux tenaces tentent de dire et de cacher l'indicible, en harcelant ainsi le silence des mots pour le déloger… de son mutisme.

Il était une fois un petit garçon qui avait vécu des choses terribles durant son enfance. Lesquelles ? allez-vous me demander. Parce que je vois dans votre tête la question qui arrive tout de suite.

Ne soyez pas pressés, car il y a ce qui se passe à l'extérieur de nous et ce qui se passe à l'intérieur de nous. Ce n'est pas la même chose, vous en conviendrez.

Ce qui se passait à l'extérieur, c'était le père qui rentrait ivre, qui cassait la vaisselle, qui menaçait de se suicider, qui criait contre sa femme, ses enfants. Ceux-ci devaient, avec l'aide de la mère, le maintenir au sol, lui jeter de l'eau sur la figure, le mettre dans un lit. Mais parfois, quelques instants après, il se relevait et la femme et les enfants devaient recommencer.

Lui, le petit garçon, était tétanisé, terrorisé par la peur, par la honte, par le chagrin. Vu du dehors il paraissait impassible, sans cri ni pleur, mais le soir dans son lit, en silence il tremblait de tout son corps.

Aujourd'hui, ce petit garçon, devenu un homme, revit ces moments de malaise, la même sensation de paralysie, de peur, d'impuissance. Il se sent souvent, comme quand il était petit, désarmé, incapable de faire quoi que ce soit. Comme s'il attendait qu'un grand, un adulte intervienne, lui apporte son aide, pour le soulager d'un danger qu'il ne connaît même pas. Tout petit, il se croyait assez fort pour aider sa mère et trop faible pour empêcher son père de boire ou de crier. Trop démuni pour s'enfuir, il se sentait surtout très honteux de sa propre faiblesse.

Mais que se passait-il à l'intérieur de ce petit garçon, quand il voyait son père rentrer ivre ? Des ressentis complexes qu'il ne pouvait s'avouer ou simplement reconnaître en lui. Tout d'abord, une énorme violence, non contre son père comme vous pourriez l'imaginer, mais contre sa mère.

Oui, il en voulait surtout à sa mère. Il lui reprochait de rester avec un homme aussi insécurisant, de ne pas prendre la décision de partir, de se révolter. Il la méprisait de ne pas se comporter en adulte courageuse face à un adulte, aussi faible, aussi minable que son père.

Vous imaginez son conflit ! Comment pouvait-il en vouloir à sa mère alors que c'était elle qui était battue et terrorisée par cet homme si souvent ivre, son père ?

Il en faut de l'énergie pour refouler tout cela, pour nier qu'il détestait cette femme, qu'il adorait par ailleurs.

Aujourd'hui encore, il peut s'interroger.

A qui en veut-il sans oser le dire ? Vers qui éprouve-t-il des sentiments négatifs sans pouvoir seulement les reconnaître en lui ?

Je ne le sais pas, mais ce que je sais, par contre, c'est que des crises de spasmophilie, de tétanie, de contractures sont des langages pour tenter de dire l'indicible, l'inreconnaissable d'une situation trop conflictuelle, à l'intérieur d'un enfant ou d'un ex-enfant déchiré entre deux fidélités. Deux fidélités qui voudraient bien s'accorder et cohabiter ensemble, mais qui se font une guerre sourde, sans merci !

Le conte du petit poisson qui ne pouvait pas s'endormir

Tout se passe comme si chaque génération léguait une mission, à poursuivre ou à transgresser, à la génération suivante. Et certains s'y emploient à temps plein en amont comme en aval.

Il était une fois un petit poisson, je devrais dire une petite poissonne qui n'arrivait pas à s'endormir. Elle souffrait comme on dit chez les poissons d'« insomnie ». Cela veut dire que dans son lit elle restait éveillée tard dans la nuit sans pouvoir s'endormir. Cela veut dire surtout qu'il y avait plein de pensées dans sa tête de poissonne. Plein de pensées indicibles. Indicibles signifie qu'on ne peut pas dire, même à ses parents ou à ses amis, tellement ces pensées semblent folles, anormales ou indécentes.

Alors elle restait en équilibre dans son lit, je veux dire entre deux courants d'eau, captant tous les bruits autour d'elle. Elle était tiraillée, car elle aurait bien aimé dormir et en même temps elle ne voulait pas. Elle devait rester attentive à ce qui pourrait arriver, à ce qui pourrait surgir dans sa vie.

Je dois vous dire que le plus souvent quand un enfant poisson ne peut pas s'endormir, c'est que quelque part il garde le sentiment d'être passé à côté de sa journée, de ne pas avoir vécu tout ce qu'il aurait aimé vivre, qu'il a le sentiment douloureux d'avoir manqué quelque chose d'essentiel. Vous savez comme moi que, dans le monde des poissons, une journée perdue ne se retrouve plus, qu'elle est perdue à jamais. D'autres fois, certains petits poissons craignent ce qui pourrait leur arriver s'ils s'endormaient, alors ils tentent de tout contrôler en restant éveillés.

Mais pour cette petite poissonne, je crois que cela est plus complexe. Tout se passait comme s'il y avait en elle une immense colère, une rage très grande et surtout très ancienne.

Plus ancienne que sa naissance.

Quelque chose qui se passait quand elle était encore dans le ventre de sa maman.

Est-ce parce qu'elle avait été attendue comme poisson, alors qu'elle était née poissonne ?

Est-ce parce qu'elle n'était pas seule dans le ventre de sa maman, qu'il y avait quelqu'un d'autre ?

Est-ce parce qu'elle était une enfant-ciment, destinée à réparer le couple défaillant de ses parents ?

Vous savez, ces enfants poissons qui sont conçus juste au moment où un couple a tendance à se séparer, à se quitter quand leurs sentiments ne s'accordent plus. Et la mission de ces enfants semble être alors de maintenir ensemble papa et maman, même s'ils ne s'aiment plus.

De même que nous ne pouvons respirer ou vivre pour quelqu'un d'autre que nous-mêmes, il n'est pas possible de deviner ce qui se passe dans la tête d'une petite poissonne qui ne peut ou ne veut pas dormir.

Par contre, il est possible de l'inciter à faire des dessins et à commenter elle-même l'histoire qu'elle raconte avec son dessin. Mais tout cela suppose une grande confiance en elle. Pour l'instant nous pouvons laisser encore cette petite poissonne flotter, éveillée, attentive, interrogative entre ses deux parents.

Le conte du petit dauphin en colère

Il y a aussi l'habileté incroyable de celui qui veut apparaître comme démuni pour mettre en dépendance les personnes les plus significatives de son entourage.

Il était une fois un petit dauphin en colère. Il avait vraiment beaucoup de colère en lui, ayant vécu une grande injustice tout au début de sa vie.

Ce petit dauphin bougeait beaucoup, criait, mordait, ne voulait pas être apprivoisé par les autres dauphins. Il restait dans ses pensées et surtout, surtout il refusait de parler autrement que par des mouvements. Il comprenait beaucoup de choses mais ne voulait pas faire comme les autres.

Il faut d'abord vous dire qu'au début de sa vie, dans le ventre de sa maman dauphin, il n'était pas seul. Il y avait un autre dauphin avec lui, son frère jumeau. Et vous comprendrez qu'il n'avait pas eu toute la place qu'il aurait souhaitée.

Au moment de la naissance, tout se présentait bien. C'était son frère qui était sorti le premier, mais lui, il s'était retourné, allongé aussitôt pour s'installer confortablement. Ah ! enfin le ventre de sa maman pour lui tout seul. Il aurait bien aimé rester là, au chaud, avec toute la place, tout le bon, tout le doux pour lui. Mais voilà, les docteurs dauphins qui étaient à l'extérieur, autour du ventre de la maman dauphin, furent très inquiets. Eux, ils pensaient que le temps était venu pour le deuxième dauphin de naître, de sortir à son tour.

Alors ils décidèrent d'ouvrir le ventre de la maman pour aller chercher le petit dauphin qui s'était endormi et tardait à venir au monde. Je vous le répète, lui il aurait aimé rester encore un peu, pas longtemps, quelques minutes, une heure peut-être, mais il aurait tellement aimé avoir « un temps de ventre, rien qu'à lui » !

Ce jour-là, il n'avait pas été entendu.

Après bien sûr, on avait dit qu'il était un jumeau, ou qu'il avait un frère jumeau, mais ce n'était pas cela qui l'intéressait. Alors vous ne savez pas ce qu'il a fait ? Eh bien, il s'est désintéressé du monde, il s'est fermé. Il s'est coupé de tout. Il en faut du courage pour faire cela. Car en se fermant, en ne parlant pas, en ne s'intéressant pas aux autres, en ne jouant pas comme eux, il vivait une sorte de vie à part.

Tout le monde croyait qu'il était infirme, anormal. Anormal, chez les dauphins, veut dire « pas comme les autres ».

On fit venir une fois de plus des médecins. Un jour, comme il était tombé au fond de la mer, telle une pierre, et que sa tête avait tapé fort contre un rocher, on avait cru que c'était la raison de son infirmité.

Et puis certains pensèrent qu'il était différent à cause de la naissance forcée.

Et savez-vous ce qui se passa ? Eh bien, ce petit bébé dauphin qui n'avait pu avoir le ventre de sa maman pour lui tout seul tenta à sa façon d'avoir sa mère rien que pour lui pendant près de huit ans de sa vie. On l'étiqueta comme handicapé, inadapté à la vie sociale.

Moi je pense que ce petit dauphin est différent, je dirais que c'est un dauphin exceptionnel dans le sens où il est unique.

Sa maman arrêta de travailler, de s'occuper d'elle, de son mari et de son autre enfant pour ne prendre soin que de lui. Elle l'accompagna presque partout, le prit contre elle. Ce petit dauphin en colère avait réussi à capter non seulement l'attention et les soins de sa maman, mais aussi l'attention de son papa, de son frère, bref de beaucoup de monde. Il était comme une sorte de petit roi qui maltraitait un peu la réalité qui l'entourait en imposant un rythme de vie et une façon d'être à tout son entourage.

Vous allez me dire que j'exagère. Peut-être un peu, juste pour mettre en évidence la part aveugle d'une relation ! Je ne dis pas que la vie était facile pour lui, je dis qu'il était arrivé à mettre beaucoup, beaucoup de monde à son service. Il faisait en quelque sorte tourner le monde autour de son nombril de dauphin.

Ne croyez pas que je pense qu'il soit heureux de cette situation. Oh non, pas du tout ! Il y a beaucoup d'angoisse et d'inquiétude en lui.

Peut-être qu'en le différenciant de son infirmité, les dauphins qui l'entourent pourraient lui montrer leur propre handicap. Peut-être qu'un jour sa maman lui présentera un objet qu'elle pourrait porter toujours sur elle, en lui disant : « Je suis très handicapée par ton infirmité, je suis démunie. Il faut que j'arrête de te laisser croire que je peux tout pour toi. Je peux beaucoup mais pas tout ! »

Ce petit conte ne propose pas de solution, il tente simplement de dire ce que j'ai entendu de l'infirmité du petit dauphin et du handicap de sa maman et de son entourage.

Le conte de la jumelle antilope qui souffrait de migraine

La vie ne se partage pas. Elle s'offre en entier à chacun. Et si nous acceptons de l'accueillir ainsi au plein de nous, elle se répand et se multiplie pour nous agrandir.

Il était une fois deux petites antilopes qui avaient vécu ensemble quelques mois dans le ventre de leur mère. Quand elles étaient sorties, on avait découvert qu'elles se ressemblaient beaucoup, comme si l'une était le double de l'autre et vice versa. Elles étaient, vous l'avez deviné, ce qu'on appelle au pays des antilopes des jumelles.

Il est difficile parfois quand on est jumelle d'exister à part entière. Chacune a le sentiment de vivre en fonction de l'autre, d'être dépendante de ce que fait ou ne fait pas sa sœur. Elles avancent dans la vie dans une sorte de béquillage mutuel, qui donne lieu à des rivalités, à des aigreurs, à des ressentiments cachés le plus souvent, même quand il y a beaucoup d'amour entre elles.

Ainsi nos deux jumelles, Kolomba et Balonko, grandirent-elles ensemble, allèrent à l'école des antilopes ensemble et apprirent l'essentiel de la vie (des antilopes) ensemble.

Mais il y avait en chacune d'elles une sorte de souffrance, comme si elles avaient dû se partager à deux la graine de vie déposée à leur conception par leurs géniteurs, leur père et leur mère antilopes. Une graine de vie partagée en deux, si vous savez compter, cela donne une demi-graine.

Est-ce que je vous étonnerais si je vous disais que justement l'une d'entre elles souffrait de migraines ? Oui, de mi-graine !

Des maux de tête effroyables qui étreignaient ses tempes, oppressaient son esprit durant des heures. Le médecin des antilopes avait bien tenté différents remèdes, des potions comme on en fait au pays des antilopes. Mais Kolomba avait toujours des migraines terribles qui ravageaient sa vie, polluaient toutes ses activités et handicapaient sa vie affective.

Un jour un vieux sage antilope conseilla à la mère antilope de choisir deux graines de figuier et d'offrir une graine à Kolomba et l'autre à Balonko en leur disant :

« C'est bien une graine de vie entière que votre père et moi avons déposée en chacune. Votre propre vie ne dépend pas de la vie de l'autre. Même si vous avez passé neuf mois ensemble dans mon ventre, j'ai le sentiment d'avoir pu donner à chacune des choses différentes, personnelles et uniques. Votre vie vous appartient, vous êtes responsables chacune de sa qualité, de sa joyeuseté et de sa vivance. »

C'est ce que fit la mère, sans trop y croire. Car au pays des antilopes, on veut bien en dernier recours tenter de faire appel à ceux qui savent entendre les cris du silence dans la violence des maux, mais pas trop quand même, prudemment, à dose homéopathique !

Vous le savez certainement, les antilopes sont très rationnelles, elles ont une médecine technique très développée ; avec des scanners, des radios, des appareils complexes, qui permettent de rechercher les causes d'une somatisation, en oubliant peut-être d'en rechercher le sens ou d'établir des reliances dans l'histoire d'une personne. Les médecins antilopes ont des traitements d'une efficacité redoutable qui permettent de supprimer les symptômes en un temps record. D'autant plus terrible cette efficacité, si l'on accepte d'entendre que les symptômes sont des langages qui permettent de crier l'indicible, que les supprimer trop vite, trop radicalement, revient à bâillonner, à faire taire l'antilope qui les porte et les montre. Ainsi se sont durablement installés dans la médecine moderne des antilopes de multiples malentendus et d'innombrables répétitions. Au pays des antilopes, les hôpitaux sont pleins de malades dont on n'a pas entendu les blessures anciennes, les conflits de base ou plus simplement les fidélités qui produisent régulièrement somatisations sur somatisations.

Enfin je ne veux pas vous parler de cela trop longtemps, car je ne veux pas vous déprimer et surtout vous laisser penser que j'ai des reproches à adresser aux médecins antilopes. Pas du tout. J'essaie pour ma part, moi qui ne suis pas une antilope, de les sensibiliser, de les alerter, de les inviter à écouter, à entendre et à relier entre eux des événements, des situations de l'histoire de leurs malades.

Ce que je sais aujourd'hui, c'est que Kolomba n'a plus de migraines, depuis que sa mère a remis à chacune de ses jumelles une graine de figuier représentant symboliquement la graine de vie pleine et entière qu'elle avait donnée à chacune au moment de leur conception. Et c'est une bonne chose.

A un détail, quand même... Kolomba s'est tellement attachée au médecin qui ne la soigne plus qu'elle ne jure plus que par lui. Cela constitue quand même une difficulté, car à quoi bon lâcher une dépendance si c'est pour retomber dans une autre ?

Ah, que les antilopes sont des êtres complexes, qui ont tellement de mal à accepter le plaisir d'exister, le bien-être de vivre en s'appuyant sur leur propre liberté !

Petit conte où la réalité ne dépasse pas la fiction

Parfois nul n'est plus sourd que celui qui entend. Surtout quand il s'agit d'écouter l'essentiel.

– Docteur, vous savez, j'en ai vu beaucoup avant vous, mais ils sont tous pareils, ils veulent me soigner. Vous, j'ai entendu que vous saviez aussi écouter ! Docteur, j'ai mal ici (elle montre le bas de son dos). Oh ! si vous saviez comme j'ai mal !

– Bien, je vais vous examiner. Je peux vous proposer des soins et vous inviter en même temps à une démarche qui va vous permettre d'accompagner votre douleur, et donc de libérer de l'énergie… Ensuite, vous pourriez vous interroger sur le sens de votre mal-être et entendre en quoi vous ne vous respectez pas, en prenant peut-être sur vous un problème qui n'est pas le vôtre !

– Oui, mais je voudrais d'abord m'accepter comme fille…

– Peut-être que pour pouvoir vous accepter comme fille vous faut-il avoir la confirmation que vous en êtes une, je veux dire reconnue comme telle par vos parents… ou par des personnes significatives de votre entourage…

– Oui, mais… si vous les connaissiez, vous sauriez qu'il n'y a rien à faire avec eux.

– Je ne vous parle pas d'eux, mais de vous, d'une démarche de vous vers eux !

– Vous n'y pensez pas, si vous saviez de quoi mon père est capable…

– Ce n'est pas votre père qui est venu consulter, c'est bien vous et vous ne souhaitez pas être seulement soignée, mais peut-être aussi guérir.

– De toute façon ils ne m'ont jamais reconnue comme fille…

– Pour être reconnue par ses parents, peut-être faut-il déjà les reconnaître. Ce n'est pas simple, mais c'est possible de dire : « Papa, je te reconnais comme mon père, maman, je te reconnais comme ma mère et je me vois bien comme votre fille, même si au départ ce n'était pas votre désir. D'ailleurs ce désir que vous aviez d'avoir un garçon, je vous le rends. » Vous pouvez mettre dans un paquet un poupon que vous aurez trouvé chez un marchand de jouets, poupon avec un sexe de garçon, et un petit mot d'accompagnement : « Je vous rends votre désir d'avoir un garçon… »

– Oui, mais ils vont penser que je suis folle, ils ne vont pas comprendre, j'entends déjà : « Mais ma pauvre fille, qui t'a encore mis de telles idées dans la tête ? Décidément tu gobes tout. Tu es sûre que tu n'es pas dans une secte ? » Ça je suis sûre, ils vont penser que vous êtes une secte. Comme le truc du Temple solaire, il paraît qu'il y avait plein de médecins là-dedans…

– Le oui mais est le signe de l'ambivalence. Vous voulez et ne voulez pas… Vous souhaitez, vous attendez que les autres comprennent, changent pour faire l'économie de votre propre changement, et en même temps vous semblez les disqualifier dans leur capacité à entendre, à évoluer.

– Oui mais, vous savez, je souffre aussi du fait que mes collègues de travail ont de meilleures appréciations que moi en bâclant leur travail, et je suis jalouse quand elles ont des compliments. Je me sens en échec, je veux leur montrer que je peux avoir de meilleurs résultats qu'elles sans bâcler mon travail. Je suis venue vous voir pour que vous me donniez le moyen d'avoir plus de confiance en moi.

– Que souhaitez-vous réellement ? Avoir de bons résultats par vous-même, avec vos propres ressources, ou vous voulez avoir des résultats pour mettre en échec vos collègues ?

– Oui mais... moi je suis la seule qui apprécie mon chef de service, les autres font plein de critiques sur lui. Suis-je idiote d'avoir confiance en lui ? Suis-je aveugle de ne pas voir ce que mes collègues voient ?

(Dernière tentative du malheureux médecin qui entend bien qu'on ne l'entend pas et qui, même s'il désespère, ne se décourage jamais...)

– Accepteriez-vous de me dire quelque chose que vous n'avez jamais dit à personne ?

– Quelque chose que je n'ai confié à personne... (grand silence). Eh bien c'est difficile à dire, vous savez, on peut pas dire des choses comme ça sinon on est mal vu, déjà que moi on me critique souvent !

– Oui, vous pensez que c'est mal vu ?

– Non, je ne peux pas vous le dire, c'est trop gros...

– Et si vous en parliez, vous diriez quoi ?

– J'ai plein de désirs, je pense trop à ça...

– A ça...

– Oui, vous savez bien, on croit toujours que c'est les hommes qui ne pensent qu'à ça, mais moi aussi... Enfin moi j'y pense souvent. D'ailleurs rien que d'en parler ça me donne des envies, alors je bloque tout, il ne faut pas que ça se voie. Oh là, là, j'ai mal au dos maintenant. Vous voyez, rien que d'en parler...

– Pas d'en parler, de bloquer tout !

– Vous croyez que c'est ça ?

– Etre autonome, c'est avoir la capacité d'avoir un

point de vue personnel, sans nécessairement l'ajuster sur celui de ses parents, de ses collègues, de ses pairs. Sinon, après avoir été durant des années dans la dépendance implicite au père, on s'enferme dans la dépendance des pairs.

– Ah, je n'aime pas du tout vos jeux de mots ! Il faut être sérieux, il s'agit de choses graves qui me prennent la tête… et maintenant ce dos qui se bloque…

– Dire à quelqu'un qu'il a le droit d'avoir un point de vue, un ressenti, des désirs, une perception différente de celle de ses semblables, ce n'est pas se moquer de lui, c'est lui faire un cadeau… Encore faut-il savoir accepter les cadeaux !

Fin de l'épisode.

Conte pour une petite merlette qui avait besoin de se faire souffrir

Se transformer en victime est pour certains une activité à temps plein, qui ne laisse aucune place au respect de soi.

Il était une fois une petite fille merle, une merlette donc, qui, devenue plus grande, se faisait souffrir avec beaucoup d'acharnement et d'habileté. Quand je dis souffrir, je trouve le mot un peu faible !

Sa vie était faite d'un reproche impitoyable et permanent à l'égard de sa propre mère. Oh ! ne croyez pas qu'elle ne l'aimait pas. Son amour pour elle était profond, important, vital même. Mais tout se passait comme s'il était encore plus important pour elle de critiquer, d'agresser, de disqualifier le comportement de sa mère.

Il ne se passait pas de jour, d'heure, de moment où elle ne se sentait pas obligée de faire une remarque, une réflexion, une accusation sur cette dernière.

La mère, pour sa part, avait le sentiment qu'elle ne faisait jamais ce qu'il fallait, qu'elle ne disait jamais ce que sa fille attendait. Elle se sentait toujours coupable. À l'intérieur d'elle-même, elle s'était donné le nom de Culpabiliza.

Culpabiliza, c'est le nom d'un virus très connu chez les passériformes, qui fait des dégâts énormes dans l'affectivité des merles.

Cela durait depuis des années. En fait, tout avait commencé quand la mère de la petite merlette avait décidé de quitter son mari, de demander le divorce pour pouvoir se respecter enfin dans sa vie de femme. Il y avait eu à ce moment-là, dans son couple et dans sa famille, une grande crise qui avait créé beaucoup de malaises, beaucoup de tensions et bien sûr beaucoup de souffrances. Son mari, son ex-mari, devrais-je dire aujourd'hui, avait mal supporté que sa femme prenne la décision qu'il n'avait jamais pu prendre lui-même. Qu'elle ose le quitter lui avait paru la pire des injustices, d'une violence insupportable.

Comme c'était souvent le cas dans les familles de merles, il avait transformé sa propre impuissance en accusation. Il s'était construit un beau masque de victime, d'incompris, de mal-aimé, et, depuis la séparation, il portait un habit de souffretant. Souffretant est une spécialité typique chez les merles, plus particulièrement chez les turdidés de la classe des ornuthuriens.

Vous savez peut-être comme moi qu'un rôle de victime s'entretient à partir de plusieurs ingrédients :

1. Tout d'abord se donner le beau rôle : « Après tout ce que j'ai fait pour toi... »

2. Accuser l'autre d'être le mauvais et surtout le méchant : « De toute façon tu ne m'as jamais aimé, réellement » (appuyer fort sur réellement !).

3. Faire vibrer la corde de l'injustice, avec un vibrato léger style : « Personne ne peut me comprendre », « Votre mère m'a abandonné, elle qui avait tout pour être heureuse, elle me rejette comme si j'étais un passereau » (insulte redoutable chez les merles).

4. S'arranger pour paraître très malheureux devant ses enfants et mettre sa fille avec lui contre la mère, en laissant croire à la petite merlette qu'« elle seule a assez de sensibilité pour le comprendre ».

5. Diffuser largement l'information dans toute la famille et la belle-famille que « c'est l'autre vraiment qui... » avec plusieurs variables :

a) aurait pu faire
b) n'a pas fait
c) aurait pu dire
d) n'a pas dit.

6. Ajouter un zeste de mauvaise foi sincère, preuve de bonne volonté : « Si encore elle m'avait dit ce qui n'allait pas, j'aurais pu… ».

7. Compléter avec un soupçon de cri de cœur blessé : « Je l'aime, moi, même si elle ne m'aime pas, je peux l'aimer pour deux. »

Vous aurez ainsi toute la panoplie d'un merle soucieux d'être vu comme une victime et heureux de le rester, quoi qu'il en dise.

Vous avez tout de suite compris, dans cette description, que la mère était vue, décrite, cataloguée comme une égoïste, une irresponsable, une inconsciente, bref comme une « merlope » (variation de salope), qui faisait souffrir volontairement un brave merle de père.

Dans le jeu de la victime, il faut des alliés. Au pays des merles, les enfants servent à cela.

La petite merlette, prise dans le discours de son père, ne pouvait le voir que comme un malheureux et ressentir sa mère comme une mégère sans cœur.

C'est difficile pour une merlette d'oser dire à sa mère : « Je t'aime », si elle sent que ce « je t'aime » s'adresse à quelqu'un qu'elle aurait dû haïr ou rejeter, pour faire plaisir au père !

C'est terrible pour une merlette de se trouver prise entre deux positions contradictoires. Chaque fois qu'elle éprouvait un sentiment positif pour sa mère, elle ne pouvait s'empêcher de produire aussitôt un ressenti négatif pour contrebalancer le premier mouvement. Cela coûte beaucoup d'énergie. Cette petite merlette était souvent malade : toux, bronchites, spasmes. Toutes ces maladies, ces mal-à-dire qui se répétaient, étaient sa façon de dire : « Je suis déchirée, j'aime deux personnes qui ne s'aiment plus, que dois-je faire ? »

Je ne sais comment cette histoire finira.

La plupart des enfants, et en particulier les enfants de merles, imaginent qu'ils pourront remettre leurs parents ensemble. Certains vont même jusqu'à prendre des risques importants, comme celui de s'accidenter, de tomber malade, d'échouer à l'école. Certaines merlettes inscrivent dans leur corps des mises en maux violents, durables, répétitifs avec lesquels elles empoisonnent leur existence. D'autres, au contraire, sont capables d'abîmer, de gâcher les relations auxquelles elles tiennent le plus.

La merlette de notre histoire devra apprendre à se respecter, à s'écouter, à se positionner plus clairement dans sa relation face à son père, dans celle face à sa mère. Elle aura à reconnaître qu'il est possible d'aimer ses deux parents avec des amours différents.

Non, je ne sais pas comment finira cette histoire !

La petite merlette pour laquelle j'ai fait ce conte aura à découvrir :

♥ Qu'il est possible d'aimer son père comme père et de pouvoir manifester de l'amour à sa mère sans se sentir obligée de la critiquer, de la rejeter.

♥ Ou encore, qu'il n'est pas souhaitable de continuer à protéger son père, de tenter d'être une « bonne mère » de remplacement avec lui, en l'entretenant dans sa plainte d'incompris et de malheureux.

♥ Qu'il est inutile de se priver de son enfance et de sa jeunesse en se « parentifiant » pour un de ses parents.

♥ Qu'il est difficile pour une petite merlette de renoncer à ne plus s'occuper de la relation de ses parents.

♥ Qu'elle peut accepter d'entendre que cette relation ne la concerne pas.

Quand un merle et une merlette se séparent, c'est pour des enjeux d'adultes qui relèvent de leur dynamique de couple.

Il y a un âge qui n'est jamais décrit dans les manuels de psychologie des merles, c'est celui où les enfants merles acceptent de laisser grandir leurs parents tout seuls !

Le conte de la petite fauvette qui avait un œdème sur les cordes vocales

La difficulté à dire « je t'aime » n'a d'égale que celle à oser reconnaître et accepter le besoin d'être aimé.

Il était une fois une petite fauvette très gentille dont la voix dérapait souvent. Quelque chose se coinçait dans sa gorge, et le son qui sortait de son bec était discordant, si éraillé qu'on aurait dit une vieille poulie rouillée qui grinçait.

Une année, au printemps, sa voix devint si désagréable, si épouvantable, qu'elle ne pouvait répondre aux chants des fauvettes mâles, qui, comme vous le savez, envoient des signaux d'amour toute la journée en espérant une réponse.

Elle décida donc de faire quelque chose pour sa voix cassée, de consulter un spécialiste. Celui-ci lui révéla qu'elle avait un œdème sur les cordes vocales, gros comme une petite bille et que c'était ça qui détraquait sa voix.

Comme tous les spécialistes il proposa une intervention simple, presque sans douleur. La petite fauvette dit qu'elle allait réfléchir et rentra chez elle. Elle vivait seule et appela au téléphone une amie proche pour lui parler du diagnostic du médecin, pour lui dire ce qui lui était arrivé.

Mais là, au téléphone, impossible de se rappeler le mot utilisé par le docteur.

– Oui, il m'a dit que j'avais un… un…

Impossible de se souvenir, le mot ne sortait pas de sa bouche, de son bec veux-je dire !

Elle raccrocha en disant :

– Ça va me revenir, je te rappelle…

Le lendemain, au travail, elle tenta d'en parler à sa collègue, mais là aussi impossible de se rappeler le mot, impossible de retrouver ce que le médecin avait dit.

– C'est pas un kyste, c'est un truc qui empêche les cordes vocales de vibrer.

Le temps passa, la fin du printemps arriva. Un soir qu'elle écoutait une chorale qui chantait les airs d'un opéra à succès, *Notre-Dame de Paris*, certains l'émurent très fort, surtout la chanson qui parlait des demandeurs d'asile. Le mot asile lui donna envie de pleurer. Elle repensa à son propre désir de chanter un jour dans une chorale, au plaisir d'offrir sa voix et soudain dans sa tête résonnèrent les mots suivants :

« J'ai un nœud-d'aime, un nœud-d'aime, un nœud-d'amour ! » Mais bien sûr, c'est l'évidence même !

« Tous les "je t'aime" qui sont restés coincés dans ma gorge, tous les "je t'aime" de mon enfance, à tous ceux, papa, maman, grand-père, qui n'ont pu les recevoir ! »

Elle pensa : « C'est extraordinaire, moi qui voulais chanter, trouver un son juste à ma voix, ni trop haut ni trop bas, moi qui souhaitais entendre une voix vraie, ma voix, et surtout suivre ma voie à moi. Le jour où je pourrai dire tous les "je t'aime" qui m'habitent, je crois que mon nœud-d'aime se résorbera, que j'arriverai à chanter à gorge déployée ! »

Elle écrivit au médecin pour lui confirmer qu'elle n'envisageait pas d'intervention de son œdème, mais qu'elle allait tenter de dénouer tous les nœuds-d'aime qu'elle avait consciencieusement noués dans sa vie d'enfant et d'adulte fauvette. Celui-ci fut très étonné d'entendre cette association de mots et cela le fit beaucoup réfléchir.

Car, vous me l'accorderez, c'est un comble pour une fauvette de faire un œdème sur ses cordes vocales, de ne plus pouvoir envoyer des signaux d'amour, elle qui avait tant besoin au contraire d'en témoigner.

Le conte du petit lézard qui accrochait tous les mots ensemble

Chaque symptôme est un morceau de l'immense puzzle de nos souffrances cachées.

Il était une fois un petit lézard qui avait, comme on dit au pays des lézards, des difficultés scolaires. En fait on le voyait comme dyslexique. C'est un terme qui veut dire qu'il mélangeait un peu les mots entre eux, il les accrochait ensemble, refusant de les séparer, et ses dictées comme ses devoirs étaient bourrés de fautes, enfin c'est ce que disaient ses professeurs et ses parents.

Il faut que je vous dise quand même qu'il vivait dans une famille qu'on appelait dans le quartier où ils habitaient la famille Kritréfaur. Une famille où personne ne se sentait entendu, car tout le monde criait, le père et la mère l'un contre l'autre, le père et la mère sur les enfants, les enfants entre eux.

Le petit lézard était souvent terrorisé par tous ces cris, il ne demandait qu'une chose, lui : c'était d'être auprès de sa maman, de se coller contre elle. D'ailleurs quand il était plus petit, c'est ce qu'il faisait, mais cela n'avait pas l'air de plaire ni à son père ni à sa sœur. Aussi sa mère s'était-elle un peu séparée de lui. Un psychologue lézard aurait pensé qu'en attachant tous les mots ensemble, c'était en fait cela qu'il reproduisait, qu'il refusait la séparation, qu'il voulait la symbiose, enfin tous ces mots qu'utilisent les psychologues pour expliquer des choses évidentes pour les enfants.

Les parents étaient prêts à l'emmener en consultation auprès d'un grand spécialiste des troubles de l'écriture chez les lézards, sans penser qu'il était important de parler avec lui, pour lui demander ce qu'il en pensait lui-même.

La mère surtout, pour qu'elle puisse entendre plusieurs choses. Entendre ce que tentait de dire son fils par ce comportement si irritant pour l'entourage. Entendre le sens de la fixation qu'elle faisait sur les difficultés d'écriture de son petit garçon. Fixation, c'est encore un mot important chez les lézards, cela veut dire que la mère ne pensait qu'à ça, que la dyslexie de son enfant prenait pour elle des proportions terribles.

Quand je dis qu'elle ne pensait qu'à ça, c'est vrai, cela l'obsédait tellement que, sitôt son petit arrivé de l'école, elle consultait les cahiers, les devoirs pour avoir la confirmation de toutes les fautes qu'il faisait dans une seule journée.

Vous l'avez certainement compris avant elle, ce n'était pas des fautes que produisait son fils, mais un appel. Un appel au secours d'un enfant dans plusieurs directions. Appel pour dire peut-être à sa mère, par exemple :

« Je sais, maman, que tu avais des difficultés à l'école quand tu étais petite fille, et les miennes sont là pour te rappeler que tu n'as jamais dit l'essentiel de ce qui s'est passé pour toi, quand tu étais enfant, toute cette souffrance qui était en toi ! »

Car c'était un petit lézard très fidèle, qui aurait voulu protéger sa mère. Quand il se mettait toujours près d'elle, ce n'était pas, comme on aurait pu le croire trop facilement, parce qu'il avait peur de grandir, pour rester petit, mais tout à fait l'inverse, être près d'elle pour la protéger.

Cela pouvait être aussi un appel en direction de son père, trop menaçant avec ses cris, pour dire que la maison dans laquelle ils vivaient tous ensemble était trop petite, qu'il n'y avait pas un territoire suffisant pour chacun, qu'il était temps de trouver la bonne distance dans cette famille où l'on vivait trop les uns sur les autres, où il n'y avait pas de place pour une intimité suffisante. Très important l'intimité chez les lézards. Avez-vous remarqué d'ailleurs qu'ils sont souvent seuls ? On en trouve rarement deux ensemble, ils recherchent la solitude pour mieux se rencontrer avec eux-mêmes.

En refusant de séparer les mots entre eux, ce petit lézard tentait de montrer à sa façon ce qui se passait dans cette famille. Ce qui n'est pas facile à faire évoluer, dans cette situation, c'est que chacun des membres de cette famille avait une explication à lui pour comprendre le problème, du moins ce qu'il croyait être le problème. Chacun cherchait une solution en fonction de lui-même, sans entendre que les uns et les autres ne faisaient que se renvoyer en miroir leur propre souffrance.

Il arrive parfois, chez les lézards, que certains contes donnent un petit coup de pouce à un changement.

Le conte du petit kangourou qui avait perdu sa mère

Quand nous sommes confrontés à l'inacceptable évidence de la mort, nous cherchons souvent désespérément à la nier ou à vouloir combler à tout prix tous les manques révélés de notre vie.

Il était une fois un petit kangourou qui vivait tranquillement avec sa maman et son papa. Oh ! bien sûr, comme tous les enfants kangourous, il faisait parfois des bêtises, ou encore il se disputait ou n'obéissait pas toujours, mais c'était quand même un bon petit kangourou, bien accepté dans une famille heureuse.

Un jour, un accident épouvantable, injuste, imprévisible, lui enleva sa maman. Je veux dire par là que sa maman fut tuée dans un accident de voiture. Oui, cela arrive aussi au pays des kangourous !

Je ne sais si vous savez comment cela se passe chez les kangourous, mais la mort d'une maman est une des pires choses qui puisse arriver à un petit kangourou. Je ne parle pas du papa kangourou qui vivait, lui, sa propre souffrance d'avoir perdu sa femme et de se retrouver seul pour élever son enfant.

Mais dans la tête du petit kangourou, plein, tout plein de pensées se bousculaient, se disputaient entre elles pour avoir la première place.

Comment est-ce possible, me direz-vous ?

Eh bien, une pensée qui revenait sans cesse dans la tête du petit kangourou était que, s'il avait été plus sage, s'il avait mieux aimé sa maman, s'il avait mieux travaillé à l'école, elle ne serait pas morte. Oui, les petits kangourous très courageux veulent souvent prendre sur eux la responsabilité de ce qui arrive à leurs parents. Bien sûr, vous l'avez deviné avant lui, l'accident que sa mère avait eu ne dépendait ni de sa sagesse ni de son amour, ni du fait qu'il faisait parfois des bêtises. Cet accident avait mis fin au cycle de vie de sa maman. Car nul ne sait à l'avance quand viendra notre mort, quand s'achèvera notre existence terrestre.

Une autre pensée qui revenait aussi était : « Peut-être que ma maman va revenir, qu'elle est morte juste un peu, juste pour me faire peur, pour me mettre à l'épreuve. Peut-être que demain matin, quand je vais me réveiller, elle sera là et qu'elle me préparera le petit déjeuner comme avant, qu'elle me dira de me peigner, de me laver les dents… de ne pas oublier mon cache-nez ! »

Vous imaginez tout ce que ce petit kangourou pouvait espérer, rêver, attendre. Il n'arrivait pas à croire que c'était arrivé « pour de vrai ».

Il y avait une autre pensée qui trottait dans sa tête. Une pensée un peu plus difficile, plus complexe. Il avait entendu dire, plutôt chuchoter autour de lui :

« Oui, c'est le petit kangourou qui a perdu sa mère, le pauvre, il doit être bien malheureux de ne plus voir sa maman ! »

Et ce mot de perdu l'avait fait beaucoup réfléchir : « Alors comme ça on peut perdre un parent ? »

Il se souvenait du Petit Poucet perdu dans la forêt. Il commença à regarder d'un drôle d'œil son papa, se demandant si c'était lui qui avait perdu sa maman sur la route.

Comme vous le voyez, ce n'était pas facile pour le petit kangourou d'affronter toutes ces interrogations qui tournaient, tournaient dans sa tête. Il se demandait parfois aussi si on lui avait vraiment tout dit, si on ne lui cachait pas quelque chose d'important, d'essentiel. Si sa maman n'était pas partie sans rien dire. Il avait entendu une fois ses parents se disputer et ce jour-là, il avait eu peur que sa maman parte pour toujours !

Ce petit kangourou, malgré son jeune âge, préférait la vérité. Oui, une vérité qui dise qu'une maman morte, cela voulait dire que sa vie l'avait quittée et, comme on a besoin de la vie pour vivre, qu'il ne la reverrait jamais. Qu'il ne pourrait plus toucher sa maman ou l'embrasser. Qu'il pourrait penser à elle, garder en lui tout le bon qu'il avait reçu d'elle, les câlins, les sourires, les soins, les bons desserts, les bains... Enfin tout le bon qu'un enfant kangourou peut recevoir de sa mère. Oui, il pourrait en garder le souvenir dans les trésors de sa mémoire.

Que les adultes lui disent aussi que la mort, ils ne savent pas très bien ce que c'est. Que personne ne sait où l'on va quand on meurt. Certains pensent qu'il y a un ciel pour les kangourous, d'autres non, d'autres encore pensent que l'âme et l'amour qui habitaient les kangourous voyagent et vont se déposer chez un kangourou qui naîtra ensuite. Personne ne sait exactement. La seule certitude, c'est qu'un kangourou qui est mort ne revient plus, qu'on ne peut plus le voir. C'est pour cela d'ailleurs qu'on fait une tombe, pour lui donner une place, une place sur laquelle on peut lui dire adieu et où ceux qui restent peuvent déposer tout l'amour qu'ils lui auraient offert s'il avait vécu encore beaucoup d'années.

Une chose aussi que pourra faire le petit kangourou, plus tard, quand son chagrin aura un peu diminué, si son papa veut bien l'accompagner au cimetière, c'est de déposer un objet, un caillou par exemple, qui représentera toute la violence que la mort de sa maman lui a faite.

Quel que soit le pays où l'on vit, quand quelqu'un nous quitte brutalement, se sépare de nous ou meurt, cette séparation fait violence, elle blesse celui qui reste.

Mais, au pays des kangourous, il existe une démarche symbolique qui consiste à choisir un objet, à le déposer sur la tombe, ce qui est une façon de restituer, de rendre, de remettre la violence que la mort d'un être cher nous a faite au profond de nous.

Tous les enfants kangourous apprennent cela à l'école, mais je ne sais pas si les petits d'hommes et de femmes savent qu'il est possible de faire cette démarche, quand ils souffrent de la perte d'un de leurs parents.

Pour ma part, moi qui ai vécu au pays des kangourous, je leur conseille d'oser introduire un peu de symbolisation dans leur vie !

Le conte de l'homme très, très sérieux

La sériosité, nom commun donné à une affection, heureusement non transmissible par contact direct.

Il était une fois un homme très sérieux. Si sérieux que, de mémoire de ses enfants, aucun ne l'avait vu sourire. Sa femme se rappelait vaguement qu'elle l'avait vu sourire une fois, une seule fois, il y avait longtemps, mais elle n'en était pas sûre. « J'ai dû me tromper, pensait-elle, et prendre mon désir pour la réalité. »

Je crois pour ma part cela possible, que cet homme ait pu sourire au moins une fois dans sa vie. Par exemple, un jour par distraction, dans un moment d'oubli ou d'égarement, il aurait pu laisser apparaître sur son visage un sourire émerveillé d'enfant. Même si personne, jamais personne ne saura la cause de son émerveillement, il avait au moins souri une fois dans sa vie. Car il y a toujours un sourire d'espoir qui navigue en chacun dans les tempêtes du quotidien.

Cet homme était si sérieux qu'il prenait tout au sérieux. Aussi était-il en état d'indignation permanente. On aurait pu dire qu'il se levait chaque matin sur le pied de guerre, prêt à s'enflammer pour telle ou telle cause. Cela commençait au petit déjeuner, en écoutant les nouvelles à la radio révélant tel ou tel scandale ou tel abus, sur le chemin du travail en découvrant tel ou tel chantier et en constatant que sa ville était massacrée, dans le bus en remarquant que les jeunes ne se levaient plus pour laisser leur place aux dames âgées. A la maison en consultant la note de gaz, d'électricité, le carnet scolaire de ses enfants, ou en voyant la façon dont sa femme préparait les pâtes ou la salade, jamais comme il aurait fait, lui !

Son visage était tout creusé de rides, son corps tendu, amaigri d'incertitudes, implosé d'espérances toujours déçues. Ses yeux semblaient voir toujours au-delà de l'instant, ses gestes se bousculaient sans arrêt, tellement il voulait faire plusieurs choses en même temps. Et son cœur, son cœur battait toujours à un rythme qui n'était pas le sien.

Vous l'avez deviné, cet homme avait une grande difficulté cachée.

Il savait se dire pour les autres, mais jamais pour lui-même ! Quand il s'indignait, prenait parti contre l'injustice, l'humiliation, l'impuissance, la violence, c'était toujours pour les autres, pas pour lui. Il ne savait pas parler de ses sentiments, de ses émotions, de ses vulnérabilités ou de ses rêves secrets. Tout au fond de lui, cet homme si sérieux était un grand silencieux. Un jour une de ses filles entendit que derrière tout ce sérieux, à côté du combat sans fin mené par son père, il y avait un ex-petit enfant blessé, mortifié, qui n'avait pu dire son désarroi et surtout son grand espoir : enfant, il aurait tellement aimé que son père lui parle de lui ! Il aurait été tellement apaisé d'entendre son propre père se définir, s'affirmer, se positionner devant sa femme au lieu de s'étouffer, de tout retenir au-dedans, de s'incliner pour tout, de toujours paraître d'accord avec elle.

Vous allez certainement penser que cette histoire est sans fin, qu'elle va se répéter, chez ses enfants, ses petits-enfants, sur plusieurs générations.

C'est possible, cela arrive parfois. Mais je crois que ce

petit conte peut permettre à l'un ou à l'autre des membres de cette famille d'entendre qu'il est possible de se dire et surtout d'être entendu. Qu'il est possible d'arrêter d'étouffer en prenant le risque d'exprimer ses sentiments réels, ses émotions, ses rêves et même ses conflits internes. Par exemple pour un petit enfant d'oser dire : « Je vous aime, papa et maman, mais pas de la même façon », ou encore : « J'ai suffisamment de vie en moi, vous n'avez pas besoin de garder en vous la peur de me perdre ou de vous perdre l'un à l'autre ! »

Enfin tant de choses qu'un enfant, même tout petit bébé, peut vouloir dire, même s'il n'a pas encore les mots pour le dire. La vie est pleine de surprises et de répétitions. Osons les surprises pour éviter les répétitions.

Le conte du petit castor qui n'avait pas été entendu par ses parents

Le silence est aussi un langage important.

Savez-vous que les parents castors sont terribles ? Ils veulent sans arrêt comprendre, expliquer, rassurer et surprotéger leurs enfants. Si l'un d'eux a une difficulté ou présente un comportement qui les inquiète, aussitôt ils se précipitent sur lui.

Si par exemple l'enfant devient muet ou colérique, s'il se met à faire des cauchemars ou encore à faire pipi au lit, alors ils décident immédiatement que tout cela doit s'arrêter, doit être supprimé, que « l'enfant doit aller mieux », comme ils disent.

Ils ne peuvent pas s'empêcher d'intervenir, les parents castors.

Ils ne savent pas la différence entre écouter, accueillir, entendre et agir. Ils se sentent obligés de comprendre et surtout ils veulent faire. Faire pour leur enfant, tenter de supprimer tout de suite la difficulté, le problème, la douleur.

Ils croient, les parents castors, qu'être parents, c'est dérouler tout de suite le tapis rouge pour éviter à leurs chers petits les violences de la vie.

Ils croient aussi, à partir de ce qu'ils pensent avoir compris, qu'il faut supprimer ce qu'ils vivent eux-mêmes comme « pas bon », « mauvais » ou « insupportable » pour leurs enfants. Ils sont terribles, les parents castors, je vous l'ai déjà dit.

Mais, depuis plus d'un siècle, la grande spécialité des parents castors, c'est d'éviter à tout prix que leurs enfants échouent à l'école des castors.

Ils veulent absolument qu'ils travaillent bien, qu'ils aient la meilleure note, qu'ils réussissent les concours les plus difficiles. Oui, oui, tous les enfants castors d'une même tribu se doivent d'avoir la meilleure note, les meilleurs résultats, la plus belle des réussites, « enfin surtout mes enfants... », pense chaque parent.

Le petit castor dont je veux vous parler avait des parents aimants, gentils, tendres, prévenants, un peu trop surprotecteurs, peut-être. Surprotecteur, ça veut dire qu'ils pensaient sans arrêt à sa place, ce qui était bon ou pas bon pour lui.

Donc Michaël, c'était le nom de ce petit castor, avait été très protégé. Ses parents lui avaient offert un tach. Un tach, chez les castors, c'est un petit animal avec une fourrure douce, avec quatre pattes griffues, quelquefois des moustaches et toujours deux grands yeux câlins, et qui ronronnait quand Michaël le prenait contre lui. Un jour, au retour de l'école, Michaël découvrit que le petit tach était mort.

A partir de ce jour-là, Michaël avait refusé de parler. Il ne voulait plus parler à personne.

Il était devenu muet. C'est dur pour un petit castor d'être muet, car avant il aimait parler, bavarder, raconter plein de choses passionnantes sur l'école, sur ses jeux, sur ses copains.

Mais, depuis la mort de son ami tach, il ne parlait plus. Vous allez penser peut-être qu'il était triste, qu'il était en colère contre la vie, qu'il en voulait à ses parents de ne pas avoir su éviter la mort de son meilleur ami. Non, il ne parlait plus parce qu'il s'en voulait à lui-même d'avoir perdu son meilleur ami. Il disait tout au tach, il se confiait à lui le soir avant de s'endormir, il lui racontait ses rêves, ses projets :

« Un jour je descendrai la rivière et j'irai jusqu'à la mer… »

« Moi quand je serai grand, je deviendrai… »

« Quand j'aurai appris à bâtir des barrages, je ferai le plus grand barrage, sur la plus grande rivière, dans la plus grande forêt, etc. »

Michaël était donc devenu muet parce qu'il se détestait. Il ne voulait plus parler à quelqu'un qu'il détestait autant. Evidemment ses parents l'emmenèrent chez le psycho-castor, puis chez le pédo-castor, puis chez l'oto-rhino-castor, puis chez l'homéo-castor puis chez un astrolo-castor. Ils voulaient que leur enfant se remette à parler, le plus vite possible.

Ah ! oui, j'ai oublié de vous dire que souvent les parents castors sont pressés.

Ce que son papa et sa maman n'avaient pas entendu non plus, c'est que le petit Michaël avait eu très peur que son papa meure aussi. En effet il avait pensé que si le petit tach était mort, c'était à cause de lui, parce qu'il l'aimait trop fort. Comme il aimait son papa, il avait craint que celui-ci ne meure aussi, se fasse écraser par un camion ou ait une crise cardiaque. Il avait un copain à l'école qui lui avait dit que son oncle « était-mort-d'une-crise-cardiaque, mort-d'un-seul-coup ». Debout sur ses deux pattes et puis couché sur le dos, le ventre en l'air !

Michaël avait même imaginé – mais cette pensée-là, à qui voulez-vous qu'il puisse la dire – que s'il n'aimait plus son papa et même sa maman, peut-être que ceux-ci ne mourraient jamais. Alors, avec son silence, il se forçait à ne plus aimer, à refouler tout au fond de lui le moindre sentiment d'amour.

Les enfants castors ont de drôles d'idées dans la tête, vous savez ! Ces idées tournent entre leurs deux oreilles et elles déclenchent des comportements que les parents ont du mal à entendre.

Un jour, peut-être les parents castors arriveront-ils à entendre. Ils apprendront à ne pas chercher à comprendre, mais seulement à entendre que si un enfant castor devient muet, c'est qu'il a beaucoup, beaucoup de choses à dire. Tellement de choses… qu'il ne peut en exprimer aucune. Comment confier en effet à ses parents : « Je ne vous parle plus, parce que je ne veux plus aimer, comme ça au moins, vous ne mourrez pas ! »
Comment leur dire cela ?

Le conte de la petite fille qui ne croyait plus aux mots

Apprivoiser les mots pour mieux s'entendre. Car si les mots aident à se dire, ils permettent aussi de rencontrer le meilleur de soi.

Il était une fois une petite fille qui vivait dans une famille où l'on ne croyait pas à la nécessité d'échanger, de partager.

Elle entendait autour d'elle : « Moins on en dit, mieux c'est ! » ou encore : « Ça ne sert à rien de dire, de toute façon ça se retourne contre toi, les mots c'est fait pour mentir. »

Il arriva à cette petite fille une chose étonnante : chaque fois qu'elle vivait des choses importantes, elle les gardait tout à l'intérieur d'elle. Ainsi tout plein de mots s'accumulaient au-dedans sans qu'elle puisse les exprimer.

Plus elle grandissait, plus elle découvrait qu'on ne pouvait pas tout garder à l'intérieur de soi. Elle entendit un poète qui disait :

« En chacun de nous, il y a un chemin de mots, oui, à l'intérieur de chacun de nous. »

Alors, cette femme, cette ex-petite fille plongea en elle, elle s'enfonça doucement dans cette mer, cet océan de mots qui emplissait tout son corps. Au début elle ne put rien distinguer, les mots ressemblaient à une purée, tous mélangés, entortillés les uns dans les autres depuis tant d'années.

Petit à petit elle reconnut un mot ou deux, tenta de l'approcher, de le saisir, mais il disparaissait dans la masse. Un soir elle ferma les yeux, se concentra à l'intérieur d'elle, tendit la main, toucha un mot, le serra. Quand elle ouvrit les yeux, elle l'approcha de son oreille pour mieux écouter, elle entendit alors le mot « papa ». Elle l'attira près de son cœur pour écouter plus profond ce que disait ce mot. Elle vit que c'était un mot très très important, qu'il prenait beaucoup, beaucoup de place dans sa main, qu'il palpitait d'émotion d'avoir été reconnu et détaché du magma des mots dans lequel il baignait.

Elle vit un petit mot tout coincé, écrasé entre deux montagnes de mots informes, c'était le mot « je ».

Elle le ramassa. C'était un mot un peu étroit, tout rétréci, recroquevillé sur lui-même, qui semblait avoir reçu beaucoup de violence. Elle le cueillit doucement et le garda.

Plus loin, elle vit un mot d'une seule lettre, avec un petit clin d'œil à côté, un mot complètement égaré, si seul qu'il en paraissait encore plus malingre, c'était la lettre « t ».

Elle plongea encore une fois dans la masse silencieuse des mots, toucha un mot plus doux que les autres, le ramena contre elle, c'était le mot « aime ». Un mot très rare qu'il faut chercher parfois durant des années.

Elle remonta avec précaution tout son butin à la surface de la mer des mots. Elle étendit chaque mot sur une belle plage de sable de son imaginaire et elle lut cette phrase :

« Papa, je t'aime ! »

Depuis cette petite fille plongea souvent dans la mer des mots qui était tout à l'intérieur d'elle.

Elle en ramenait chaque fois des trésors, qu'elle prononçait avec un plaisir infini.

Elle avait ainsi découvert que les sentiments les plus profonds ont besoin de mots pour s'épanouir, non seulement à l'intérieur de soi, mais pour s'amplifier vers l'autre.

Petit conte
autour de demoiselle croissance
et dame croyance

A celui qui disait : « Je ne crois pas en Dieu, mais je sais qu'il croit en moi… »

Un jour d'école buissonnière, juste à l'heure du cours de conjugaison française, je folâtrais au bord d'un chemin forestier, quand j'ai vu s'avancer deux verbes dans ma direction : l'un s'appelait croître et l'autre, son compère, croire.

D'habitude quand je les voyais écrits sur un cahier ou sur un livre, je trouvais qu'ils se ressemblaient. Mais, quand je les ai rencontrés, ils me sont apparus bien distincts et tout à fait reconnaissables dans leur différence.

Le verbe croître était plutôt robuste, un grand gaillard coiffé de son chapeau, affublé de sa canne qu'il tenait à l'envers, comme un t sur lequel il s'est appuyé quand il s'est arrêté à ma hauteur.

Le verbe croire, lui, était plus petit, mais il rayonnait et ses yeux pétillaient de malice. Il avait l'air assez sûr de son coup :

« Plus facile à croire que de croître ! » pensait-il *in petto*.

C'est le plus grand des deux qui prit la parole le premier :

– Nous sommes des envoyés spéciaux du ministère du Beau. Nous sommes chargés d'une mission fort agréable à remplir auprès de vous. En haut lieu, des experts en communication ont remarqué que certains élèves ou exélèves distraits avaient parfois tendance à nous confondre tous les deux… L'erreur n'est pas grave en soi, mais peut porter à conséquence et provoquer des contresens dans la transmission d'informations, dont vous savez à quel point cette activité est devenue prioritaire de nos jours…

– Moi, dit le verbe croire, je tiens à mon rang, je n'ai pas envie d'être remplacé. Je n'aime pas qu'on me pique ma place.

– C'est tout à fait légitime en effet, poursuivit son comparse, tout comme il est salutaire d'être mû par le désir de grandir et de croître, il est nécessaire d'être attentif à développer le meilleur de soi en soi. Quelle belle perspective ! Quel projet de vie formidable !

– Mais attention, ne nous confondez plus ! Rappelez-vous : il y a j'ai crû et j'ai cru.

– Moi, dit le verbe croître, j'ai le i avec l'accent, pas celui qu'on entend et qui chante parfois, mais celui qu'on voit et que les grammairiens appellent circonflexe, autrement dit, celui qui est couvert d'un chapeau pointu turlututu !

– Et moi je n'en porte jamais, répliqua le verbe croire. Comme par exemple dans cette phrase : « Tiens c'est une girafe et j'ai cru longtemps que c'était un pommier. »

– Certes, « on peut se tromper, le principal c'est d'aimer », me répondrez-vous et je suis bien d'accord. Mais moi, quand je suis écrit juste, sachez que je suis très content, que cela me procure beaucoup de plaisir. Je vous serais infiniment reconnaissant si vous pouviez vous en souvenir. J'ai un grand besoin d'être aimé et de me sentir respecté. Que voulez-vous, l'orthographe j'y tiens ! Et ce n'est pas tellement pour imposer le respect des règles, mais plutôt par souci de la justesse des choses dans le monde.

– Alors, veuillez noter que je me conjugue ainsi, dit le verbe croire :

j'ai cru, tu as cru, il a cru…

Pour vous aider, pensez à ce truc simple : chaque fois que vous écrivez « j'ai cru », essayez de mettre la phrase à l'imparfait et demandez-vous si vous pouvez ou non me remplacer par « je croyais ». Si c'est le cas, pas besoin de chapeau sur le u.

– Mais retenez surtout ceci : la croissance est un mouvement, un long processus, jamais achevé, qui prend son temps. Il est rare qu'un homme ou une femme de cette terre puisse se définir comme un être accompli. Je dirais même qu'il est exceptionnel de pouvoir dire ou écrire « j'ai crû». Par contre, vous les humains, vous êtes tellement portés à croire ce qu'on vous dit ou ce qu'on vous raconte, tellement prompts surtout à vous créer des illusions sur vous-mêmes, que la plupart du temps, quand vous prononcez ou quand vous écrivez « j'ai cru », c'est à peu près sûr que vous parlez de croyance !

– Moi, le verbe croire, je peux sortir découvert. Je ne crains rien, j'ai encore de belles années devant moi. Je vous invite à laisser mon chapeau au vestiaire. Et croyez-en mon expérience de vieux verbe sage : vous gagnerez, lorsque vous m'écrirez, un peu de ce temps qui vous est si précieux.

– Il vous sera utile, si vous le réservez pour toutes les vigilances, les attentions, les exigences et les énergies nécessaires à votre croissance et à votre développement personnel, conclut le verbe croître. Grandir dans ce sens-là, c'est pouvoir lâcher, perdre, renoncer, se priver. Il n'y a pas de paix de l'âme possible sur des illusions. Par contre, au fur et à mesure que vous renoncerez à vos croyances obsolètes, et que vous les remplacerez par des repères aidants, vous renforcerez vos assises et les bases de votre liberté intérieure. C'est simplement pour cette raison que j'ai une lettre de plus que mon voisin de page du dictionnaire, et un chapeau sur la tête qui me protège des insolations que provoque parfois le rayonnement trop ardent de certaines illusions !

Le conte du petit raton laveur qui avait la haine au ventre

La haine n'est le plus souvent que de l'amour blessé, que nous maltraitons encore plus avec l'accumulation de tous nos ressentiments.

Il était une fois un petit raton laveur qui avait été humilié, bafoué, réduit à l'impuissance durant toute son enfance. Dans le quartier où il vivait, il avait vu se déverser sur lui toutes les violences de la vie. Les coups, les injures, les moqueries, les grossièretés, les disqualifications, les privations avaient été sa nourriture quotidienne, l'air qu'il respirait avait le goût de « tout-le-pas-bon-de-la-vie ».

Bien sûr il s'était endurci, renfermé, avec pour seul secours, du moins le croyait-il, une haine, une rage, une violence à l'intérieur de lui qu'il résumait en une seule phrase : « Plus tard quand je serai grand, je leur ferai payer, je me vengerai, ils souffriront à leur tour… ils verront de quoi je suis capable… »

Il ne savait pas très bien qui pouvaient être ces « ils », mais il sentait qu'il en voulait à la terre entière, aux adultes surtout, à ses parents. A sa mère qui laissait faire en se plaignant toujours de ne pas être aimée, à son père qui criait, tapait, buvait, saccageait tout autour de lui.

Il en voulait à l'instituteur qui ne voyait rien et qui l'accusait de ne faire aucun effort, qui voulait lui apprendre à parler français, comme s'il ne savait pas que dans son quartier on parlait toutes les langues. Il en voulait à ses copains, à tous les garçons du quartier qui ne pensaient qu'à jouer ou à se battre, aux filles qui ne lui accordaient aucune attention. Il en voulait même au bon Dieu qui faisait semblant d'exister mais qui ne se montrait jamais et surtout qui laissait faire toutes ces injustices.

Au début il ne s'était pas rendu compte que toute cette violence, cette haine, commençait à le ronger de l'intérieur, envahissait son ventre, sa tête, ses gestes, sa respiration. Il vivait ou plutôt survivait en état de rage, de violence rentrée qui détruisait chaque jour de son existence.

Un matin il commença de pressentir que c'était la haine qui lui faisait plus de mal que toutes les violences reçues, car celle-ci se renouvelait en permanence. Il lui suffisait de fermer les yeux ou simplement de suspendre son souffle et des images, des pensées, des pulsions l'assaillaient et remplissaient son corps de tensions, de douleurs, de malaises.

Oui, la haine remâchée, ruminée, qui tournait sans cesse dans sa tête, la haine qui l'aveuglait, l'emportait, lui faisait oublier le présent pour l'entraîner dans tout un passé de souffrance.

La haine, porte fermée sur l'avenir.

Il ne savait pas encore qu'il mettrait des années à découvrir que la compassion, l'amour pouvaient être les seuls antidotes à toute cette haine. Qu'il pouvait commencer à s'aimer, s'il ne voulait pas être détruit par elle.

Ce ne fut que lorsqu'il rencontra un vieux raton laveur qui avait traversé une vie semblable à la sienne qu'il put se réconcilier avec sa propre vie. Ce raton laveur aux poils blancs déposa sur lui une seule phrase :

– Tu es seul responsable, non de ce qu'on t'a fait, mais de ce que toi tu vas faire avec ce qui t'est arrivé !

Le conte
de la colombe salvatrice

Un système relationnel, si pervers soit-il, ne peut fonctionner que par la collaboration active... de tous les protagonistes.

Il était une fois une colombe très belle, très intelligente et surtout très vivante. Cependant, si paradoxal que cela puisse paraître, elle était passée à côté de sa vie. Je veux dire de sa vraie vie, de l'existence qui aurait dû être la sienne, si elle s'était respectée.

Très tôt, toute petite, puis adolescente et enfin femme, elle était passée à côté de l'essentiel. Toutes ses énergies, ses ressources, sa vitalité avaient été mises au service d'une mission sans fin de réparation, de restauration des êtres proches de sa vie. Tout d'abord de son père, puis de sa mère, ensuite de son mari. Ce dernier était un pigeon très artiste, très sensible mais doué d'une puissance d'autosabotage extraordinaire. Même pour un pigeon !

Je peux d'ailleurs imaginer, si cette colombe continue comme cela, qu'elle consacrera le reste de ses jours à réparer, restaurer ses enfants et peut-être même ses petits-enfants. Ses enfants, bien sûr, qui d'ailleurs avec leur sensibilité particulière vont certainement se donner les moyens de nourrir et d'alimenter l'intense et inépuisable besoin de leur mère de sauver tout ce qui passe à portée d'aile.

Comment cela est-il possible ? allez-vous me demander.

Cela est non seulement possible mais fréquent. Certains enfants, fidèles à la problématique de l'un ou l'autre de leurs parents, peuvent produire des difficultés, manifester des troubles, inscrire des somatisations pour donner ainsi de la matière première à la dynamique de l'un ou l'autre de leurs parents.

L'aspect salvateur, toujours à l'affût, jamais endormi de leur mère veillera en permanence. Il s'occupera d'eux, résoudra leurs problèmes, veillera à dérouler le tapis rouge, pour leur éviter la moindre écorchure, pour réparer la moindre discordance, pour les maintenir en dépendance, afin de faire *pour eux* et non *avec eux*.

Mais, vous en convenez tout de suite, j'anticipe, nous n'en sommes pas encore là !

Cette colombe donc, que j'appellerai Ellma, pour éviter que vous ne la reconnaissiez, car elle est très connue, après avoir tenté de consacrer la plus grande partie de son enfance à réparer son père qui paraissait si malheureux, si souffrant à cause de sa femme, s'employa par la suite à restaurer sa mère (la femme de l'homme dont je viens de parler).

Ce ne fut qu'à la fin de son adolescence qu'Ellma put découvrir avec quelles habiletés ses parents avaient su maltraiter leur relation conjugale, entretenir incompréhensions, violences, disqualifications et souffrances entre eux, alors que leur fille s'épuisait à vouloir qu'ils s'accordent.

Devenue femme, Ellma rencontra un pigeon très artiste, beau, sensible, auréolé d'espoirs, qui avait lui la particularité, qui n'est pas rare chez les pigeons, de ne pas supporter d'être comblé ni d'être heureux au-delà de quelques minutes. Car il vivait chaque expérience pouvant déboucher sur une réussite comme un échec intime, au point de se mettre dans des situations inextricablement complexes et ambiguës dont le dépassement lui demandait des énergies inouïes. Ce qui lui permettait, immédiatement, de recommencer sans hésiter, d'entretenir cette sorte d'autosabotage très personnel.

Remarquez, cependant, que tout cela lui donnait une créativité incroyable, une capacité fabuleuse à se réinvestir. Tout se passait en effet comme si son besoin de se mettre en difficulté, après une phase de plainte, de déprime, de découragement temporaire, réveillait chez lui des ressources inédites, inépuisables, des moyens nouveaux, pour sortir de l'impasse – et de recommencer à se mettre dans une situation impossible.

Vous allez certainement me dire :

– Mais alors, tout devrait s'ajuster parfaitement entre ces deux-là, ils devraient former un couple indestructible. Nous avons d'un côté, dites-vous, une dynamique salvatrice éprouvée, avec une expérience tout-terrain, et de l'autre une aspiration confirmée et géniale au catastrophisme. Cela devrait contenter l'un et l'autre, c'est l'histoire du tenon et de la mortaise qui se rencontrent, c'est super !

Pas du tout, vous voyez peut-être trop à court terme. Car si vous écoutez les subtilités de leur dynamique personnelle, vous allez entendre au contraire que c'est comme cela qu'ils se mettent mutuellement en échec : ce qui est vécu comme parfaitement insupportable et pour l'un et pour l'autre.

Vous êtes un peu perdu, je le sens. Vous vous demandez :

– Mais où veut-il en venir, que veut-il prouver ?

Rien de précis, simplement vous permettre d'entendre qu'au pays des colombes les choses peuvent s'expliquer, se faire ou se défaire au niveau des apparences, mais être entendues et comprises à un niveau plus profond, *celui du système relationnel dans lequel elles se vivent.*

Je vais plus lentement, pour vous permettre d'entendre.

Chez lui, nous le savons déjà, autosabotages, plongeons et noyades dans des situations catastrophiques, avec phase de déprime. Mais ces situations catastrophiques sont suffisamment stimulantes, tel un électrochoc, pour réveiller en lui des ressources chaque fois imprévisibles et formidablement efficaces.

Chez Ellma, un besoin compulsif d'alimenter une image très idéalisée de colombe de la paix, salvatrice, réparatrice du malheur de ses proches. Si donc elle réussit, ce qu'elle veut à tout prix, à réparer, à rendre heureux son mari de pigeon, elle le met en fait en échec intime. Ce qu'il ne supporte pas, puisque justement les difficultés dans lesquelles il plonge lui donnent un dynamisme nouveau, puisqu'il réussit chaque fois à s'en sortir *tout seul*.

Tout seul ! Vous avez bien entendu ! Sans l'aide de personne et surtout pas de sa femme, la colombe salvatrice.

Ainsi en réussissant à s'en sortir tout seul, en sabotant les attentions de sa femme, il la met également et irrémédiablement en échec, il court-circuite ainsi chaque fois la dynamique salvatrice de la colombe.

Ce qui permet de mieux comprendre l'escalade de mensonges, de fausses promesses, de pseudo-décisions, de situations insupportables, d'agressions verbales, de réactions excessives qu'ils se proposent, quasi journellement l'un à l'autre. Car *aucun ne veut renoncer* à sa dynamique personnelle !

Est-ce suffisamment clair ?

Comprenez-vous que le plus difficile, dans une relation en miroir, n'est pas tant de quitter l'autre que de renoncer à sa position relationnelle quand elle devient aliénante pour soi-même, alors que l'on croit que c'est la position de l'autre qu'il convient de changer ?

Comment peuvent-ils arrêter ce jeu pervers, qui se renouvelle quasi automatiquement ?

Je peux faire une hypothèse relativement simple.

Lui, le pigeon, spécialiste de l'autosabotage, de toute façon, vous l'avez vu, il s'en sort tout seul. Quelles que soient ses difficultés, il arrive à les dépasser, au prix de beaucoup d'angoisse, de mal-être. Il fait face à plus ou moins long terme, il se rétablit à la force des poignets. Avec quelques dégâts autour de lui, d'accord. Mais il arrive à s'en sortir.

C'est donc à Ellma, la colombe salvatrice, d'envisager de renoncer non seulement à lui (comme partenaire conjugal) mais de trouver la bonne distance pour ne pas retomber dans la tentation de le sauver ou de le réparer. C'est donc à elle de renoncer à sa mission. De lâcher la relation avec la belle image idéalisée qu'elle a d'elle-même, nourrie des sacrifices, des dons et de l'amour offerts à l'autre. Renoncer en même temps à l'illusion de la toute-puissance infantile, inscrite si profondément en elle. Sentiment qui lui laissait croire qu'elle aurait pu sauver son père, sa mère, sa sœur, son couple et aussi ce pigeon, de toutes ses errances.

Renoncer à ce travail de titan, entrepris à l'aube de son enfance, recommencé inlassablement tout au long de sa vie d'adulte, du moins jusqu'à ce jour.

Renoncer à prendre sur elle le sauvetage de son couple, qui depuis plusieurs années n'en est plus un, puisque son mari, car il faut encore l'appeler comme cela, puisque son mari, car ils sont encore mariés, a réussi (et le mot est volontairement provocateur) à faire trois enfants à une autre femme, apparemment malgré lui.

Se séparer d'une mission, d'une image à laquelle nous sommes attachés, avoir le courage de prendre le risque de s'occuper de soi et peut-être aussi accepter de construire un espace de bonheur en nous, est certainement une des tâches parmi les plus douloureuses, les plus angoissantes, les plus difficiles que chacun, telle cette colombe, aura à accomplir dans sa vie.

Si je vous disais que cette colombe est une excellente thérapeute dans sa vie professionnelle, cela ne vous étonnera peut-être pas. C'est en effet une thérapeute compétente, appréciée, très engagée dans son travail de réparation, de réconciliation de tous ses patients.

Au pays des colombes, les chemins pour accéder au mieux-être sont multiples, mais si labyrinthiques que beaucoup mettent des années ou la totalité de leur vie à s'y perdre ou à s'en sortir.

Je n'ai pas de solution miracle à proposer à cette colombe, je me garderai bien d'être pour elle un pigeon salvateur, je peux seulement espérer qu'elle trouvera un jour, au plus proche d'elle, son propre fil d'Ariane.

Quand Zoé, Arthur et Nono
se rencontrent,
cela fait toujours des étincelles

Quand je lis : Association de parents d'enfants handicapés, j'ai envie de proposer le changement d'intitulé suivant : Association des parents handicapés par l'infirmité de leurs enfants !

C'est une drôle d'histoire que je vais vous raconter là. Il était une fois, au pays des marmottes, une petite marmotte qui était née avec une infirmité grave. Oui, vraiment grave, car elle était paralysée de tout un côté : bras, jambe, et même une de ses mains était toute rétrécie, elle ne pouvait même pas saisir une racine ou un rhizome pour les porter à sa bouche.

« Elle est vraiment handicapée », disaient autour d'elle ses parents et tous ceux qui la rencontraient.

« Son handicap est très lourd, elle aura une vie difficile, il faudra beaucoup l'aider… » Telles étaient des phrases qu'elle entendait chuchoter autour d'elle. On l'emmena plus souvent qu'à son tour consulter plusieurs spécialistes.

Amis, parents, relations de voisinage, à l'école, tous la voyaient en difficulté, ayant besoin d'aide, ne sachant pas se débrouiller. Ils avaient souvent des peurs pour elle, qu'il lui arrive un accident, qu'elle tombe, qu'elle se perde, qu'on se moque d'elle, qu'on ne la comprenne pas. Des tas de peurs qu'ils déposaient, sans le savoir, sur elle.

La petite marmotte qui s'appelait Lucie ne supportait pas cela, elle avait des colères terribles, elle faisait des bêtises pour prouver qu'elle pouvait, qu'elle était capable. Et vous devinez bien que cela n'arrangeait rien pour elle. Sa maman était dans un désespoir épouvantable. Elle aurait tant voulu faire, pour sa petite marmotte qu'elle adorait.

Ce que personne ne leur avait dit, c'est qu'au pays des marmottes il est important de ne pas confondre la personne et son infirmité. Et que, pour éviter cette confusion, on pouvait inviter la petite marmotte à trouver un objet qui représenterait son infirmité. Lucie, quand on lui fit cette proposition, trouva très rapidement un petit rond en plastique (matière rare au pays des marmottes) qu'elle porta, attaché par un lacet, autour de son cou.

– Comme ça, put-elle dire à ses parents, vous ne me confondrez pas avec mon infirmité !

Ce qui était déjà, vous l'admettrez, un grand pas de fait, un grand bond de marmotte, je devrais dire.

Puis elle choisit un nom pour son infirmité et décida de l'appeler Zoé.

Certains matins elle pouvait dire :

– Zoé a bien dormi cette nuit, aussi elle est toute détendue avec moi, je vais l'emmener à l'école, mais en passant je lui montrerai le petit étang où je l'emmènerai nager cet été.

Ce fut un changement important pour les parents de Lucie.

A partir du moment où ils commencèrent à ne plus confondre Lucie avec Zoé, c'est-à-dire leur fille avec son infirmité, ils découvrirent que c'étaient eux qui avaient un handicap par rapport à l'infirmité de leur petite marmotte. Qu'ils étaient réellement en difficulté, qu'ils ne savaient pas toujours comment s'y prendre avec cette infirmité qui avait bouleversé leur vie. Alors eux aussi, ils choisirent un objet pour représenter, on dit symboliser au pays des marmottes, leur handicap.

La maman choisit une petite chaîne dorée qu'elle porta autour de la cheville et le papa un bracelet d'argent autour du poignet. Et chacun donna un nom à son handicap, pour la maman ce fut Arthur, pour le papa Nono. Ils firent cela pour ne plus confondre leur enfant non seulement avec son infirmité, mais pour reconnaître qu'ils portaient un handicap dans leur relation avec leur enfant.

Ce ne fut pas facile, vous pouvez l'imaginer. On leur demandait :

– Vous avez une jolie chaîne là, à la cheville, c'est un cadeau ? »

– Non, non, c'est mon handicap vis-à-vis de l'infirmité de mon enfant, il s'appelle Arthur.

– Votre enfant ?

– Non, mon handicap ! Ma fille s'appelle Lucie et son infirmité Zoé !

Quand les gens ne partaient pas en haussant les épaules, le papa ou la maman pouvait ajouter :

– Pendant longtemps j'ai cru que le handicap était chez elle, maintenant je sais qu'il est chez moi et que je dois en prendre soin. Ce handicap, parfois je l'emmène en promenade, je lui fais écouter le chant des oiseaux, je lui raconte de belles histoires… je trouve que ça va mieux avec mon enfant. Elle s'occupe un peu mieux de son infirmité, alors qu'avant je croyais que c'était à moi de le faire…

Il faut vous dire cependant que quand Zoé (l'infirmité) de Lucie rencontrait Arthur (le handicap de la maman) – vous suivez ? – il y avait parfois des étincelles. Chacun restait sur ses positions. Zoé disant à Arthur :

– C'est à toi de prendre soin de toi, tu ne vas pas bien chaque fois que tu me vois, et moi cela me met en colère, comme si j'étais responsable de toi. Tu te sens toujours coupable de ce qui m'est arrivé et avec ta culpabilité, ça me donne le sentiment que je suis mauvaise, c'est insupportable à la fin, etc.

Et Arthur répondant :

– Oui, mais si tu n'étais pas entrée dans la vie de cette enfant, elle serait moins malheureuse. Elle pourrait jouer avec les autres. Elle pourrait aller à l'école des marmottes normalement, les autres ne se moqueraient pas d'elle.

Zoé, jamais en reste, rétorquait aussi sec :

– Les autres enfants marmottes, ils sont comme toi avant, qui ne veulent pas reconnaître que le handicap est chez eux. Ils sont gênés de me voir, ils n'arrivent pas à se comporter avec moi comme avec les autres enfants, ils ont du mal à être créatifs, à inventer de nouveaux gestes, de nouvelles façons d'être. Je les dérange dans leurs habitudes !

Quoi qu'il en soit, depuis que Lucie n'est plus confondue avec Zoé, son infirmité, et que ses parents ont accepté leur handicap chez eux, au lieu de le mettre sur leur enfant, cela va beaucoup mieux. Vous pouvez le demander à Lucie, elle vous dira combien elle est soulagée et combien elle se sent plus légère, plus libre, plus heureuse aussi.

Le conte
de la planète ESPÈRE

Il y aura un jour à l'école un enseignement actif à la communication relationnelle.

Il était une fois un groupe d'hommes et de femmes qui, désespérés de vivre sur une planète où régnaient l'incommunication, l'incompréhension, la violence, l'injustice et l'exploitation du plus grand nombre par des minorités bureaucratiques, politiques ou militaires, décidèrent de s'exiler. Oui, de quitter leur planète d'origine, la planète TAIRE, pour aller vivre sur une planète différente qui avait accepté de les accueillir.

Il faut que je vous dise dès maintenant ce qui faisait la particularité de cette planète différente, appelée ESPÈRE. Il s'agit en fait d'un phénomène relativement simple, mais dont la rareté méritait une grande attention. Sur cette planète, dès leur plus jeune âge, les enfants apprenaient à communiquer, c'est-à-dire à mettre en commun. Ils apprenaient à demander, à donner, à recevoir ou à refuser. Vous allez certainement sourire ou être incrédules devant quelque chose qui peut paraître si puéril ou encore si évident que cela ne retient l'attention ou l'intérêt de personne.

Vous allez penser que j'exagère ou que j'ai une arrière-pensée trouble. Si c'est le cas, cela vous appartient.

Je vous invite quand même à écouter la suite.

Sur la planète ESPÈRE, qui avait en elle aussi une longue histoire de guerres et de destructions sur plusieurs millénaires, on avait enfin compris que ce qui fait la sève de la vie, ce qui nourrit le bien-être, l'énergie vitale et surtout ce qui donne à l'amour sa vivance, c'était la qualité des relations qui pouvaient exister entre les humains : entre les enfants et les parents, entre les adultes eux-mêmes.

Cette découverte ne s'était pas faite sans mal, il avait fallu l'acharnement et la foi de plusieurs pionniers, la rigueur et la cohérence de ceux qui suivirent, pour accepter ce qui était depuis longtemps si masqué, si voilé, à savoir que tous les habitants étaient à l'origine des infirmes, des handicapés de la communication. Par exemple, que beaucoup justement ne savaient pas demander, et donc prendre le risque d'une acceptation ou d'un refus. Mais qu'ils prenaient, imposaient, culpabilisaient, violentaient pour avoir, pour obtenir.

Oui, je dois vous le dire tout de suite, le dieu qui régnait dans cette époque lointaine sur la planète ESPÈRE était le dieu AVOIR. Chacun voulait acheter, voler, déposséder les autres, enfermer dans des coffres, capitaliser le dieu AVOIR. Celui-ci régnait sur les consciences, imposait ses normes, et sa morale régulait la circulation des richesses, violait toutes les lois humanitaires, contournait tous les règlements à son seul profit.

La plupart des humains de l'époque ne savaient plus donner, ils vendaient, échangeaient, trichaient pour échapper au partage, thésaurisaient pour amasser, se faisaient des guerres sans fin pour accumuler, avoir plus.

Le recevoir était le plus souvent maltraité. Accueillir, amplifier tout ce qui aurait pu venir de l'autre était risqué, déconseillé.

L'intolérance à la différence orientait le plus grand nombre vers la pensée unique, les intégrismes ou le politiquement correct. Les refuser était également l'enjeu de beaucoup d'ambivalences, le refus était assimilé à l'opposition, au rejet, à la disqualification et non au positionnement, à l'affirmation positive quand on a la liberté de dire non dans le respect de soi.

A cette époque, le dieu AVOIR s'appuyait sur des principes forts, communément pratiqués au quotidien de la vie personnelle, professionnelle et sociale de chacun.

Je vais juste en rappeler quelques-uns pour mémoire, car, bien évidemment, ces principes sont aujourd'hui devenus caducs sur la planète ESPÈRE.

Le premier auquel tenaient beaucoup les parents et les enseignants de l'époque était de parler sur l'autre. Oui, oui, non pas parler à l'autre, mais parler sur lui avec des injonctions, en lui dictant par exemple ce qu'il devait penser ou ne pas penser, éprouver ou ne pas éprouver, dire ou ne pas dire, faire ou ne pas faire. Vous le comprenez bien, ce principe était destiné à maintenir le plus longtemps possible les enfants dans la dépendance et développer plus tard cet état au seul profit de quelques-uns en entretenant des rapports dominants-dominés.

Un autre principe était de pratiquer la disqualification ou la dévalorisation. De voir et de mettre en évidence tout de suite les fautes, les manques, les erreurs et non pas, bien sûr, de constater, de valoriser les réussites, les acquis ou les succès. S'ajoutait à cela la culpabilisation, très prisée, car elle évitait de se remettre en cause ou de se responsabiliser en rendant l'autre responsable de ce qui nous arrivait ou même de ce qu'on pouvait ressentir. « Regarde comme tu me fais de la peine, comme tu me rends malheureux en ne suivant pas mes conseils… »

Le chantage, la mise en dépendance, la manipulation complétaient les principes déjà énoncés pour maintenir entre les humains un état de malaise, de non-confiance, de doutes, d'ambivalences et d'antagonismes propices à entretenir méfiances, violences et désirs de posséder plus. A un moment de l'histoire de cette planète, il y avait tellement de conflits et de guerres, non pas d'un pays contre l'autre mais à l'intérieur d'un même pays, que deux humains sur trois survivaient dans l'insécurité, la pauvreté et toujours la faim présente. Il n'y avait jamais eu autant d'exploitation économique et sexuelle des enfants, autant de génocides décidés froidement, de tortures et d'intolérances.

L'homme était devenu un prédateur redoutable, doté de pouvoirs technologiques, chimiques, biologiques ou de capacité de manipulations audiovisuelles si puissantes qu'aucun contre-pouvoir ne pouvait l'arrêter. Puis survint un stade critique où la violence intime, une violence de survie, fit irruption dans les familles, dans les villages, dans les quartiers des grandes villes. L'apparition de cette violence, de plus en plus précoce, réveilla les consciences. On voyait des enfants de huit ans, de dix ans, brûler, torturer des adultes démunis, ahuris, incrédules. Vous allez penser que je déforme, pour vous inquiéter, une réalité qui peut paraître semblable à la vôtre !

Ne croyez pas cependant que tout le monde restait passif ou inactif. Beaucoup se mobilisaient, les réformes se succédaient, les commissions se réunissaient, les tribunaux internationaux tentaient de juger les plus criminels, certains dictateurs à la retraite ne se sentaient plus en sécurité, des ministres passaient devant les hautes cours de justice, des financiers célèbres étaient envoyés en prison. De plus en plus de gens n'acceptaient plus les dérives de ce type de société.

Mais comme vous l'avez remarqué sur notre propre planète, toutes ces actions se faisaient en aval, dans l'après-coup, il n'y avait aucune réforme en amont. Aucune réforme pour unifier, se réconcilier, proposer à chaque être des règles d'hygiène relationnelle susceptibles d'ouvrir à des relations vivantes, créatrices, conviviales.

C'est pourtant ce que firent, en quelques décennies,

ces pionniers, ces éveilleurs de vie de la planète ESPÈRE quand ils convainquirent des parents, des adultes de descendre un jour dans la rue pour se mettre en grève de vie sociale. On n'avait jamais vu cela dans toute l'histoire de cette planète : des hommes et des femmes décident de se mettre en grève d'existence pour tenter de sauvegarder le peu de vie qui subsistait sur cette planète.

Comment firent-ils ? Ils arrêtèrent de travailler, d'acheter, d'utiliser les transports publics et privés, de regarder la télévision, ils sortirent dans la rue, se rencontrèrent, échangèrent, s'offrirent ce qu'ils avaient, partagèrent au niveau des besoins les plus élémentaires. Ils s'apprirent mutuellement le peu qu'ils savaient sur une autre façon de communiquer et découvrir ensemble le meilleur d'eux-mêmes au travers du meilleur de l'autre.

La suite n'est pas simple, les démarches furent complexes, les résistances vives, mais un jour, dans un des pays de cette planète, on décida d'apprendre la communication à l'école comme une matière à part entière, au même titre que les autres : s'exprimer, lire, écrire, compter, créer, communiquer. Et dans ce pays la violence commença à disparaître, le niveau de la santé physique et psychique augmenta, des hommes et des femmes découvrirent qu'ils pouvaient s'autoriser à être heureux.

Un jour les hommes et les femmes qui continuent de vivre, de survivre, sur la planète TAIRE devenue invivable, décideront peut-être, non pas de s'exiler et d'aller vivre sur la planète ESPÈRE, mais plus simplement d'apprendre à communiquer, à échanger, à partager autrement.

Vous vous demandez peut-être où est située la planète ESPÈRE dans l'espace ?

Je vais vous faire une confidence, elle est à inventer dans votre coin d'univers, dans chaque lieu où il y a de la vie.

Le conte de la petite pigeonne qui réveillait ses parents la nuit

Découvrir et être à l'écoute de ses origines est de l'ordre du désir.
En avoir la confirmation relève d'un besoin.

Il était une fois dans une famille de pigeons voyageurs, une petite pigeonne qui faisait plein, plein de cauchemars.

C'était terrible. Toutes les nuits elle se réveillait, s'agitait, pleurait, réclamait sa maman, son papa. Ses parents étaient très énervés car ils travaillaient beaucoup et dormaient peu.

Vous savez que les pigeons voyageurs font de très gros efforts et parfois, quand la petite pigeonne les réveillait en pleine nuit, ils avaient vraiment envie de la jeter par la fenêtre, oui, oui ! Ils l'aimaient beaucoup mais parfois c'était trop.

La petite pigeonne qui ne dormait pas, qui pleurait, qui réclamait sa maman, il faut que je vous le dise, était une petite enfant vraiment courageuse. Dans tous les pays du monde, les enfants sont très courageux, ils endurent beaucoup d'incompréhensions, d'injustices, de violences et même de non-amour, avec ténacité et parfois beaucoup de patience.

Cette petite pigeonne avait un grand secret, dont elle n'avait jamais parlé à personne. C'est difficile pour une petite pigeonne de garder un secret qui lui faisait mal au ventre, qui tournait dans sa tête, qui se débattait à l'intérieur d'elle, car le propre de tout secret est de vouloir s'évader, de vouloir se confier à quelqu'un qui saurait l'accueillir et le protéger.

Ce secret, je vais quand même essayer de vous le dire, mais il ne faudra pas le répéter. Je vais vous le révéler, si vous ne cherchez pas tout de suite à me dire que ce n'est pas vrai, que j'exagère. C'est d'accord ?

Je peux imaginer à votre silence que vous êtes d'accord, sinon vous pouvez tourner la page et aller au conte suivant. Un secret doit être simplement entendu, sans faire de commentaires, sans jugements de valeur.

Ce secret, c'est que la petite pigeonne ne trouvait pas sa place dans cette famille.

Il y avait trois autres enfants, ce qui faisait quatre avec elle, mais elle ne trouvait pas sa place. Tout au fond de son cœur elle se demandait si elle était bien la fille de son papa et de sa maman.

Oui, oui, c'était difficile pour elle, tous ces doutes, ces interrogations, ces questions jamais dites et si envahissantes !

Elle ne savait pas où était sa vraie place dans cette famille de pigeons voyageurs.

Sa maman ne lui avait jamais raconté comment elle était sortie de son ventre. Son papa ne lui avait jamais dit comment il l'avait vue la première fois. Elle ne savait rien sur sa naissance. D'ailleurs à chaque anniversaire, la nuit était terriblement longue. Elle se mettait à douter encore plus.

Et toutes les autres nuits, la petite pigeonne se réveillait avec cette interrogation :

– Et si un jour mon papa, ma maman, qui font semblant d'être mes parents, allaient m'abandonner, me perdre dans la forêt, me laisser toute seule dans une ville que je ne connais pas ?

C'était douloureux toutes ces pensées en elle.

Je vous l'ai dit, elle était très courageuse cette petite pigeonne. Elle gardait son secret, tout au fond d'elle-même, mais la nuit ce secret prenait une telle place qu'il débordait de partout, faisait une ombre immense qui terrorisait la petite pigeonne.

Un jour, peut-être, pourra-t-elle le dire et ses parents, je l'espère, pourront l'entendre. Mais attention, sans lui faire de reproches, sans faire de commentaires sur ce qu'elle leur dira, en témoignant seulement de leur conviction intime, qu'ils se voient bien comme le père et la mère de cette petite pigeonne, qu'ils avaient appelée Libérine, en souvenir du père de la mère qui s'appelait Liber et qui avait, il y a très longtemps, combattu pour la liberté de son pays au-delà des mers.

C'est fragile, les secrets d'une petite pigeonne, il faut savoir les accueillir avec son cœur.

Le conte de la petite coccinelle qui ne voulait pas dormir toute seule

Quand les enfants tentent de nous protéger, nous les parents, de leurs propres peurs.

Il était une fois une petite coccinelle toute blonde. Oui, oui, il existe des coccinelles toutes blondes. Toutes les nuits, mais vraiment toutes les nuits, elle appelait sa maman et lui demandait de venir dormir avec elle, dans son petit lit.

Je dois vous dire que cette petite coccinelle était très volontaire. Il y avait une grande peur en elle et elle se battait avec sa peur toutes les nuits. A vous je peux le confier, elle avait surtout peur que sa maman parte sans elle ou même meure pendant qu'elle dormait.

Mais peut-être savez-vous que, chez les coccinelles, une peur en cache souvent une autre ? L'autre grande peur qu'il y avait chez cette petite coccinelle, c'est qu'elle craignait que ses parents, quand ils dormaient ensemble, fassent un autre bébé. Elle était terrorisée à l'idée que ce bébé puisse lui prendre sa place de petite coccinelle unique.

Et comme vous l'avez découvert, puisque je l'ai dit plus haut, qu'une peur en cache souvent une autre, donc derrière cette peur que ses parents fassent un autre bébé, il y avait une peur plus ancienne, encore plus menaçante, plus difficile à exprimer.

Moi-même, je ne sais si je peux vous confier cela, parce que ce n'est pas très facile à dire.

Enfin je vais essayer, j'espère que vous pourrez m'entendre, sans penser que je suis fou.

Il faut vous dire que cette petite coccinelle avait dormi dans la chambre de ses parents, quand elle était toute petite. Une nuit sans rien voir, dans l'obscurité, elle avait ouvert toutes grandes ses deux oreilles. Ce qu'elle avait entendu, c'étaient des gémissements et là, dans le noir, elle avait cru que son papa faisait du mal à sa maman.

Vous saisissez mieux maintenant tout le courage que manifestait cette petite coccinelle, qui ne voulait pas dormir sans sa maman. Elle prenait sur elle la mission de protéger sa maman toutes les nuits.

« Si elle est avec moi, il ne peut rien lui arriver ! »

Ce qu'il y a de formidable au pays des coccinelles, c'est qu'il est possible de parler de tout cela, d'engager la conversation entre parents et enfants sur des sujets qui ne sont pas faciles à aborder avec les enfants. Mais, au pays des coccinelles, c'est possible.

Je connais une maman et un papa coccinelle qui vont essayer.

Le conte du petit sexe qui était tout triste

Dans notre culture, c'est curieux, les parents ne s'occupent ou ne s'intéressent au sexe de leurs enfants que lorsqu'il y a un problème.

Vous dire, tout d'abord, que ce sexe appartenait au début de sa vie de sexe à une petite fille qui s'appelait Larelmi.

Si surprenant que cela puisse paraître, ce sexe n'avait jamais reçu de marque d'amour et surtout de tendresse. Il n'avait jamais fait l'objet d'une attention tendre, bienveillante. En fait, on s'occupait de lui... seulement quand il n'allait pas bien.

Au petit matin, quand sa fente restait collée par les fatigues de la nuit, on le lavait à grande eau, avec du savon, sans trop de précautions ni de douceur.

– Maman, c'est tout collé…

– Ce n'est rien je vais faire ta toilette.

Quand il était irrité ou qu'il avait une petite affection, on le soignait avec une pommade, et quelquefois avec des antibiotiques.

– Maman, ça pique, ça me gratte…

– Ce n'est pas grave, je te badigeonne avec cette pommade, ça va te faire du bien.

Un jour, il s'était mis à saigner très fort.

– Maman, ça saigne, j'ai plein de sang partout…

La mère de la petite fille avait lancé de haut, au-dessus de la tête du petit sexe :

– C'est normal, tu es une femme maintenant, les ennuis ne font que commencer !

Et puis, un jour, dans une rencontre plus intime avec un garçon, une sorte de force brutale l'avait déchiré. Le sexe de la jeune fille qui n'avait pas été préparé, éveillé, s'était senti un peu brutalisé, pas du tout compris. Par la suite il avait tenté de s'affirmer, de se faire reconnaître, apprivoiser et même aimer, mais le malentendu était installé pour longtemps, entre lui et celle qui le portait.

Ainsi au long des années, ce sexe féminin s'était replié sur lui-même, s'était refermé, anesthésié, endormi. Il avait même tenté de se faire oublier, pensant : « Moins je me manifeste, mieux c'est ! »

Et aujourd'hui, porté par une femme au mitan de sa vie, il ne savait plus accueillir, recevoir ou s'enthousiasmer aux caresses, aux baisers, aux stimulations venues du dehors.

En fait, il vivait apeuré, rétréci, tout recroquevillé dans la crainte permanente de se laisser aller, de s'abandonner.

La femme qui le portait aurait bien voulu, elle, s'abandonner, entrer dans le plaisir, lâcher prise, s'ouvrir à la jouissance, mais lui, tel un vaillant petit soldat, résistait. Il avait oublié depuis longtemps contre quoi il se battait. Mais il continuait à le faire. L'incommunication entre elle et lui était bien structurée !

Près de quarante ans que cette guérilla durait. Il semblait n'y avoir aucune issue. Ce petit sexe faisait preuve d'une passivité formidable. Bien sûr, nous qui sommes à l'extérieur, nous savons que cette résistance, cette passivité, avait un sens, qu'il correspondait à un appel, à un besoin de reconnaissance.

Ce que j'ai appris dernièrement, c'est que la femme qui portait ce sexe depuis si longtemps dans son corps décida un jour d'en prendre soin, de s'occuper mieux de lui, de commencer à l'aimer. Jusque-là elle avait implicitement confié cette mission aux hommes qu'elle rencontrait sur un plan intime, mais depuis quelque temps elle avait pris la décision de se responsabiliser. Cela va vous étonner, tout ce qu'on peut faire pour son sexe quand on décide de prendre soin de lui !

Elle sortit en ville et acheta une belle rose qu'elle offrit à son sexe. Le lendemain, elle lui fit écouter du Mozart et même du Jean-Sébastien Bach. Elle fut émue, elle pleura longtemps dans son corps quand elle découvrit que jamais, jamais durant toutes ces années, elle n'avait donné la plus petite marque d'amour à son propre sexe, qu'elle l'avait considéré, sans s'en rendre compte, comme un corps étranger dans son propre corps.

Elle commença par lui apprendre à respirer, puis à rire au creux de son ventre, et bien sûr à ruisseler de l'intérieur comme une source secrète. Elle avait lu quelque part qu'il existait des femmes fontaines, dont la source profonde ne se tarit jamais.

Elle décida de lui donner un nom connu d'elle seule, ce qui lui permit de dialoguer avec lui.

Elle prit aussi un engagement vis-à-vis d'elle-même, celui de ne pas s'endormir le soir sans se poser la question : « Quelles marques d'amour, quelles attentions ai-je pu donner aujourd'hui à mon sexe ? »

Et elle prit un autre engagement encore plus important.

Si un jour elle avait une petite fille, elle lui apprendrait à écouter son sexe, à lui parler, à lui faire des petits cadeaux et à le respecter comme quelque chose de précieux et d'essentiel. Elle l'inviterait à prendre soin de lui, non pas seulement quand il aurait un ennui ou une difficulté, mais dans une relation suivie de bienveillance et de respect.

Le conte de la maman fauvette qui avait eu un grave accident

Nous tentons souvent de résoudre un conflit au travers d'une autoviolence, cela afin de déséquilibrer un des enjeux du conflit. Parfois cela se traduit par une renaissance.

Il était une fois une maman fauvette qui avait un petit fauvetton et bien sûr un mari, qui était donc le papa du petit fauvetton.

Jusque-là vous arrivez à me suivre, mais attention cela va se compliquer un peu.

Il était arrivé une drôle d'histoire à cette maman fauvette. Un soir de printemps, en effet, son mari lui avait annoncé qu'il voulait divorcer. Cela arrive parfois au pays des fauvettes, quand l'amour n'est plus là pour cimenter un couple ou qu'une attirance vers une autre fauvette s'amorce. Alors il devient difficile de rester ensemble.

Et le lendemain de ce soir-là, la maman fauvette, je devrais dire la fauvette, car dans cette situation c'était la dimension femme qui était en jeu, eut un accident de voiture terrible. Hôpital, rééducation, soins divers sur tout le corps, mais à l'âme une blessure plus profonde, mal cicatrisée qui ne fut pas soignée.

C'était bien sûr un accident involontaire, comme beaucoup d'accidents, mais peut-être entendez-vous que cette femme fauvette avait tenté ainsi de retenir son mari. Car, bien sûr, il n'était pas parti. On n'abandonne pas ainsi quelqu'un qu'on a aimé et qui vient d'avoir un accident aussi grave.

Ainsi, il arrive parfois, au pays des fauvettes, que dans un couple un des partenaires soit prêt à se paralyser pour immobiliser l'autre et paralyser ainsi celui qui avait l'intention de s'éloigner, de partir. Aussi, quand le petit fauvetton demandait à sa maman : « Pourquoi tu as eu un accident ? », il était difficile à la mère de répondre sur le pourquoi. Mais elle aurait pu répondre au niveau du sens.

Elle pourrait dire à son petit :

– Ce jour-là, j'étais très vulnérable, cela veut dire fragilisée. Je venais la veille de recevoir une nouvelle qui m'avait bouleversée, je n'étais plus centrée sur moi. J'étais comme hors de moi. Cet accident m'a recentrée, en quelque sorte, il m'a fait comprendre que ma vie était importante, que je méritais de me respecter, que je pouvais survivre au désamour.

Elle pourrait ainsi, profitant de l'occasion, dire à son petit bout de chou de fauvetton que l'amour amoureux n'est pas comme l'amour parental.

L'amour parental dure toute la vie, c'est un amour inaltérable.

Que l'amour qu'elle éprouve pour lui, par exemple, elle le portera en elle toute son existence. Mais que l'amour amoureux, celui que l'on ressent envers un mari, un être aimé en dehors de la famille, est un amour plus incertain. Car nul ne sait à l'avance la durée de vie d'un amour amoureux. C'est pour cela qu'il faut aimer au présent et ne pas maltraiter l'amour, tant qu'il est là.

Elle pourrait lui dire tout ça et plein d'autres choses encore… cela dépend de sa liberté à oser se dire, au plus près de ce qu'elle ressent.

Un rêve d'hirondelle

Il nous appartient parfois de nous confronter à la réalité de nos rêves, pour ne plus les voir comme des obstacles.

« … Un jour je trouverai un pays où je me poserai à jamais. Je n'aurai plus besoin, l'automne arrivant, de quitter mon nid, de m'envoler, de rejoindre mes semblables et de changer d'horizon, de climat, puis de revenir au printemps… »

Ce rêve revenait de plus en plus fréquemment dans l'imaginaire d'une hirondelle et il laissait chaque fois en elle une trace d'amertume, de regret et même de tristesse.

Et voilà qu'une année, mais cela se préparait depuis quelques décennies, les températures se stabilisèrent.

Les saisons se fondirent l'une dans l'autre, il n'y avait plus ni hiver ni été, ni printemps ni automne, mais un climat plutôt fade, grisouillou même quand il faisait soleil, inodore et sans saveur, sans gel scintillant ni canicule ardente, sans floraison étincelante ni vendange de couleurs.

Dans un premier temps l'hirondelle se réjouit.

« Ah ! je vais pouvoir garder mon nid, le consolider, l'aménager différemment, je pourrai aussi poursuivre mes activités habituelles, rencontrer les mêmes amis ou même apprendre à nager… et faire de l'aquarelle… »

Bref, cette hirondelle faisait provision de projets et, comme la température restait clémente, elle commença à en réaliser quelques-uns.

Les jours ressemblant les uns aux autres, l'hiver passa très vite, le printemps revint. Et avec lui, comme elles le faisaient depuis toujours de mémoire d'hirondelles, les autres hirondelles qui avaient tout de même migré vers des pays plus chauds et gardé le goût des voyages revinrent aussi.

L'été passa, l'automne revint à son tour, et notre hirondelle se réjouit à nouveau de pouvoir rester sur place, de ne pas avoir à faire ce long voyage fatigant dans le ciel, vers les pays qui restent ensoleillés en hiver.

Mais, cette année-là, notre hirondelle prit moins de plaisir à rester dans son nid, à voleter sur le même territoire de ciel et d'espace qui était le sien.

Elle commença même à s'ennuyer, à trouver son nid monotone, ses voisins un peu fades, peu toniques. Mais ce qui lui manquait le plus, c'était de rêver. Depuis qu'elle avait cessé de voyager, elle ne rêvait plus. Et peut-être ne le savez-vous pas encore, mais une hirondelle qui ne rêve plus est semblable à une hirondelle sans ailes.

Oh ! rassurez-vous ! des ailes elle en avait, mais c'était des ailes sans énergie, des ailes anesthésiées qui lui permettaient de voleter de-ci, de-là, de tenter quelques arabesques dans le ciel, de plonger vive comme l'éclair sur quelques moustiques, mais qui ne lui permettaient plus de s'élancer vers l'horizon de l'azur pour de longs voyages.

Elle vaquait à ses occupations d'hirondelle, mais le cœur n'y était plus. Elle possédait pourtant tout ce qu'elle avait désiré pendant de longues années, sans pour autant se sentir heureuse.

Un matin elle reconnut le long de son bec, autour de son plumage, ce qui lui manquait le plus, le goût de la mer et le bruit du vent qui l'accompagnaient dans les grands voyages du passé.

Quand l'automne revint, notre hirondelle quitta sa maison, décida de se joindre au grand voyage.

Elle savait que ce serait le dernier pour elle et elle voulait encore sentir le sel de la mer et entendre le bruit du vent.

Elle voulait encore une fois se fondre dans le grand flot constitué par des milliers d'ailes et de corps semblables au sien, suspendus au-dessus des mers et des continents, dans un même élan de vie et de reconnaissances mutuelles.

Parfois nous sommes le messager
et d'autres fois le message

Nous avons pour nous dire de multiples langages et celui du désir est peut-être le plus magique… quand il ne s'impose pas à l'autre, quand il est simplement offert.

Nous sommes souvent le messager d'une lignée, et une partie de notre existence sera consacrée à cette tâche impérative de transmettre ou de répéter le message de l'un ou l'autre de nos ascendants. En étant un peu plus centrés sur nous-mêmes, nous pouvons apprendre à mieux décoder les missions dans lesquelles nous sommes investis, pour mieux les accomplir ou les transmettre ou encore pour nous en délivrer, si les messages dont nous sommes porteurs entretiennent souffrances et interdits trop prégnants.

Mais peut-être aussi sommes-nous quelquefois semblables au messager de cette histoire.

Un roi, qui était parti guerroyer loin de son royaume, éprouva le désir d'envoyer un message à sa femme, la reine. Il fit venir un messager et lui chuchota à l'oreille le contenu du message destiné à sa femme.

– Va et dis-lui simplement mes propres mots, mais attention tu ne dois les répéter à personne d'autre, ils sont seulement pour elle.

Le messager aussitôt s'élança, d'un grand pas allongé. Il voyagea jour et nuit et, durant des semaines, traversa déserts et montagnes, fleuves et torrents pour arriver enfin au pays de son roi.

Il se présenta à la porte du palais, impatient de remplir sa mission et demanda à voir la reine.

Arrivé tout essoufflé devant celle-ci, il découvrit avec émotion qu'il avait oublié le contenu du message. Il ne se souvenait plus de ce que le roi avait chuchoté à son oreille.

– Ô ma reine, je suis porteur d'un message important de ton époux et je ne sais plus ce pour quoi je suis là, devant toi. J'ai reçu mission de te dire quelque chose qui paraissait important à ton royal époux et, durant le temps du voyage, des morceaux de phrases se sont envolés, des mots se sont effacés, puis le sens en entier est sorti de moi. L'essentiel du message s'est perdu tout au cours du chemin. Je n'ai pensé qu'à venir le plus vite possible vers toi, dans ma hâte de te dire ce que ton mari impatient voulait te transmettre.

La reine qui connaissait bien son mari lui dit simplement :

– Je vais t'accueillir non comme le messager, mais comme le message. Approche-toi, viens tout près, encore plus près.

Et là, en son palais, elle prit l'homme dans ses bras, le serra sur sa poitrine doucement, longuement.

Elle sentit le désir de l'homme s'éveiller, alors seulement et seulement à ce moment-là, elle lâcha l'homme et lui dit :

– J'ai entendu le message de mon bien-aimé, tu peux aller te reposer. Va, je te remercie de m'en avoir transmis l'essentiel et je l'ai reçu vraiment comme un cadeau. Quand tu parleras à nouveau au roi, dis-lui simplement ceci, que son message est aussi le mien. N'oublie pas ces mots, car je crains, si tu les perds en chemin, que tu aies plus de mal avec lui que tu n'en as eu avec moi pour les lui transmettre.

Vous sentez bien, vous qui m'écoutez, que cette femme d'une grande sagesse et de beaucoup d'expérience savait que le désir féminin est plus secret, plus intériorisé, plus difficilement décelable que le désir masculin. Elle savait aussi l'importance de le dire.

Aussi elle répéta au messager :

– Va, n'oublie pas : mon message est semblable au sien.

Le messager reposé par une nuit de sommeil, habité par des rêves de roi, repartit le lendemain aux confins du royaume pour délivrer le message de la reine.

Arrivé devant le roi, celui-ci lui demanda aussitôt :

– As-tu pu transmettre mon message ?

– Oui, ô mon roi, pleinement.

– Et quel est le message de la reine ?

– Le message de la reine, ô mon roi, est le suivant : « Mon message est semblable au tien. »

Et le roi récompensa ce messager aussi fidèle, en lui offrant un cheval et en lui conseillant de prendre femme.

Si vous êtes là à me lire, peut-être que ce messager, ce roi, cette reine, est un de vos ancêtres ? Dans ce cas le message est bien arrivé !

Le conte de la petite grenouillette qui ne voulait pas devenir une grenouille

Si grandir, c'est quitter le monde de l'enfance, devenir adulte, c'est entrer dans l'imprévisible de l'avenir.

Il était une fois une petite grenouillette qui découvrit à son réveil, un matin de printemps, que les draps de son lit étaient tachés par le sang qui coulait d'entre ses cuisses. De gros sanglots montèrent dans sa gorge, car elle sentait bien que c'était toute son enfance qui coulait là, telle une hémorragie de vie. Oui, une vie simple, joyeuse, légère qui, lui semblait-il, ne reviendrait plus. Elle serra les dents, durcit son dos, sentit ses poings se fermer et décida dans sa tête, car c'était une petite grenouille très volontaire : « Moi, je ne serai pas comme les autres ! Moi, je ne serai pas comme ma mère avec tous ces hommes qui tournent autour d'elle... » Elle voulait dire par là qu'elle supportait mal tous les mâles qui courtisaient sa mère depuis qu'elle était veuve.

Aussitôt elle décida de cacher les draps tachés de sang, elle s'essuya, se lava et descendit déjeuner comme si rien d'important ne s'était passé.

Et pendant trois mois, chaque fois que son sang coulait, comme c'est normal, comme c'est la règle chez les petites grenouilles qui commencent à devenir des femmes grenouilles, elle cachait, déchirait ses culottes, les jetait même afin que personne, surtout pas sa mère, vraiment personne, ne puisse savoir qu'elle était réglée.

Elle devenait de plus en plus taciturne, ne parlait plus, ne répondait plus aux questions, restait des heures entières devant la télé, rejetait toutes les tentatives de son entourage pour dialoguer, échanger ou partager.

Mais, un jour, sa mère découvrit, au fond d'un placard, une dizaine de culottes souillées, moisies, raides comme du carton, tellement le sang avait séché dessus.

Et bien sûr elle interrogea sa grenouillette :

– Alors ton sang s'est mis à couler, tu es réglée, cela fait longtemps que ça a commencé ? Tu sais, ce n'est pas grave, c'est normal, tu vas perdre un peu de sang tous les mois… cela veut dire que tu es comme moi, une grenouille !

Ah ! surtout les mots qu'il n'aurait pas fallu prononcer !

Vous savez comme moi que beaucoup de parents posent des questions auxquelles ils donnent eux-mêmes des réponses.

Et la petite grenouille de répondre les dents serrées :

– Non, non pas du tout, ce n'est pas moi !

– Mais enfin ce sont tes culottes, je les connais bien, c'est bien toi qui les as portées !

– Non, non, je ne sais pas de quoi tu veux parler. De toute façon tu m'accuses toujours… tu ne comprends jamais rien !

Et tout son visage se fermait, son front se butait, son regard partait loin, loin.

La maman grenouille fut choquée de ce comportement, mais elle vit bien qu'il était inutile d'insister. Car, après plusieurs tentatives de ce genre, sa petite fille, sa grande fille, devrais-je dire, se mettait en colère, criait, pleurait, fuyait dans la rue et ne rentrait que le soir, tard.

La maman avait beaucoup de colère en elle, car pour l'instant elle ne voyait que de la mauvaise foi chez sa fille.

– Enfin je ne comprends pas pourquoi tu persistes à

nier l'évidence ! C'est pas un drame de devenir pubère ! Aujourd'hui les règles, c'est plus facile à vivre que de mon temps. Les parents ne nous prévenaient pas. On avait des trucs impossibles, des serviettes épaisses comme des draps de lit, on cachait tout ça, on n'en parlait pas. On ne pouvait même pas se baigner (ce qui pour une grenouille est un comble), on attendait que ça passe… on en parlait en cachette avec des copines…

Bien sûr, cette mère, comme toutes les mamans aimantes, se posait des questions, s'interrogeait : « Mais qu'est-ce qui se passe dans la tête de mon enfant pour qu'elle refuse ainsi sa féminité et nie la réalité de son corps ? »

Ce qu'il faut savoir, pour essayer d'en comprendre un peu plus, c'est qu'au pays des grenouilles les enfants ont un imaginaire très développé, dans lequel circulent des images, des impressions, des peurs, des désirs, des rêves et également des vieux souvenirs, des séquelles de malentendus… Tout cela fait un mélange explosif au possible. L'arrivée normale des règles, tout ce sang qui coule durant quelques jours, c'est comme un détonateur. Il y avait aussi tout ce que cette petite grenouillette ne pouvait pas dire et qui l'angoissait depuis longtemps.

Elle avait bien vu ces derniers mois le regard des garçons grenouilles changer et même celui des hommes quand leurs yeux se posaient sur son corps.

Si grandir c'était ça, devenir un objet de désir, si devenir femme, c'était laisser toucher son corps, comme elle le voyait très souvent autour d'elle ! « Non, non, pas moi ! »

Je ne sais comment cette petite grenouille acceptera les modifications qui se produisent en elle. Je ne sais si elle arrivera à accepter le grand remue-ménage qui se produit dans son sexe tous les mois.

Ce que j'imagine, c'est qu'il lui sera difficile de régler tout cela avec sa mère, car il semble y avoir des enjeux qui échappent souvent aux plus proches. Peut-être pourra-t-elle prendre le risque d'en parler avec une femme, une amie.

Il y a tant de choses sensibles, délicates, fragiles à respecter dans le corps d'une petite grenouille qui grandit, qui pense peut-être que devenir plus grande, c'est vieillir, c'est faire un pas de plus vers la mort. Et cela d'autant plus qu'elle voit bien autour d'elle sa grand-mère, des personnes âgées, tomber malades ou mourir.

En écoutant ce petit conte, il me semble qu'elle devrait aussi entendre l'essentiel, ce que signifie perdre son sang tous les mois. Pour accepter de devenir la femme grenouille qui s'éveille en elle.

Le conte de l'homme qui avait oublié que sa vie existait aussi

La parcelle de vie que nous avons reçue en dépôt à notre conception veille sur notre existence. Elle mérite que nous prenions soin d'elle.

Un homme, entre le printemps et l'été de sa vie, devint père et eut ainsi six enfants, dont cinq filles.

Se souvenant de son enfance et de l'immense désir qu'il avait eu d'être lui-même reconnu comme être unique, il donna l'essentiel de ce qu'il croyait être son amour au premier de ses enfants. Un garçon, en qui par la suite, il crut deviner les possibles de ses propres rêves, dans lequel il crut percevoir ses propres aspirations.

Et c'est ainsi qu'il accomplit sa vie d'homme en attribuant à quelqu'un d'autre qu'à lui-même ses regards, ses intérêts, ses amours, ses biens.

Un soir de lassitude, à l'automne de son existence, il rencontra et découvrit, assise, toute fatiguée, au pied de son lit, la longue dame blanche qui était sa propre vie. Il ne la reconnut pas dans un premier temps, car tout le monde autour de lui appelait son trouble et son affection « une maladie ». Il fut d'ailleurs traité comme tel. Puisqu'il perdait un peu la tête, il fut souvent hospitalisé, soigné, puis revint à la maison, convalescent.

Mais la longue et belle dame blanche qui le connaissait depuis toujours, qui ne voulait pas être écartée ni oubliée, avait décidé depuis quelque temps de s'installer à demeure au pied de son lit. Elle veillait sur lui avec sollicitude, bienveillance. Bien sûr, elle était très fatiguée, un peu amère et même déçue du comportement de celui dont elle avait été la compagne la plus fidèle.

Cet homme qui avait vécu tout près d'elle, en l'ignorant totalement pendant près de trois quarts de siècle, pour lequel elle s'était dévouée en l'accompagnant partout depuis sa naissance, en partageant le froid et le chaud, la faim et les plaisirs, les incertitudes et les enthousiasmes, cet homme l'avait complètement ignorée, il avait vécu sans jamais percevoir son existence.

Il s'était dépossédé de son regard sur lui-même, de sa tendresse et de ses élans pour vivre dans une enveloppe d'homme d'affaires, un rôle public, une fonction de mari, de père.

Aussi un soir de cet hiver-là, elle lui chuchota :

– Qu'as-tu fait de moi ? Tu m'as donnée à un autre, tu m'as trahie, tu m'as donnée à ton travail, à ton fils, tu as vécu par procuration, tu as vécu à mi-vie, à mi-rêves. Qu'as-tu fait de moi, ta Vie ? As-tu jamais su que je t'aimais, que j'existais ?

Et cet homme déjà âgé pleura en entendant, pour la première fois, celle qui se présentait à lui comme sa vie ! Cette expérience-là lui permit d'ouvrir les yeux.

Il regarda non sa vie, mais son existence, sa femme absente elle-même dans sa propre vie, ses autres enfants, ses réussites, ses amis, ses relations, sa maison, ses biens. Il regarda d'un œil nouveau toutes les apparences de sa vie, toutes les représentations qu'il avait construites, jouées, entretenues en vain pendant tant d'années, passant très largement à côté du meilleur de sa vie.

Il vit aussi, tout près de lui, dans un rond de soleil, comme une image très lointaine qu'il croyait avoir oubliée, une petite fille de neuf ans qui souriait. Alors un flot de lumière remonta de son histoire. C'était un jour d'été, ils étaient tous deux assis sur les marches de l'escalier qui conduisait à leur maison. Sa première fille, car c'était elle, le regardait gravement, avec cette attention émerveillée que seuls ont les enfants qui savent le temps fragile.

Ce soir-là, encouragée par la douceur du moment, elle tenta de commencer une phrase :

– Papa, tu sais que je t'…!

Mais quelque chose s'était produit, avait détourné son attention, et le reste de la phrase s'était perdu. L'avait-il jamais entendu ?

Voilà que soudain, quelque trente-cinq ans plus tard, cette phrase revenait comme un refrain familier à ses oreilles :

– Papa, tu sais que je t'…

Mais l'homme n'arrivait pas à entendre le mot qui suivait, il cherchait de toutes ses forces sans pouvoir terminer cette phrase. Il sentait bien qu'elle était essentielle. Il savait que ce mot qui manquait était important, qu'il lui était destiné.

Ainsi passèrent les jours, les mois, les années, et une autre décennie. Dans sa tête, dans son cœur, tournoyaient parfois l'éclat d'un rire, la lumière d'un regard bleu, une main menue se posait sur son bras, une musique connue chantait dans son cœur.

– Papa, tu sais que je t'ai…

Musique inachevée, mais présente à son souvenir.

Un jour de grand émoi, il entendit enfin la totalité du refrain oublié.

– Tu sais, papa, je t'aime plus que tout.

Il rejoignait avec ces mots la longue lignée de ceux qui furent aimés sans le savoir.

Puis les jours et les mois passèrent, et ce n'est qu'au dernier soir de sa vie que la longue, belle et douce dame blanche qu'il connaissait bien maintenant lui chuchota en lui fermant les yeux, en lui prenant la main et en la serrant contre elle :

– Oui, c'est cela, simplement cela. Tu le savais tout au fond de toi et tu en avais très peur. Seul l'amour d'un enfant peut nous agrandir jusqu'aux étoiles. Oui, tu le savais et tu ne voulais pas l'entendre. Voilà, je te suis restée fidèle, je t'ai accompagné jusqu'au bout. Je ne pouvais vivre à ta place les amours qui t'étaient destinés. Tu as entendu l'essentiel, je peux enfin te laisser aller seul. C'est le destin de tous les hommes de rencontrer enfin la solitude éternelle.

Un peu plus tard, la longue dame blanche ajouta :

– J'ai été ta vie, tu es passé un peu à côté de moi… Tu es passé à côté de l'amour de ta fille. Tu as été pour elle très important et elle ne t'oubliera jamais. Grâce à elle, ta place restera longtemps inscrite sur cette terre.

La longue dame blanche lui ferma les yeux et le cœur, lui chuchota quelque chose de très beau, de très mystérieux, des paroles immémoriales qui permettent de passer de l'autre côté. Pour la première fois de sa vie, il s'apaisa et son sourire fut entier. Il pouvait enfin s'aimer à son tour et accueillir l'immense amour de l'univers.

Le conte de l'homme qui semait des rêves de vie

Il y a pour chacun de nous des rencontres structurantes qui nous révèlent le meilleur et agrandissent nos possibles. Nous pouvons aussi être une de ces rencontres qui réveillera et stimulera le meilleur de l'autre.

Il était une fois un homme qui exerçait un bien curieux métier. Un métier qu'il avait inventé au mitan d'une vie mouvementée et qu'il pratiquait au quotidien de ses rencontres. Un métier rare qui consistait à semer des rêves de vie chez les personnes qu'il croisait.

Oh ! ne croyez pas qu'il imposait quoi que ce soit, pas du tout ! Dans une rencontre, après quelques échanges, il déposait quelques mots, une phrase, une image ou une métaphore, et son interlocuteur repartait, ensemencé d'un rêve qui allait se développer en lui dans les semaines, les mois ou les années à venir. Car il y a des rêves qui ont besoin de beaucoup de temps pour mûrir, se développer et un matin ou un soir éclore au grand jour de la vie d'un homme ou d'une femme.

Vous allez me demander bien sûr comment il procédait, comment il arrivait à trouver ces mots, ces petites phrases qu'il déposait chez ceux qu'il rencontrait.

De la façon la plus simple. Tout d'abord il écoutait. Tout simplement il écoutait. Il écoutait avec ses yeux, il regardait avec la totalité de son corps. Il appelait cela labourer le terrain, pour le préparer. Puis il disait :

– Dans ce que vous venez de dire, voici ce que j'ai entendu…

Et à ce moment-là il répétait au plus près ce que venait d'énoncer l'autre devant lui.

Il redonnait ainsi simplement, respectueusement, à la personne ce qu'elle venait de lui dire. Il appelait cela débroussailler, élaguer. Et le plus souvent il y avait, entre ce que la personne avait exprimé et ce qu'il renvoyait, un léger décalage, un espace ouvert pour une écoute nouvelle. L'homme qui semait des rêves de vie savait que la véritable écoute est celle qui permet à celui qui parle d'entendre enfin ce qu'il dit. Cet homme-là faisait peu de demandes, posait peu de questions, il y avait en lui comme une sorte de pudeur à dépendre de la réponse de l'autre. On sentait parfois en lui la trace, le souvenir de déceptions, et même de blessures anciennes. Dans les premiers contacts, sa vulnérabilité étonnait et peut-être cela permettait-il aussi à ceux qu'il rencontrait d'oser se dire en confiance, dans un lâcher-prise libérateur.

J'en sais plus d'un et même plus d'une chez lesquels il a semé l'envie d'exister plus fort, plus pleinement. J'en connais qui lui doivent quelques-unes de leurs plus belles naissances. Je crois qu'ils sont nombreux à apprécier de ne se sentir en rien redevables de ces instants de liberté où un rêve s'éveilla en eux et commença de transformer leur vie.

Si vous-mêmes êtes attentifs, présents à l'imprévisible d'une rencontre, vous allez certainement croiser le chemin d'un semeur de rêves. Ils sont plus nombreux que vous ne l'imaginez.

Et peut-être vous qui me lisez à l'instant êtes-vous un semeur de rêves sans même le savoir.

Il était une fois
un pingouin qui avait la zigoulette
si sensible que…

Nous gardons en nous la trace invisible mais très présente de tous les événements de notre vie et surtout ceux de notre enfance. Ils sont à l'œuvre dans nos comportements et nos conduites. Ils traversent, colorent, embellissent ou blessent chaque instant du présent.

Vous savez peut-être que les pingouins et les pingouines aiment faire l'amour très souvent. Ils n'arrêtent pas ! Ce sont des animaux très joyeux, qui aiment rire et se dire des choses très aimables en utilisant tous les langages de leur corps. En particulier, cette partie de leur corps si différente chez chacun, l'avez-vous remarqué, mais qui se complète si bien, comme une main trouve bien sa place dans un gant, ou un pied dans une chaussure.

Il existe un vieux dicton qui dit, quand un pingouin a trouvé une pingouine avec laquelle il s'accorde bien : « Ah, il a trouvé chaussure à son pied ! »

Mais voilà, il était une fois un pingouin qui ne savait pas rire. Il était toujours sérieux, pas triste, mais gravement sérieux. Il ne chantait pas, il ne riait pas, il restait un peu sur la défensive. Comme s'il craignait de faire de la peine en étant heureux.

Mais le plus difficile à dire, c'est que ce pingouin était marié et que, chaque fois qu'il essayait de faire l'amour avec sa pingouine, sa zigoulette à lui était si sensible, si ardente, qu'elle partait toute seule, éclatait de plaisir avant même qu'elle puisse entrer dans la zigouline de sa pingouine. Cela durait depuis des années. Ils s'aimaient beaucoup, mais crac boum, ça ne marchait pas ! Sa pingouine se désolait et lui vivait chaque fois une angoisse terrible qui l'écartelait.

Et maintenant, soir ou matin, il ne voulait plus faire l'amour, pour ne pas se trouver confronté à sa difficulté. En même temps il se disait : « Et si cette fois ça marchait ? » C'était chaque fois terrifiant pour lui de vivre ce conflit permanent entre vouloir et ne pas vouloir.

Courageusement ce pingouin avait commencé une thérapie. Une thérapie, c'est une démarche personnelle où l'on s'engage à rencontrer régulièrement quelqu'un qui vous écoute sans juger, sans critiquer, sans vous donner de conseils. Quelqu'un qui vous aide seulement à entendre votre passé, votre histoire, à vous réconcilier avec vous-même, quelqu'un qui vous permet de vous aimer en vous emmenant au plus près de ce qui vous manque.

Un jour où il s'interrogeait sur son enfance, il se rappela un vieux souvenir, un très vieux souvenir de sa vie d'enfant pingouin. Il retrouva dans sa mémoire une situation douloureuse, difficile à mettre en mots.

Il était tout petit, il se tenait derrière la porte de la chambre de ses parents, il voulait entrer pour voir et en même temps quelque chose le retenait, lui disait qu'il ne fallait pas entrer, qu'il fallait rester dehors. Cela dura plusieurs soirs : allait-il entrer, ne devait-il pas entrer ?

Un soir il poussa doucement la porte, entra et vit quelque chose qu'il n'oublia jamais.

C'est cela qui est terrible pour un enfant pingouin, quand il perçoit quelque chose qu'il ne lui est pas possible de nommer, quelque chose d'incompréhensible pour lui, car ce qu'il vit concernait la vie intime de son père et de sa mère et n'aurait dû être vu que par eux-mêmes.

Je ne sais si ce petit pingouin, devenu adulte, osera avec l'aide de son thérapeute mettre des mots sur ce qu'il a vu, sur ce qui lui paraît pour l'instant indicible.

Non pas mettre les mots d'aujourd'hui sur ce qu'il sait pouvoir se passer entre un pingouin et une pingouine, mais les mots d'un enfant sur ce qu'il ressent quand il voit deux adultes faire ce qu'il a vu et qu'il n'aurait jamais voulu voir.

Ceci est un conte pour entendre, au-delà de la détresse, les possibles infinis de la vie.

Le conte
de la naissance de la parole

Le premier mot est certainement né dans une rencontre amoureuse. Il fut un cadeau pour accorder ensemble le donner et le recevoir.

Comment vous le dire avec des mots ? Où et quand cela a commencé ? Comment imaginer le passage du silence au cri et celui du cri à la parole ? C'est difficile à retrouver, car il faut remonter très loin, très haut dans l'histoire de l'homme. Même les premiers hommes, vous savez ceux qui vivaient dans les arbres, puis dans les cavernes ne se souviennent pas.

Je crois que ce fut une nuit, il y eut un orage. Un orage très violent, avec des éclairs, tout le ciel s'illuminant de traînées rouges et bleues, jaunes et blondes, quand cette nuit-là un petit enfant s'éveilla.

Ses parents dormaient profondément, du moins le croyait-il. Ils avaient l'habitude de l'orage et ne se réveillaient pas pour si peu. L'enfant s'avança à quatre pattes dans la semi-obscurité de la caverne. Arrivé au bord il vit toute cette lumière. Le ciel comme un cheval emballé courait au-dessus de sa tête, sa bouche s'arrondissait d'étonnement et il prononça ce premier mot avec un gros soupir « OUI ». C'était la première fois qu'il entendait ce son sortir de sa bouche et il le répéta plusieurs fois pour s'encourager et en recevoir les vibrations en retour. « OUI, OUI. »

Le lendemain matin, il s'écria en secouant sa maman : « OUI, OUI. » Avec son petit doigt, il montrait l'entrée de la caverne. Sa mère le suivit, regarda son petit qui disait OUI, OUI en montrant le haut du ciel. Elle leva les yeux, vit un ciel clair, bleu comme les yeux de son enfant. Elle répéta à son tour OUI. Et le jour même, la moitié de la tribu répétait OUI en montrant le ciel. Ce qu'ils en firent par la suite est une autre histoire dont je ne parlerai pas.

Ce que l'enfant ne savait pas, c'est qu'il avait, avant que l'orage n'éclate, avant d'être réveillé cette nuit-là par les bruits de la tempête, il avait déjà entendu dans son sommeil le mot OUI.

Celui-ci avait été prononcé par la femme qui était sa mère au moment même où elle avait senti son plaisir l'envahir… Et ce mot tout neuf qui sortait tout étonné de sa bouche voulait dire à son partenaire si proche le plaisir de ses sens qui s'enflammaient dans son corps, son plaisir éveillé qui riait en elle. Ce mot unique pour l'instant voulait dire mille choses encore, toutes différentes, et tentait d'exprimer un ensemble de ressentis tels : « Tu es important, reste tout près, tout vivant, je te reçois, tu m'agrandis, tu es précieux, je t'aime, je me sens si bien avec toi… »

Ce mot essentiel, encore un peu étroit, contenait toute la joie, la confiance, l'abandon d'une femme dans le plein de l'amour avec un homme.

Ce mot échappé, plus doux, plus soyeux qu'un cri était une victoire sur les gémissements, les grognements, les soupirs, les murmures indistincts qui accompagnaient habituellement l'amour de ce couple.

Et ce mot, né dans la passion révélée d'un instant, avait été entendu, recueilli par un enfant qui avait voulu l'offrir, l'ouvrir, en révéler les sens multiples.

Je ne sais si vous connaissez un mot plus beau, plus fort, plus puissant que ce premier mot au monde. Si oui, offrez-le avec générosité à vos proches et à tous ceux que vous aimez.

Le conte de la petite salamandre qui portait un secret de famille

Respecter ses enfants, ce n'est pas tenter de les protéger de ce qui a pu nous arriver, c'est leur permettre d'affronter ce qui peut leur arriver.

Je ne sais si vous le savez, mais au pays des salamandres l'héritage est transmis essentiellement par les mères. En effet celles-ci déposent dans la tête, le corps et le cœur de leurs filles des informations, des messages, des injonctions ou des croyances qui vont modeler le comportement, les conduites et par la suite une grande partie de la vie de leurs enfants.

C'est ainsi que les petites salamandres reçoivent en dépôt des secrets de famille si lourds à porter qu'ils vont peser très fort et durablement sur toute leur existence.

La salamandre dont je voudrais vous parler ici se débattait depuis des années avec « quelque chose » de très douloureux à porter et à vivre.

Je dis « quelque chose » car elle ne voulait en parler à personne, elle ne souhaitait pas mettre des mots sur cet « héritage » reçu de sa mère et qui modelait si fort sa vie. Cela lui paraissait impensable (impansable) d'en parler, de révéler « cette chose » qu'elle avait reçue en héritage.

Cependant, il y avait en plus un grave conflit à l'intérieur de cette petite salamandre qui pressentait toutefois qu'elle ne pourrait pas garder tout cela à l'intérieur de sa tête. Elle anticipait même que l'un ou l'autre de ses enfants, surtout une de ses filles, pouvait à son tour prendre ce fardeau sur elle et gâcher une partie de sa vie en prenant à son compte le secret de famille. Même s'ils ne sont pas énoncés, vous savez comme moi que ces secrets sont entendus et assumés dans la confusion et la culpabilisation par certains enfants. Dans une fratrie donnée, un enfant peut s'investir dans la mission de reprendre ses secrets à son compte. Cette perspective paraissait à cette mère à la fois injuste, insupportable et inacceptable, elle ne voulait pas que l'un ou l'autre de ses enfants soit blessé par cet héritage.

La difficulté pour cette salamandre était de pouvoir nommer cette chose, de mettre des mots non seulement sur un ressenti, un malaise, une immense colère qu'il y avait en elle, mais d'oser restituer à sa mère cet héritage polluant et même, il faut le dire plus clairement, toxique. Sa mère étant très âgée, elle se donne plein d'alibis pour retarder la confrontation, elle peut imaginer que cette démarche va la perturber, ou provoquer un émoi, un conflit dont elle pourrait se sentir par la suite coupable.

Mais vous le savez certainement, il n'est pas non plus souhaitable de garder en soi quelque chose qui ressemble à du poison, même si celui qui l'a déposé ne l'a pas fait avec une intention maligne.

Depuis quelque temps dans ce pays, on apprend aux enfants salamandres à se sentir responsables de leur bien-être, en accueillant et en amplifiant le bon qui leur vient de l'autre et en restituant le négatif, le pas bon qui leur vient de ceux qui les élèvent, de ceux qui les entourent.

Inutile de vous dire que c'est l'équivalent d'une révolution et, même si c'est peut-être prématuré de le dire, il semble qu'il y a moins de violence, de somatisations et de mal-être depuis qu'on enseigne la communication relationnelle à l'école, au pays des salamandres.

Le conte de la maman pie très soucieuse du bonheur de sa fille

En faisant moins pour eux et plus avec eux, nous accompagnons nos enfants non pas plus loin mais plus profond dans la vie.

Il était une fois une petite pie qui avait une maman très agitée, impatiente, et même, je me dois de vous le dire, impulsive. Elle aurait tant voulu pour sa petite fille tout le bonheur et la sécurité qu'elle-même n'avait pas eus dans son enfance. Elle aurait voulu une petite fille pie parfaitement heureuse, détendue, sans problèmes.

Ce souci occupait entièrement ses pensées et ses actions. Cette maman pie n'avait même plus le temps d'être une maman, tant elle était devenue une mère à temps plein.

Savez-vous ce qu'est une mère chez les pies ?

C'est la partie de la maman qui demande, exige, oblige, c'est la partie de la maman qui frustre, qui contraint, qui, pressée par la réalité, se croit obligée de vouloir tout apprendre à son enfant, « comment il faut faire et bien faire, ce qu'il faut dire, ne pas dire, comment il faut être, ne pas être… »

C'est aussi épuisant pour la mère pie que pour l'enfant.

Surtout qu'un enfant pie tout petit a encore besoin de beaucoup de maman.

Qu'est-ce qu'une maman pie ?

C'est la partie de la mère qui donne, encourage,

comble, gratifie, apporte du bon, du doux, du soyeux. C'est la partie qui inscrit chez l'enfant la sécurité, la confiance en lui, l'amour de lui-même.

Il paraît qu'au pays des pies il serait question d'apprendre aux jeunes, aux nouveaux parents, qu'est-ce-que-c'est-que-d'être-parents ! Leur rappeler les grandes fonctions parentales qu'ils doivent remplir. Les encourager sur les attitudes de base cohérentes, fiables à proposer à leurs enfants. Par exemple les inviter à ne plus confondre chez eux besoins et désirs, sentiments et relations.

Au pays des pies en effet, il est très important que les parents répondent (jusqu'à un certain âge, pas plus loin !) aux besoins de leurs enfants, mais pas à leurs désirs.

Vous voyez tout le travail qu'il y a à faire !

Je vous laisse deviner ce qu'il serait possible d'apprendre encore à cette maman pie pour lâcher prise sur son désir de rendre « à tout prix sa fille heureuse », elle qui se culpabilise sans arrêt de ne pas se sentir à la hauteur de sa tâche, d'autant plus qu'elle n'est pas suffisamment aidée par son mari.

Ah ! oui, ça c'est encore un problème fréquent dans les familles pies ! Quand ça ne marche pas bien dans un couple, il arrive que l'enfant serve parfois de « poubelle relationnelle ». On l'utilise comme un dépotoir, chacun déversant sur lui ce qu'il pense de l'autre.

Vous croyez que j'exagère, que je vais trop loin ?

Ecoutez, regardez, entendez autour de vous.

Du moins si vous connaissez le langage des pies…

Le conte de la petite abeille qui bégayait

Tout ne s'explique pas, mais tout a un sens.

Il était une fois une petite abeille qui bégayait chaque fois qu'elle doutait d'elle, quand elle imaginait qu'elle pouvait être jugée ou qu'elle allait dire quelque chose qui risquait de déranger les autres.

C'est embêtant une abeille qui bégaye car elle vole de travers, en zigzag, et ainsi elle a du mal à se poser à l'endroit où elle le souhaite.

On l'avait emmenée chez le pédiatre des abeilles qui avait trouvé que « cette petite abeille manquait d'affection ! »

Aussitôt sa maman, comme si elle se sentait accusée, s'était écriée :

– Mais pas du tout, de l'affection elle en a beaucoup, qu'est-ce que vous allez chercher là, vous pensez que je suis une mauvaise mère, que je n'aime pas assez ma fille ?

Et elle était partie en claquant la porte, et en traînant « avec beaucoup d'affection » sa fille au-dehors.

Un autre jour, cette même maman « avec beaucoup d'affection » reprocha violemment à sa fille d'avoir parlé à la voisine.

La petite abeille s'était toujours demandé, même des années plus tard, ce qu'elle avait bien pu dire à cette voisine pour avoir ainsi fâché sa mère. Qu'avait-elle vu, qu'avait-elle révélé, qu'avait-elle dénoncé pour déclencher la violente colère de sa maman ?

Mais le plus difficile, pour la petite abeille, fut à l'école, où elle butait chaque fois sur la lettre q qui se prononce comme vous le savez KU !

Chanter « Colchiques dans les prés » devenait un supplice, réciter la table d'addition « 2 et 2 font quatre, 7 et 7 font quatorze », sans oublier toutes les fois où il fallait se présenter, puisque cette petite abeille, j'ai oublié de le dire, s'appelait Cunégonde !

Pendant des années elle s'était interrogée :

– Mais à qui me renvoie le son KU, je ne vois pas, je ne vois pas du tout... Comment cela se fait-il que je bute sans arrêt sur chaque mot qui le contient ?

Mais vous savez peut-être qu'au pays des abeilles nul n'est plus sourd que celui qui entend.

Ce n'est que bien plus tard, en apprenant à sa propre fille l'apprentissage de la propreté – vous savez quand une maman apprend à son enfant à ne plus faire caca dans ses couches, mais dans un endroit précis, le petit pot qu'on met sous ses fesses – qu'elle entendit le sens de son bégaiement.

Elle retrouva un vieux souvenir où elle était menacée par quelqu'un qui criait au-dessus de sa tête « pan-pan-cucu » chaque fois qu'elle n'arrivait pas à se retenir et qu'elle faisait dans ses couches.

Je crois savoir qu'à partir de là son bégaiement cessa.

Le conte des baisers prisonniers

Un seul baiser peut réveiller plus d'émotion et de plaisir qu'une longue déclaration d'amour.

Il était une fois une petite fille qui avait été agressée quand elle avait près de dix ans.

Ce ne fut pas une violence très grave, heureusement pour elle, mais tout de même, elle en avait été blessée profondément. En fait, un soir d'été où toute la famille prenait le frais, elle avait été embrassée de force, dans le noir, par un voisin malveillant, ami de la famille. Elle s'était débattue, avait réussi à s'enfuir, affolée, toute bouleversée. Près de sa maman elle avait pu dire en confiance ce qui lui était arrivé. Elle s'était sentie comprise, et l'incident fut oublié... ou presque.

Il fallut longtemps, très longtemps, à cette petite fille devenue femme pour entendre un jour, dans l'automne de sa vie, que cet événement était encore gravé en elle.

Elle avait bien ressenti pourtant dans sa relation amoureuse et son corps de femme qu'elle avait une difficulté à embrasser. Des baisers-bisous, elle pouvait en donner tout plein. A ses frères et sœurs, puis à ses enfants. Des bisous câlins, des bisous coquinous, des bisous sur le bobo qui fait mal pour qu'il guérisse plus vite, des tout joyeux qui claquent sur les joues, des bisous francs de l'amitié. Tous ceux-là étaient ses amis.

Mais pas les baisers d'amour.

Quelque chose en elle était mal à l'aise dans ces baisers-là, qu'ils soient reçus ou donnés. Quelque part ils restaient des baisers… pris. Elle avait résumé cela par une constatation sévère vis-à-vis d'elle-même :

– Je ne sais pas bien embrasser.

Longtemps après son deuxième divorce, après de longues années de solitude et de recherche sur elle-même, elle rencontra sur son chemin de vie un homme qui éveilla en elle de merveilleux désirs dont celui d'embrasser et d'être embrassée. Avec de vrais baisers d'amour, des baisers où les bouches s'offrent et se donnent, des baisers fougueux qui grisent les retrouvailles, des baisers offrandes qui flamboient au merveilleux de la fête des corps.

Elle ressentit alors que, malgré tous ses désirs neufs, quelque chose en elle ne participait pas autant qu'elle le voulait. Une réserve indicible retenait sa bouche. Quand elle partageait ses baisers, il lui arrivait de ressentir des crispations dans la mâchoire, ses lèvres restaient tendues, rétives, malgré son immense désir, malgré toute sa joie.

– Pourquoi, pourquoi ? se disait-elle.

Une nuit de réflexion, le souvenir du baiser forcé de sa petite enfance lui revint en mémoire dans une grande émotion. Elle entendit soudain que c'était ce baiser-là qui retenait prisonniers tous les baisers d'amour qu'elle voulait tant donner et recevoir.

Alors elle décida d'écrire une longue lettre à celui, mort depuis près de quarante-cinq années, qui l'avait agressée un soir d'été. Elle put dire sa peur de fillette, son dégoût pour cette bouche qui avait sali et souillé la sienne. Elle put dire sa répulsion, sa colère, son indignation, son regret, la confiance trahie, et même combien elle aurait voulu que sa maman se fâche plus contre cet homme. Elle put dire aussi son immense désir d'embrasser en toute liberté, d'oser donner sa bouche et recevoir pleinement une autre bouche sur la sienne, d'autres lèvres sur les siennes, d'accéder à ce vrai bonheur des baisers d'amour partagés.

Longtemps elle écrivit cette nuit-là. Au petit matin elle déchira toutes les pages en menus morceaux et heureuse, soulagée, apaisée, fière d'elle-même, elle jeta le tout dans les toilettes et tira la chasse d'eau.

Quelques jours après elle put enfin, pour la première fois, trouver tout l'élan, toute la fougue, toute la joie qui lui permit de rejoindre dans des baisers merveilleux d'amour, de tendresse et de désir mêlés, la bouche tant aimée de l'homme qu'elle aimait.

Quant à tous les baisers retenus si longtemps prisonniers, ils font la fête, ils s'offrent, ils s'en donnent à cœur et à corps joie, dans toute la plénitude de son sourire de femme réconciliée.

Le conte de la petite autruche si courageuse qu'elle mettait toujours sa vie en danger

Entre boulimie et anorexie, tenter d'exister tenacement, pathétiquement pour dire et ne pas dire l'insupportable.

Il était une fois une petite fille d'autruche qui pendant des années refusa de manger. Elle était devenue comme on dit dans le langage des autruches, qui est très particulier : anorexique.

Il faut que je vous dise qu'elle maltraitait son corps avec un acharnement incroyable. Elle pesait la moitié de son poids normal et ses parents, sa mère en particulier, envisageaient de l'hospitaliser. Cela se fit d'ailleurs dans des conditions douloureuses pour chacun des parents et surtout pour la petite autruche qui hurlait dans son corps ce qu'elle ne pouvait dire autrement. Elle criait avec des maux ce qu'elle ne pouvait exprimer avec des mots. Et pourtant il y avait plein de mots en elle, qu'elle devait avaler, ravaler sans cesse. Ce sont tous ces mots-là qui la nourrissaient avec une rage terrible. A force de les mâcher, de les remâcher, de les ruminer en elle, cela la remplissait sans qu'elle ait besoin de manger.

A la sortie de la clinique (très chère ou très chair !) la petite autruche inversa sa tactique, elle se mit à manger, à manger de tout, à tout instant avec plein de dégoût et de colère en elle. Ensuite elle allait dans un coin et vomissait, rejetait tout ce qu'elle avait avalé avec tant de violence contre elle-même. On appelle cela dans le langage des autruches de la boulimie. Tout se passait comme si elle voulait absorber toutes les paroles de sa mère.

Ah oui, vous ne suivez plus ? Cela vous paraît trop compliqué !

C'est vrai, j'ai oublié de vous dire que sa mère parlait beaucoup, vraiment beaucoup trop, sans arrêt. Elle avait une explication pour tout. Elle vivait des choses terribles dans son couple, de nombreuses frustrations, des ressentiments, des humiliations, qu'elle ne voulait éviter, et dont elle ne pouvait se plaindre car elle était attachée à cette relation.

Cela se passe parfois ainsi chez les autruches, on croit qu'elles se cachent la tête dans le sable pour ne pas voir ni entendre, mais c'est aussi pour ne pas dire. Pour ne pas dire l'essentiel.

Une autre des techniques, parmi les plus pratiquées chez les autruches, c'est de parler pour ne rien dire, pour mettre des mots en écran, pour créer une sorte de brouillage avec leur propre ressenti. Car si elles entendaient leurs ressentis cela deviendrait vite insupportable, inacceptable pour elles.

Vous comprenez donc le double conflit qu'avait la petite autruche avec elle-même et avec sa mère.

Je vais tenter de le dire plus clairement.

Dans la phase anorexie, pour parler comme les autruches, tout se passait comme si la petite rejetait comme pas bon ce qui lui venait de sa mère, tout en essayant d'attirer et de capter inlassablement son attention.

Comme si elle disait en se privant :

– Arrête, arrête de parler sur moi sans cesse, arrête, tu vois bien que je refuse, que je rejette tout ce qui vient de toi parce que ce n'est pas réellement toi !

Vous comprenez mieux maintenant !

Et puis dans la phase boulimie, c'est comme si elle disait :

– Je vais avaler tout ce qui vient de toi, je vais tenter de te débarrasser, maman, de tous ces mots qui t'encombrent. Comme cela tu pourras enfin un jour dire l'essentiel, le plus important pour toi.

Comme vous le voyez, c'est une situation qui semble sans issue, sans fin, je veux dire sans faim.

Vous comprenez mieux maintenant le courage, la détermination de cette petite autruche, qui prenait ainsi le risque de maltraiter son corps en essayant pathétiquement, tenacement, de dire à sa mère :

– Je te montre, maman, dans mon corps, la façon dont, toi, tu maltraites ta vie, comment tu acceptes de ne pas être respectée. Je te le montre par tous les moyens, pour ne pas être amenée un jour à faire comme toi !

Nous pouvons entendre que ce qui paraît être au premier regard comme une automaltraitance, une autodestruction de la part de la petite autruche était en fait une façon extraordinairement courageuse de résister, de faire face, de ne pas mettre sa tête dans le sable comme le font beaucoup de ses semblables.

Il serait trop long de démêler les enchevêtrements complexes qu'il peut y avoir entre une petite autruche et sa mère, et puis je ne suis pas là pour faire de la psychologie. Toute cette histoire est seulement un conte. Des situations comme celles-ci ne se passent d'ailleurs qu'au pays des autruches.

Et ne croyez pas non plus que je souhaite mettre la maman autruche en accusation. Cette femme, au-delà de ses aveuglements, affronte également sa propre souffrance autour des situations inachevées de sa propre histoire.

Nous voyons qu'il s'agit d'un système très complexe où une enfant prend sur elle pour témoigner, jusqu'à sa propre destruction, d'un conflit perçu chez sa mère, pour tenter pathétiquement de l'en débarrasser. Mais, ce faisant, elle va paradoxalement paralyser cette mère, qui va se mobiliser entièrement autour de l'anorexie ou de la boulimie de son enfant, sans pouvoir s'occuper d'elle, tellement sera angoissant ce retour sur elle-même.

C'est ainsi que cela se passe parfois au pays des autruches.

Je ne sais si ce conte parviendra un jour à cette petite autruche.

Le conte de la grand-mère qui inventa un mot nouveau et rare*

Peut-être sommes-nous sur terre pour simplement agrandir et prolonger le vivant de la vie. Peut-être!

– Grand-mère ! dit le petit garçon, apprends-moi des mots neufs.

– Des mots encore plus beaux que ceux d'hier, plus beaux que ka-léi-dos-co-pe, plus rigolos que ceux qui font des bruits comme cla-po-tis, chu-cho-te-ments…

– Encore, grand-mère, encore !

La vieille femme sourit.

Le temps est venu, se dit-elle. Il est prêt !

– Oui, j'ai un beau mot pour toi. Je vais t'aider à le trouver…

– Oh ! oui, j'adore les devinettes, dit l'enfant en sautillant.

– Voilà. C'est un mot qui contient les plus belles valeurs du monde… Un mot qui est présent en toi et tout autour de toi si tu sais le ressentir.

– C'est facile ! c'est… la Vie ! Ce qui est présent en moi et tout autour de moi, c'est la Vie !

– Oui, bien sûr, il y a de la vie dans ce mot, d'abord de la vie. De la vie vivante, toute joyeuse. De celle qui chante dans tes oreilles chaque matin, avant même que tu ouvres les yeux. Un élan de vie qui te fait dire en regardant le ciel chaque jour :

Merci pour ce bleu.

Tant mieux pour cette pluie, la terre a soif.

Quel vent ce matin ! ça nettoie tout le ciel, mais fermez un peu les portes en haut, ça fait des courants d'air !

Un mot qui peut dire l'élan, la fougue, l'enthousiasme.

Imagine-toi grimpant vers le haut d'une colline.

Tu es presque au sommet, c'est tout clair, c'est tout rond d'herbe verte. Tu marches, il y a l'air vif qui souffle à tes oreilles, tout autour s'étend à perte de vue l'immensité du paysage.

C'est tellement beau que tu en as le souffle coupé.

Ton cœur déborde presque. Tu te sens fort, grand et petit en même temps, léger comme un oiseau, tu te sens aussi libre que le vent.

Tiens, tu pourrais t'envoler, être le vent toi-même…

– C'est le bonheur, grand-mère ?

– Il y a du bonheur dans le mot, oui, mais cherche encore…

Quand tu mets du bon dans tout ce que tu fais, quand tu sais ouvrir tes yeux pas seulement pour voir, mais pour regarder, alors tu peux t'émerveiller de tout et d'un rien, du gazouillis d'une mésange, d'un sourire reçu, de la force du brin d'herbe qui pousse dru dans le bitume du trottoir, de la lumière d'or des étoiles. Quand une fleur devient le plus beau des bouquets du monde, que ton regard se fait caresse pour dire en silence toute ton émotion, quand tu accueilles les bras qui t'aiment et que tu es si plein de désir et d'amour que tu rayonnes comme un soleil…

– J'ai trouvé, j'ai trouvé, c'est Soleil d'Amour ! C'est un petit nom que tu me donnais, grand-mère, quand j'étais petit !

– Oui, tu es ce soleil-là et il y a de l'amour dans ce mot, mais cherche encore, cherche…

C'est un mot qui te dit aussi d'avoir du courage, même quand il y a du gris dans ta vie. Un mot lucide qui n'exclut pas les peines et les difficultés. Un de ceux qui te permettra aussi de trouver toi-même dans chaque événement difficile, le petit bout de ciel bleu, l'infime lumière qui te redonnera confiance en toi, et surtout en la vie qui est en toi.

– C'est l'espérance !

– Tu y es presque, continue, continue...

Un mot qui contient la Vie, la Joie, l'Enthousiasme, la Tendresse des petits bonheurs, le Courage, le Désir, l'Amour, la Confiance, l'Espérance !

– Il existe, grand-mère, ce mot qui dit tout ça à lui tout seul ?

– Oui, mon petit... C'est le mot Vivance. C'est la Vivance de la vie !

– C'est un joli mot Vivance, grand-mère !

– Murmure-le, caresse-le, écoute-le... Tu l'entends rire dès que tu le prononces...

– Vivance !

– C'est un mot précieux, tu sais...

– Un mot près-des-cieux ?

– Oui, dit-elle en souriant. Il vient certainement du ciel, peut-être même du pré-des-cieux... C'est un mot si précieux qu'il est mon héritage pour toi !

C'est qu'il me vient de loin, tu sais, de mon enfance, de ma maman à moi, de mon histoire... Il vient de toute ma lignée et je te l'offre aujourd'hui car le temps est venu... Cette Vivance, elle est la force vive qui donnera plus de vie à ta vie.

Je la dépose en toi comme une graine pour qu'elle germe, qu'elle éclose, qu'elle resplendisse, qu'elle fructifie, afin qu'un jour toi aussi tu puisses à ton tour la transmettre à d'autres, à ceux que tu aimeras, que tu aideras, que tu accompagneras...

Ouvre la bouche, tire la langue, ferme les yeux, mon petit Soleil d'Amour... Et... hop ! dit la grand-mère en riant, la graine de Vivance est en toi ! N'oublie pas, c'est pour toute ta vie. La Vivance de la vie, c'est le plus beau cadeau que tu puisses faire à ta propre vie.

Le conte de la boîte à bisous

Quand une situation est bloquée au niveau de la réalité, il est toujours possible de faire appel... au symbolique !

Il était une fois un ex-enfant, qui était devenu un adulte important, très sollicité et très occupé. Quand je précise important, je veux dire qu'il avait acquis dans le monde de l'éducation une certaine réputation, qu'il était consulté et donnait de-ci, de-là des conférences sur la famille et l'école. Par ailleurs il avait élevé plusieurs enfants, devenus à leur tour des adultes et depuis quelque temps il songeait à prendre sa retraite professionnelle sans y parvenir, pour se consacrer au jardinage, qui était sa grande passion.

Toute son enfance, cet homme avait été élevé essentiellement par sa mère, aujourd'hui âgée de soixante-dix-neuf ans, qui vivait seule dans un petit appartement dans une lointaine ville de province. Et curieusement, avec l'âge, la distance entre la mère et le fils leur semblait à l'un comme à l'autre de plus en plus longue, de plus en plus grande, de plus en plus difficile à franchir.

Vous l'avez deviné, il y avait entre cet homme et cette femme âgée un attachement profond. Au-delà des sentiments d'affection et d'amour qui circulaient entre eux, s'était développée au cours des vingt dernières années une relation d'échanges et de partages qui apportait beaucoup à l'un et à l'autre.

Mais aujourd'hui la distance qu'il y avait entre eux commençait à peser, surtout à la mère. Elle trouvait qu'elle ne voyait pas beaucoup son fils et en tout cas pas suffisamment.

Bien sûr ils se téléphonaient, il lui envoyait des petits mots, des poèmes, des petits dessin humoristiques, elle lui répondait toujours dans le jour qui suivait, mais cette maman trouvait que cela ne remplaçait pas sa présence, et surtout les petits bisous de tendresse qu'ils pouvaient se donner quand ils étaient proches l'un de l'autre.

L'homme se rappela avoir lu quelque part que, lorsqu'une situation était bloquée au niveau de la réalité, on pouvait toujours tenter de l'ouvrir et de la nourrir en pratiquant des démarches symboliques. Comme il était un peu bricoleur, il décida de fabriquer une boîte à bisous et de l'offrir à sa mère.

Vous ne savez peut-être pas comment fonctionne une boîte à bisous ?

C'est relativement simple, à condition de respecter quelques consignes élémentaires.

Tout d'abord, la boîte doit avoir un couvercle qui s'emboîte très soigneusement, de façon à ne rien laisser échapper de son contenu quand elle n'est pas utilisée. Mais vous devez l'avoir toujours proche de vous, dans un lieu d'intimité pour pouvoir vous en servir à votre convenance. Après avoir rempli la boîte de bisous variés, d'intentions de tendresse et de pensées positives, vous refermez le couvercle et l'offrez à la personne de votre choix. Le destinataire, le soir de préférence, ou à d'autres moments de la journée quand le besoin s'en fait sentir, peut soulever délicatement le couvercle et accueillir ainsi un baiser ou deux, à lui seul destinés, ou encore recevoir un message de tendresse sous la forme d'un pétale de rose ou d'une graine de tournesol. Il doit faire très attention et ouvrir la boîte à bisous avec précaution, car les baisers sont très volatils, ils ont tendance à se répandre dans la nature à la recherche de ceux qui peuvent les accepter.

Quand la boîte est vide, celui qui la possède peut demander à la personne significative de sa vie de la remplir et de la renvoyer, soigneusement fermée.

Ainsi le jour arriva où la mère de cet homme, après avoir accueilli son fils chez elle pour un court séjour, se vit offrir une belle boîte en bois de santal, avec une très belle forme, très parfumée, délicatement décorée. Son fils lui expliqua qu'il s'agissait d'une boîte à bisous et lui apprit comment elle fonctionnait.

– Chaque fois que je viendrai te rendre visite, je remplirai la boîte de bisous pour toi seule, maman. Je te demande de veiller à ne pas l'ouvrir trop vite, à ne pas la laisser à portée de tes petits-enfants, qui, eux, sont de grands consommateurs de bisous et auraient vite fait de vider ta boîte en une seule soirée…

– Tu es sûr que cette boîte est pour moi toute seule ?

– Pour toi seule seule ! D'ailleurs les bisous que je dépose dedans je ne les destine à personne d'autre qu'à toi, maman. C'est une façon pour moi d'être présent, proche de toi, et de témoigner de mon affection tous les jours.

– Elle me semble un peu petite, tu ne crois pas ?

– Elle paraît petite, mais elle contient beaucoup, beaucoup de bisous, de pensées tendres pour toi !

– Et quand la boîte sera vide, je pourrai t'appeler pour que tu viennes la remplir à nouveau ?

– Je vois que tu as bien compris le fonctionnement de ma boîte à bisous !

Au début, cependant, ce ne fut pas aussi simple que cela.

La mère avait tendance à ouvrir sa boîte plusieurs fois

par jour, en l'approchant de son visage et même de son oreille gauche, car elle était un peu sourde de la droite. Un matin même, un peu inquiète, elle voulut vérifier s'il y avait encore des bisous et ouvrit la boîte avec un peu trop de précipitation, ce qui fait que la plupart des bisous s'envolèrent.

Mais, après quelques semaines d'entraînement et d'apprivoisement mutuel, la boîte à bisous fonctionna parfaitement. Et fut acceptée avec beaucoup de respect par la maman. La vieille dame et elle s'entendirent à merveille jusqu'à la fin de sa vie.

Si vous ne voulez pas me croire, faites un jour l'expérience et offrez une boîte à bisous à ceux que vous aimez... quand ils sont loin de vous.

« La vie…
il y a tellement de choses
dans un si petit mot ! »
(Lucie, dix ans)

La vie est toujours merveilleuse… quand nous ne la maltraitons pas.

Remerciements

Dans les trois années qui suivirent la parution des *Contes à guérir, contes à grandir*, j'ai reçu en témoignages et aussi en cadeaux plusieurs centaines de contes venant de tous les pays francophones.

Je voudrais remercier ici les enfants, les hommes et les femmes qui ont accepté de se laisser stimuler par cette démarche et osé devenir ainsi un peu plus coauteurs de leur vie.

Parmi cette moisson, j'ai retenu six contes de Maryse Legrand et de Jacqueline Cassé (signalés par un astérisque) qui m'ont beaucoup apporté.

Je tiens à remercier du fond du cœur Chris Huck et Rose Marie Astulfoni pour leur patience infinie à corriger, modifier, restructurer la mise en page de cet ouvrage, semblable à une mise au monde après cinq ans de gestation.

Dominique de Mestral sait tout ce que je lui dois pour ses illustrations et son attention vigilante, si présente tout au long de cette création en commun.

Marc de Smedt, mon éditeur, pour ses encouragements et sa rigueur, a permis à ce livre de rester dans les limites d'un volume acceptable !

Table

Cet ouvrage a été composé
par IGS-Charente photogravure à L'isle d'Espagnac (16)
Impression et reliure Pollina s.a., 85400 Luçon - n° L87040
Achevé d'imprimer en juin 2002